L'Évolution de la Matière

PRINCIPALES PUBLICATIONS DU D⟨r⟩ GUSTAVE LE BON

1° RECHERCHES EXPÉRIMENTALES

La Fumée du Tabac. 2ᵉ édition augmentée de recherches nouvelles sur l'acide prussique, l'oxyde de carbone et divers alcaloïdes autres que la nicotine, que la fumée du tabac contient. (*Épuisé.*)

La Vie. — Traité de physiologie humaine. — 1 volume in-8° illustré de 300 gravures. (*Épuisé.*)

Recherches expérimentales sur l'Asphyxie. (*Comptes rendus de l'Académie des sciences.*)

Recherches anatomiques et mathématiques sur les lois des variations du volume du crâne. (Mémoire couronné par l'*Académie des sciences* et par la *Société d'Anthropologie de Paris*.) In-8°.

La Méthode graphique et les Appareils Enregistreurs, contenant la description de nouveaux instruments de l'auteur. 1 vol. in-8°, avec 63 figures dessinées au laboratoire de l'auteur. (*Épuisé.*)

Les Levers photographiques. Exposé des méthodes de levers de cartes et de plans employées par l'auteur pendant ses voyages. 2 vol. in-18. (Gauthier-Villars.)

L'équitation actuelle et ses principes. — Recherches expérimentales. 3ᵉ édition. 1 vol. in-8°, avec 73 figures et un atlas de 200 photographies instantanées. (Firmin-Didot.)

Mémoires de Physique. Lumière noire. Phosphorescence invisible. Ondes hertziennes. Dissociation de la matière, etc. (publiés par la *Revue Scientifique*.)

2° VOYAGES, HISTOIRE, PHILOSOPHIE

Voyage aux monts Tatras, avec une carte et un panorama dressés par l'auteur (publié par la *Société géographique de Paris*).

Voyage au Népal, avec nombreuses illustrations, d'après les photographies et dessins exécutés par l'auteur pendant son exploration (publié par le *Tour du Monde*).

L'Homme et les Sociétés. — Leurs origines et leur histoire. Tome Iᵉʳ : Développement physique et intellectuel de l'homme. — Tome II. Développement des sociétés. (*Épuisé.*)

Les Premières Civilisations de l'Orient (Égypte, Assyrie, Judée, etc.). Grand in-4°, illustré de 430 gravures, 2 cartes et 9 photographies. (Flammarion.)

La Civilisation des Arabes. Grand in-4°, illustré de 366 gravures, 4 cartes et 11 planches en couleurs, d'après les photographies et aquarelles de l'auteur. (Firmin-Didot.) *Épuisé.*

Les Civilisations de l'Inde. Grand in-4°, illustré de 352 photogravures et 2 cartes, d'après les photographies exécutées par l'auteur. 2ᵉ édition. (Flammarion.)

Les Monuments de l'Inde, In-folio, illustré de 400 planches d'après les documents, photographies, plans et dessins de l'auteur. (Firmin-Didot.)

Les Lois psychologiques de l'évolution des peuples. 1 vol. in-18. (F. Alcan.) 6ᵉ édition.

Psychologie des foules. 1 vol. in-18. (F. Alcan.) 8ᵉ édition.

Psychologie du Socialisme. 1 vol. in-8°. (F. Alcan.) 4ᵉ édition.

Psychologie de l'Éducation. 1 vol. in-18. (Flammarion.) 5ᵉ édition.

Il existe des traductions en Anglais, Allemand, Espagnol, Italien, Danois, Russe, Polonais, Tchèque, Hindostani, etc., de quelques-uns des précédents ouvrages.

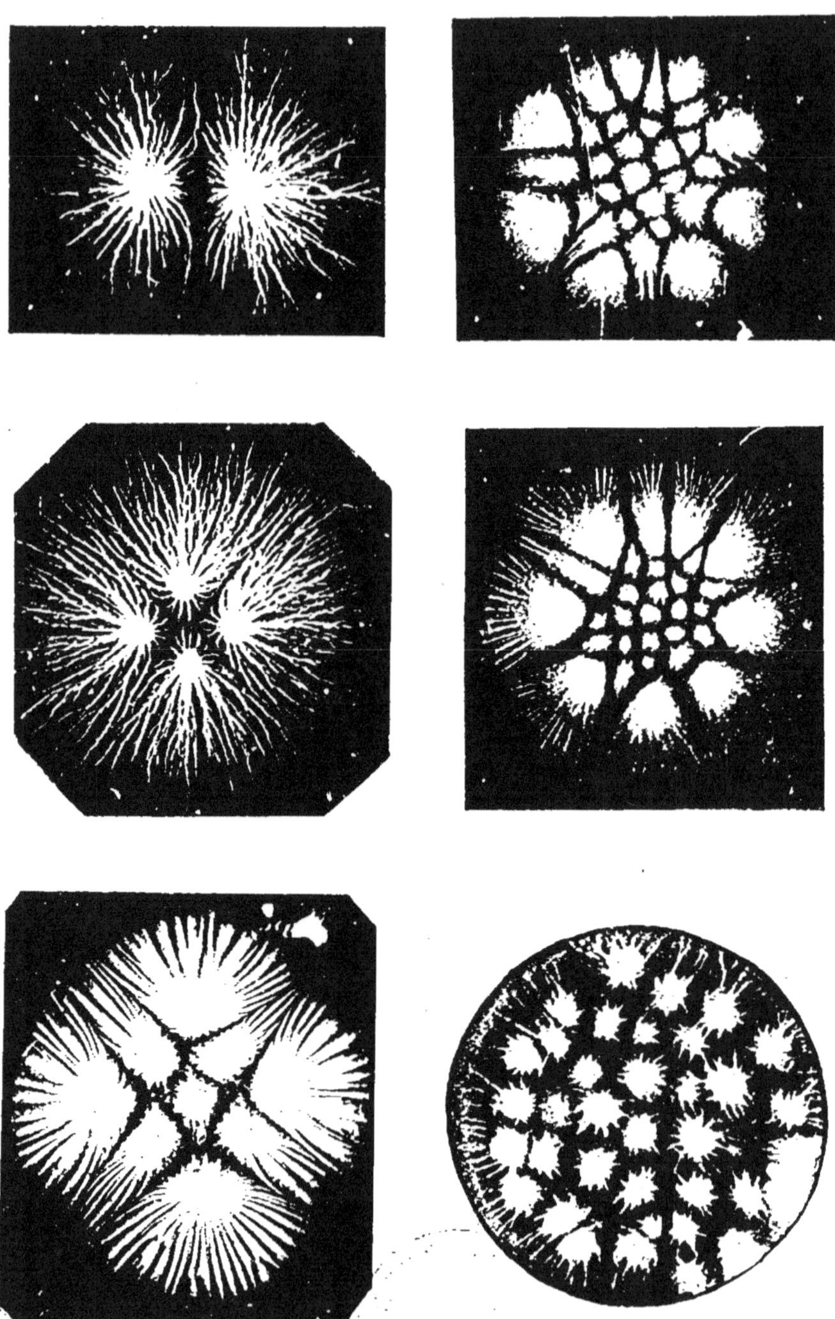

Equilibres artificiels imposés à des éléments provenant de la dématérialisation de la matière. (Photogr. instantanées).

Bibliothèque de Philosophie scientifique

Dr GUSTAVE LE BON

L'Évolution de la Matière

— Rien ne se crée. Tout se perd.

— C'est de l'énergie intra-atomique libérée par la dématérialisation de la matière que dérivent la plupart des forces de l'univers.

Avec 62 figures
photographiées au laboratoire de l'auteur.

PARIS

ERNEST FLAMMARION, ÉDITEUR
26, RUE RACINE, 26

1905

INTRODUCTION

Ce livre est consacré à l'étude de l'évolution de la matière, c'est-à-dire de l'élément fondamental des choses, du substratum des mondes et des êtres qui vivent à leur surface.

Il représente la synthèse des recherches expérimentales que nous avons publiées pendant huit ans dans de nombreux mémoires. Elles ont eu pour conséquence de montrer l'insuffisance de certains principes scientifiques fondamentaux, sur lesquels l'édifice de nos connaissances physiques et chimiques repose.

Suivant une doctrine qui semblait établie pour toujours et dont l'édification avait demandé un siècle de persévérant travail, alors que toutes les choses de l'Univers étaient condamnées à périr, deux éléments seuls, la matière et l'énergie, échappaient à cette loi fatale. Sans cesse ils se transformaient, mais en restant indestructibles et par conséquent immortels.

Les faits mis en évidence par nos recherches aussi bien que par celles qui en furent la suite, montrent que, contrairement à ces croyances, la matière n'est pas éternelle et peut s'évanouir sans retour. Ils prouvent également que l'atome est le réservoir d'une énergie jadis insoupçonnée, bien qu'elle dépasse par son immensité les forces que nous connaissons et qu'elle soit peut-être l'origine de la plupart des autres, l'électricité et la chaleur solaire notamment. Ils révèlent enfin qu'entre le monde du pondérable et celui de l'impondérable, considérés jusqu'ici comme profondément séparés, existe un monde intermédiaire.

Pendant plusieurs années je fus seul à défendre ces idées. Elles ont fini par s'imposer pourtant lorsque de nombreux physiciens eurent retrouvé par des voies diverses les faits que j'avais signalés, principalement ceux qui démontrent l'universalité de la dissociation de la matière. Ce fut surtout la découverte du radium, très postérieure à mes premières recherches, qui fixa l'attention sur ces questions.

Que le lecteur ne se laisse pas effrayer par la hardiesse de quelques-unes des vues qui seront exposées ici. Des faits d'expériences les appuieront toujours. C'est en les prenant pour guides que nous avons essayé de pénétrer dans des régions ignorées où il fallait s'orienter à travers de profondes ténèbres. Ces ténèbres ne se dissipent pas en un jour, c'est pourquoi celui qui essaie de jalonner une route nouvelle au prix de rudes efforts est bien rarement appelé à contempler les horizons où elle peut conduire.

Ce n'est pas sans un long travail ni sans de lourdes dépenses que les faits rassemblés dans cet ouvrage furent établis[1]. Si je n'ai pas encore rallié les suffrages de tous les savants et si j'ai irrité nombre d'entre eux en montrant la fragilité de dogmes qui

---

1. Pour rendre plus facile la lecture de cet ouvrage, les détails des expériences ont été réunis à la fin du volume. Ils en forment la seconde partie. Toutes les figures explicatives de mes expériences ont été dessinées ou photographiées par mon dévoué préparateur, M. F. Michaux. Je lui exprime mes remerciements pour son assistance journalière à mon laboratoire pendant les longues années qu'ont

possédaient l'autorité de vérités révélées, j'ai rencontré du moins de vaillants défenseurs parmi des physiciens éminents, et mes recherches en ont provoqué beaucoup d'autres. On ne peut demander davantage, surtout lorsqu'on touche à des principes dont quelques-uns étaient considérés comme inébranlables. Ce n'est pas une vérité éphémère qu'exprimait le grand Lamarck quand il disait : « Quelques difficultés qu'il y ait à découvrir des vérités nouvelles, il s'en trouve encore de plus grandes à les faire reconnaitre ».

Je posséderais d'ailleurs une bien faible dose de philosophie si je restais surpris des attaques de plusieurs physiciens, de l'exaspération d'un certain nombre de braves gens et surtout du silence de la plupart des savants qui ont utilisé mes expériences.

Les dieux et les dogmes ne périssent pas en un jour. Essayer de prouver que les atomes de tous les corps que l'on croyait éternels, ne le sont pas, heurtait toutes les idées reçues. Tâcher de montrer que la matière considérée jadis comme inerte est un réservoir d'une énergie colossale, source probable de la plupart des forces de l'univers, devait choquer plus d'idées encore. Des démonstrations de cette sorte touchant aux racines mêmes de nos connaissances, et ébranlant des édifices scientifiques séculaires, sont généralement accueillies par l'irritation ou le silence jusqu'au jour où, ayant été refaites en détail par les

duré mes recherches. Je dois aussi de vifs remerciements à mon ami E. Sénéchal dont les connaissances en mathématiques m'ont été souvent précieuses. J'adresse les mêmes remerciements à l'éminent professeur D. Dwelshauvers-Dery, membre correspondant de l'Institut, qui a bien voulu revoir mes calculs et toutes les épreuves de ce volume.

nombreux chercheurs dont l'attention fut éveillée, elles sont devenues si éparpillées et si banales qu'il est presque impossible d'indiquer leur initiateur.

Il importe peu, en réalité, que celui qui a semé ne récolte pas. Il suffit que la récolte grandisse. De toutes les occupations qui peuvent remplir les heures si brèves de la vie, nulle ne vaut peut-être la recherche de vérités ignorées, l'ouverture de sentiers nouveaux dans l'inconnu immense dont nous sommes enveloppés.

L'ÉVOLUTION DE LA MATIÈRE

LIVRE PREMIER

LES IDÉES NOUVELLES SUR LA MATIÈRE

CHAPITRE PREMIER

La théorie de l'énergie intra-atomique et de l'évanouissement de la matière.

§ 1. — LES IDÉES ACTUELLES SUR LA DISSOCIATION DE LA MATIÈRE.

Le dogme de l'indestructibilité de la matière est du très petit nombre de ceux que la science moderne avait reçus de la science antique sans y rien changer. Depuis le grand poète romain Lucrèce, qui en faisait l'élément fondamental de son système philosophique, jusqu'à l'immortel Lavoisier, qui l'appuya sur des bases considérées comme éternelles, ce dogme sacré n'avait subi aucune atteinte et nul ne songeait à le contester.

Nous verrons dans cet ouvrage comment il a été attaqué. Sa chute fut préparée par toute une série de découvertes antérieures qui ne semblaient pas le concerner : rayons cathodiques, rayons X, émissions des corps radio-actifs, etc., ont fourni les armes destinées à l'ébranler. Il fut plus atteint encore, dès que j'eus prouvé que des phénomènes considérés d'abord comme particuliers à quelques corps exceptionnels, tels que l'uranium, pouvaient être observés sur tous les corps de la nature.

Les faits prouvant que l'atome est susceptible d'une dissociation apte à le conduire à des formes où il a perdu toutes ses qualités matérielles sont aujourd'hui très nombreux. Parmi les plus importants il faut noter l'émission par tous les corps de particules animées d'une immense vitesse, capables de rendre l'air conducteur de l'électricité, de traverser les obstacles et d'être déviées par un champ magnétique. Aucune des forces actuellement connues ne pouvant produire de tels effets et, en particulier, l'émission de particules dont la vitesse approche de celle de la lumière, il était évident que l'on se trouvait en présence de choses complètement inconnues. Plusieurs théories furent présentées pour les expliquer. Une seule, celle de la dissociation des atomes — que j'ai proposée dès l'origine de ces recherches — a résisté à toutes les critiques et pour cette raison est à peu près universellement adoptée maintenant.

Plusieurs années se sont écoulées depuis que j'ai expérimentalement prouvé, pour la première fois, que les phénomènes observés dans les corps dits radio-actifs, tels que l'uranium — le seul corps de cette espèce alors connu — pouvaient être observés sur tous les corps de la nature, et n'étaient explicables que par la dissociation des atomes de ces corps.

L'aptitude de la matière à se désagréger en émettant des effluves de particules analogues à celles des rayons cathodiques, animées d'une vitesse de l'ordre de celle de la lumière et capables de traverser les substances matérielles, est universelle. La lumière frappant une substance quelconque, une lampe qui brûle, des réactions chimiques fort diverses, une décharge électrique, etc., provoquent l'apparition de ces effluves. Les corps dits radio-actifs, comme l'uranium ou le radium, ne font que présenter à un haut degré un phénomène que toute matière possède à un degré quelconque.

Lorsque je formulai pour la première fois cette généralisation en l'appuyant d'expériences pourtant fort précises, elle ne frappa à peu près personne. Il ne se rencontra dans le monde entier qu'un seul physicien, le savant professeur de Heen qui en saisit la portée et l'adopta après en avoir vérifié la parfaite exactitude.

Les expériences étant trop probantes pour permettre de longues contestations, la doctrine de la dissociation universelle de la matière finit par triompher. La lumière est faite aujourd'hui et peu de physiciens nient que cette dissociation de la matière — cette radio-activité comme on dit maintenant — soit un phénomène universel aussi répandu dans l'univers que la chaleur ou la lumière.

On trouve aujourd'hui de la radio-activité à peu près partout. Dans un travail récent, le professeur J.-J. Thomson a montré son existence dans la plupart des corps, l'eau, le sable, l'argile, la brique, etc. Il en a retiré une « émanation » qui se produit d'une façon continue, analogue à celle provenant des corps radio-actifs tels que le radium et jouissant des mêmes propriétés.

Que devient la matière en se dissociant? Peut-on supposer que les atomes en se désagrégeant ne font que se diviser en parties plus petites formant ainsi une simple poussière d'atomes? Nous verrons qu'il n'en est rien et que la matière qui se dissocie se dématérialise en passant par des phases successives qui lui font perdre graduellement ses qualités de matière jusqu'à ce qu'elle soit finalement retournée à l'éther impondérable d'où elle semble issue.

Après avoir reconnu que les atomes peuvent se dissocier, il fallait rechercher où ils puisent l'immense quantité d'énergie nécessaire pour lancer dans l'espace des particules avec une vitesse de l'ordre de celle de la lumière.

L'explication était en réalité assez simple puisqu'il suffisait de constater, comme j'ai essayé de le montrer, que loin d'être une chose inerte capable seulement de restituer l'énergie qui lui a été artificiellement fournie, la matière est un réservoir énorme d'énergie — *l'énergie intra-atomique.*

Mais une telle doctrine heurtait trop de principes scientifiques fondamentaux séculairement établis pour être immédiatement admise et avant qu'on l'acceptât diverses hypothèses furent successivement proposées.

Habitués à considérer comme des vérités absolues les principes rigides de la thermodynamique, persuadés qu'un système matériel isolé ne peut posséder d'autre énergie que celle qui lui a d'abord été fournie du dehors, la plupart des physiciens persistèrent longtemps, et quelques-uns persistent encore, à rechercher à l'extérieur les sources de l'énergie manifestée pendant la dissociation de la matière. Naturellement ils ne la trouvèrent pas, puisqu'elle est dans la matière même et non extérieure à elle.

La réalité de cette forme nouvelle d'énergie, de cette énergie intra-atomique dont nous n'avons cessé d'affirmer l'existence depuis l'origine de nos recherches, ne s'appuie nullement sur la théorie, mais sur des faits d'expérience. Bien qu'ignorée jusqu'alors elle est la plus puissante des forces connues, et probablement, suivant nous, l'origine de la plupart des autres. Son existence si contestée d'abord est de plus en plus acceptée aujourd'hui.

Des recherches expérimentales que nous avons

exposées en divers mémoires et qui seront résumées dans cet ouvrage se dégagent les propositions suivantes :

1° *La matière supposée jadis indestructible s'évanouit lentement par la dissociation continuelle des atomes qui la composent.*

2° *Les produits de la dématérialisation des atomes constituent des substances intermédiaires par leurs propriétés entre les corps pondérables et l'éther impondérable, c'est-à-dire entre deux mondes considérés jusqu'ici comme profondément séparés.*

3° *La matière, jadis envisagée comme inerte et ne pouvant restituer que l'énergie qu'on lui a d'abord fournie, est au contraire un colossal réservoir d'énergie — l'énergie intra-atomique — qu'elle peut dépenser sans rien emprunter au dehors.*

4° *C'est de l'énergie intra-atomique qui se manifeste pendant la dissociation de la matière que résultent la plupart des forces de l'univers, l'électricité et la chaleur solaire notamment.*

C'est à l'examen de ces propositions diverses qu'une grande partie de cet ouvrage sera réservée. Admettons qu'elles soient établies et recherchons dès maintenant les changements qu'elles entraînent dans notre conception générale de la mécanique de l'univers. Le lecteur pourra ainsi se rendre compte de l'intérêt que présentent les problèmes à l'étude desquels ce volume est consacré.

§ 2. — LA MATIÈRE ET LA FORCE.

Le problème de la nature de la matière et de la force est un de ceux qui ont le plus exercé la sagacité des savants et des philosophes. Sa solution complète a toujours échappé parce qu'elle implique en réalité la connaissance, inaccessible encore, de la raison première des choses. Les recherches que nous exposerons ne sauraient donc permettre de résoudre entièrement cette grande question. Elles conduisent cependant à une conception de la matière et de l'énergie fort différente de celle qui a cours aujourd'hui.

Lorsque nous étudierons la structure de l'atome, nous arriverons à cette conclusion qu'il est un immense réservoir d'énergie uniquement constitué par un système d'éléments impondérables maintenus en équilibre par les rotations, attractions et répulsions des parties qui le composent. De cet équilibre résultent les propriétés matérielles des corps telles que le poids, la forme et l'apparente permanence.

Cette conception conduit à considérer la matière comme une variété de l'énergie. Aux formes déjà connues de l'énergie : chaleur, lumière, etc., il faut en ajouter une autre, la matière ou énergie intra-atomique. Elle est caractérisée par sa colossale grandeur et son accumulation considérable sous un très faible volume.

Il découle des énoncés précédents, qu'en dissociant des atomes on ne fait que donner à la variété d'énergie nommée matière une forme différente, telle que l'électricité ou la lumière, par exemple.

Nous essaierons de nous rendre compte des formes sous lesquelles l'énergie intra-atomique peut être condensée dans l'atome, mais l'existence du fait lui-même a beaucoup plus d'importance que les théories qu'il fait naître. Sans prétendre donner la définition si vainement cherchée de l'énergie, nous nous bornerons à faire remarquer que toute phénoménalité n'est qu'une transformation d'équilibre. Lorsque les transformations d'équilibre sont rapides, nous les nommons électricité, chaleur, lumière, etc.; lorsque les changements d'équilibre sont plus lents, nous leur donnons le nom de matière. Pour aller plus loin, il faut pénétrer dans la région des hypothèses et admettre, avec plusieurs physiciens, que les éléments dont l'ensemble est représenté par les forces en équilibre dans l'atome sont constitués par des tourbillons formés au sein de l'éther. Ces tourbillons possèdent une individualité, supposée jadis éternelle, mais que, maintenant, nous savons n'être qu'éphémère. L'individualité disparaît et le tourbillon se dissout dans l'éther dès que les forces qui maintiennent son existence cessent d'agir.

Les équilibres de ces éléments dont l'ensemble constitue un atome peuvent être comparés à ceux qui maintiennent les astres dans leurs orbites. Dès qu'ils sont troublés, des énergies considérables se manifestent, comme elles se manifesteraient si la terre ou un astre quelconque était brusquement arrêté en sa course.

De telles perturbations dans les systèmes planétaires atomiques peuvent se réaliser, soit sans raison apparente, comme pour les corps très radio-actifs lorsque, par des causes diverses, ils sont arrivés à un certain degré d'instabilité, soit artificiellement, comme pour les corps ordinaires, quand ils sont soumis à l'influence d'excitants divers : chaleur, lumière, etc. Ces excitants agissent alors comme l'étincelle sur une masse de poudre, c'est-à-dire en libérant des quantités d'énergie fort supérieures à la cause très légère qui a déterminé leur libération.

Et comme l'énergie condensée dans l'atome est en quantité immense, il en résulte qu'à une perte extrêmement faible de matière correspond la création d'une quantité énorme d'énergie.

En nous plaçant à ce point de vue, nous pouvons dire des diverses formes de l'énergie résultant de la dissociation des éléments matériels, telles que la chaleur, l'électricité, la lumière, etc., qu'elles représentent les dernières étapes que revêt la matière avant sa disparition dans l'éther.

Si, étendant ces notions, nous voulions les appliquer aux différences que présentent les divers corps simples qu'étudie la chimie, nous dirions qu'un corps simple ne diffère d'un autre que parce qu'il contient plus ou moins d'énergie intra-atomique. Si nous pouvions dépouiller un élément quelconque d'une quantité suffisante de l'énergie qu'il renferme, nous arriverions à le transformer entièrement.

Quant à l'origine, nécessairement hypothétique, des énergies condensées dans l'atome, nous la rechercherons dans un phénomène analogue à celui qu'invoquent les astronomes pour expliquer la formation du soleil et des énergies qu'il détient. Cette formation est pour eux la conséquence nécessaire de la condensation de la nébuleuse primitive. Si cette théorie est valable pour le système solaire, une explication analogue l'est également pour l'atome.

Les conceptions qui viennent d'être brièvement résumées n'ont nullement pour but de nier l'existence de la matière ainsi que la métaphysique l'a parfois tenté. Elles font simplement disparaitre la dualité classique entre la matière et l'énergie. Ce sont deux choses identiques sous des aspects différents. Il n'y a pas de séparation entre la matière et l'énergie, puisque la matière est simplement une forme stable de l'énergie et rien d'autre.

Il serait sans doute possible à une intelligence supérieure de concevoir l'énergie sans substance, car rien ne prouve qu'elle doive avoir nécessairement un support, mais une telle conception ne nous est pas accessible. Nous ne comprenons les choses qu'en les faisant entrer dans le cadre habituel de nos pensées. L'essence de l'énergie étant inconnue, il est nécessaire de la matérialiser si on veut pouvoir raisonner sur elle. On arrive ainsi — mais uniquement pour les besoins des démonstrations — aux définitions suivantes :

L'éther et la matière représentent des entités de même ordre. Les diverses formes de l'énergie : électricité, chaleur, lumière, matière, etc., en sont des manifestations. Elles ne diffèrent que par la nature et la stabilité des équilibres formés au sein de l'éther. C'est par ces manifestations que l'univers nous est connu.

Plus d'un physicien, l'illustre Faraday spécialement, avaient déjà essayé de faire disparaître la dualité établie entre la matière et l'énergie. Quelques philosophes le tentèrent également, en faisant remarquer que la matière ne nous était accessible que par l'intermédiaire des forces agissant sur nos sens. Mais tous les arguments de cet ordre étaient considérés avec raison comme d'une portée purement métaphysique. On leur objectait que jamais on n'avait pu transformer de la matière en énergie et qu'il fallait la seconde pour animer la première. Des principes scientifiques considérés comme très sûrs enseignaient que la matière était une sorte de réservoir inerte ne pouvant posséder d'autre énergie que celle qui lui a d'abord été transmise. Elle ne pouvait pas plus la créer qu'un réservoir ne crée le liquide qu'il contient.

Tout semblait donc bien montrer que la matière et l'énergie sont des choses irréductibles, aussi indépendantes l'une de l'autre, que le poids l'est de la couleur. Ce n'était donc pas sans raison qu'on les considérait comme appartenant à deux mondes très différents.

Il y avait sans doute quelque témérité à reprendre une question qui semblait abandonnée pour toujours. Nous ne l'avons fait que parce que notre découverte de la dissociation universelle de la matière nous a enseigné que les atomes de tous les corps peuvent s'évanouir sans retour en se transformant en énergie.

2.

La transformation de la matière en énergie se trouvant ainsi démontrée, il en résultait que l'antique dualité entre la force et la matière doit disparaître.

§ 3. — LES CONSÉQUENCES DU PRINCIPE DE L'ÉVANOUISSEMENT DE LA MATIÈRE.

Les faits résumés ci-dessus montrent que la matière n'est pas éternelle, qu'elle constitue un réservoir énorme de forces, et disparaît en se transformant en d'autres formes d'énergie avant de retourner à ce qui, pour nous, est le néant.

Nous pouvons donc dire que si la matière ne peut être créée elle peut au moins être détruite sans retour. A l'adage classique : rien ne se crée, rien ne se perd il faut substituer celui-ci : *rien ne se crée mais tout se perd.* Les éléments d'un corps qui brûle ou qu'on essaie d'anéantir par un moyen quelconque se transforment mais ils ne se perdent pas puisque la balance permet de constater que leur poids n'a pas changé. Les éléments des atomes qui se dissocient sont au contraire irrévocablement détruits. Ils ont perdu toutes les qualités de la matière y compris la plus fondamentale de toutes, la pesanteur. La balance ne les retrouve plus. Rien ne peut les ramener à l'état de matière. Ils se sont évanouis dans l'immensité de l'éther qui remplit l'espace et ne font plus partie de notre univers.

L'importance théorique de ces principes est considérable. A une époque où les idées que je défends n'étaient pas encore défendables, plusieurs savants avaient pris soin d'indiquer à quel point la doctrine séculaire de la conservation de la matière constituait un fondement scientifique nécessaire. C'est ainsi, par exemple, qu'Herbert Spencer dans un chapitre des *Premiers principes* intitulé l'*Indestructibilité de la matière*, dont il fait une des colonnes de son système.

déclare que « si l'on pouvait supposer que la matière peut devenir non existante, il serait nécessaire de confesser que la science et la philosophie sont impossibles ». Cette assertion semblera évidemment excessive. La philosophie n'a jamais éprouvé de peine à s'adapter aux découvertes scientifiques nouvelles. Elle les suit, mais ne les précède pas.

Ce ne sont pas les philosophes seuls qui déclaraient impossible de toucher au dogme de l'indestructibilité de la matière. Il y a quelques années à peine, le savant chimiste Naquet, alors professeur à la Faculté de Médecine de Paris, écrivait :

« Nous n'avons jamais vu le retour du pondérable à l'impondérable. La chimie tout entière est même fondée sur cette loi qu'un tel retour n'a pas lieu, car s'il avait lieu, adieu les équations chimiques! »

Évidemment, si la transformation du pondérable en impondérable était rapide, il faudrait renoncer non seulement aux équations de la chimie mais encore à celles de la mécanique. Cependant, au point de vue pratique, aucune de ces équations n'est encore atteinte, parce que la destruction de la matière se fait d'une façon si lente qu'elle n'est pas perceptible par les moyens d'observation anciennement employés. Des pertes de poids inférieures au centième de milligramme étant insaisissables à la balance, les chimistes n'ont pas à en tenir compte.

L'intérêt pratique de la doctrine de l'évanouissement de la matière, par suite de sa transformation en énergie, n'apparaîtra que quand on trouvera le moyen de provoquer facilement une dissociation rapide des corps. Ce jour-là, une source presque indéfinie d'énergie étant gratuitement à la disposition de l'homme, le monde changera nécessairement de face. Mais nous n'en sommes pas encore là.

Actuellement, toutes ces questions n'ont qu'un intérêt scientifique pur et restent provisoirement aussi dépourvues d'applications que l'était l'électricité au temps de Volta. Cet intérêt scientifique est considérable, car les notions nouvelles prouvent que les seuls éléments de l'univers auxquels la science accordait la durée et la fixité ne sont, en réalité, ni fixes, ni durables.

Chacun sait qu'il est facile de dépouiller la matière de tous ses attributs, un seul excepté. La solidité, la forme, la couleur, les propriétés chimiques disparaissent facilement. Le corps le plus dur peut être transformé en une invisible vapeur. Mais, à travers tous ces changements, la masse des corps mesurée par leur poids reste invariable et se retrouve toujours. Cette invariabilité constituait le seul point fixe dans l'océan mobile des phénomènes. Elle permettait au chimiste, comme au physicien, de suivre la matière à travers ses perpétuelles transformations et c'est pourquoi ils la considéraient comme quelque chose de mobile, mais d'éternel.

C'est à cette propriété fondamentale de l'invariabilité de la masse qu'il fallait revenir toujours. Les philosophes et les savants avaient renoncé depuis longtemps à découvrir une définition exacte de la matière. L'invariabilité de la masse d'une quantité donnée de substance, c'est-à-dire son coefficient d'inertie, mesuré par son poids, demeurait le seul caractère irréductible de la matière.

En dehors de cette notion essentielle, tout ce que nous pouvions dire de la matière, c'est qu'elle constitue l'élément mystérieux et changeant dont sont formés les mondes et les êtres qui les habitent.

La permanence et, par conséquent, l'indestructibilité de la masse, que l'on constate à travers les changements de la matière étant le seul caractère par lequel on puisse saisir cette grande inconnue, son importance était nécessairement devenue prépondérante. C'est sur elle que les édifices de

la chimie et de la mécanique ont été péniblement
bâtis.

A cette notion première, il avait fallu cependant
en ajouter une seconde. La matière paraissant incapable par elle-même de sortir du repos, on avait
recours pour l'animer à des causes diverses, d'essence
inconnue, désignées sous le nom de forces. La physique en comptait plusieurs qu'elle séparait jadis
nettement, mais une science plus avancée avait fini
par les fusionner dans une grande entité, *l'énergie*, à
laquelle le privilège de l'immortalité avait été également conféré.

Et c'est ainsi que, sur les débris des anciennes
doctrines et après un siècle de persévérants efforts,
s'étaient élevées deux puissances souveraines qui
semblaient éternelles : la matière comme trame fondamentale des choses et l'énergie pour l'animer.
Avec les équations qui les reliaient, la science
moderne croyait pouvoir expliquer les phénomènes.
Dans ses formules savantes, tous les secrets de l'Univers étaient enfermés. Les divinités des vieux âges
étaient remplacées par des systèmes ingénieux d'équations différentielles.

Ce sont ces dogmes fondamentaux, bases de la
science moderne que les recherches exposées dans
cet ouvrage tendent à détruire. Si le principe de la
conservation de l'énergie — qui n'est d'ailleurs qu'une
généralisation hardie d'expériences faites sur des cas
très simples — vient également à périr sous les coups
qui déjà l'atteignent, il en faudra conclure que rien
dans le monde n'est éternel. Les grandes divinités de
la science seraient condamnées elles aussi à subir ce
cycle invariable qui régit les choses : naître, grandir,
décliner et mourir.

Mais si les recherches actuelles ébranlent les fondements même de l'édifice de nos connaissances et,
par voie de conséquence, toute notre conception de

l'Univers, il s'en faut de beaucoup qu'elles nous révèlent les secrets de cet Univers. Elles nous montrent que le monde physique, qui semblait quelque chose de très simple, régi par un petit nombre de lois élémentaires, est au contraire d'une effrayante complexité. Malgré leur infinie petitesse, les atomes de tous les corps, ceux par exemple dont se composent les éléments du papier sur lequel sont écrites ces lignes, apparaissent maintenant comme de véritables systèmes planétaires, guidés dans leur vertigineuse vitesse par des puissances formidables dont nous ignorons totalement les lois.

Les voies nouvelles que les recherches récentes ouvrent aux investigations des chercheurs commencent à se dessiner à peine. C'est déjà beaucoup de savoir qu'elles existent et que la science a devant elle un monde merveilleux à explorer.

CHAPITRE II

Historique de la découverte de la dissociation de la matière et de l'énergie intra-atomique.

Comment ont été mis en évidence les faits et les principes résumés dans le chapitre précédent et qui seront développés dans cet ouvrage? C'est ce que nous allons indiquer maintenant.

La genèse d'une découverte est rarement spontanée. Elle ne semble l'être que parce qu'on ignore généralement les difficultés et les hésitations qui enveloppèrent le plus souvent ses débuts.

Le public se préoccupe fort peu de la façon dont se font les inventions, mais les psychologues s'intéresseront sûrement à certains côtés de l'exposé qui va suivre[1]. Ils y trouveront, en effet, de précieux documents sur la naissance des croyances, sur le rôle exercé, jusque dans les laboratoires, par les suggestions et les illusions, et enfin sur l'influence prépondérante du prestige considéré comme un élément principal de démonstration.

Mes recherches ont précédé, à leur origine, toutes celles exécutées dans la même voie.

C'est en effet, en 1896, que je fis insérer dans les

---

1. Pour ne pas trop allonger cet historique je ne donne ici aucun des textes sur lesquels il s'appuie. Le lecteur les trouvera à la fin de notre ouvrage.

Comptes rendus de l'Académie des sciences et simplement pour prendre date, une courte note résumant les recherches que je poursuivais depuis deux ans et dont il résultait que la lumière tombant sur les corps produit des radiations capables de traverser les substances matérielles. N'ayant pu identifier ces radiations avec rien de connu, j'indiquais, toujours dans cette première note, qu'elles devaient probablement constituer une force inconnue — assertion sur laquelle je suis revenu bien des fois — et pour lui donner un nom, je choisis celui de *lumière noire*.

Au début de mes expériences, j'ai confondu forcément des choses dissemblables qu'il a fallu successivement séparer. Dans l'action de la lumière tombant sur la surface d'un corps, on observe en effet deux ordres de radiations très distinctes :

1° Des radiations de la famille des rayons cathodiques. Elles ne se réfractent pas, ne se polarisent pas et n'ont aucune parenté avec la lumière. Ce sont ces radiations que les corps dits radio-actifs, tels que l'uranium, émettent constamment.

2° Des radiations infra-rouges de grande longueur d'onde qui, contrairement à tout ce qu'on enseignait autrefois, traversent le papier noir, l'ébonite, le bois, la pierre, en un mot la plupart des corps non conducteurs. Elles sont naturellement susceptibles de réfraction et de polarisation.

Il n'était pas très facile de dissocier ces divers éléments à une époque où personne ne supposait qu'un grand nombre de corps, considérés comme absolument opaques, sont au contraire fort transparents pour la lumière infra-rouge invisible, et où l'énoncé de l'expérience consistant à photographier en deux minutes à la chambre noire une maison à travers un corps opaque, eût semblé absurde.

Tout en ne perdant pas de vue l'étude des radiations métalliques je consacrai quelque temps à l'examen des propriétés de l'infra-rouge [1]. Cet examen me conduisit à découvrir la luminescence invisible, phénomène qui n'avait jamais été soupçonné et qui me permit de photographier des objets restés dans l'obscurité dix-huit mois après qu'ils avaient vu la lumière.

Ces recherches terminées, je pus continuer l'étude des radiations métalliques.

Ce fut au commencement de l'année 1897 que j'énonçai dans une note publiée par les *Comptes rendus de l'Académie des Sciences*, que tous les corps frappés par la lumière émettent des radiations capables de rendre l'air conducteur de l'électricité [2].

Quelques semaines plus tard je donnais, dans les mêmes *Comptes rendus*, le détail des expériences de mesure destinées à confirmer ce qui précède et j'indiquais l'analogie de ces radiations émises par tous les corps sous l'action de la lumière avec les radiations de la famille des rayons cathodiques, analogie que personne ne soupçonnait alors.

C'est à la même époque que M. Becquerel publiait ses premières recherches. Reprenant les expériences oubliées de Niepce de Saint-Victor et se servant comme lui de sels d'urane, il fit voir, comme l'avait déjà montré ce dernier, que ces sels émettaient dans l'obscurité des radiations capables d'impressionner les plaques photographiques. Poursuivant plus longtemps que son prédécesseur l'expérience, il constata que l'émission semblait persister indéfiniment.

---

1. Pour ne pas confondre des choses différentes, j'ai réservé le terme de *lumière noire* pour ces radiations. Elles seront examinées dans un autre volume consacré à l'étude de l'énergie. Leurs propriétés diffèrent considérablement de celles de la lumière ordinaire, non pas seulement par leur invisibilité, caractère sans importance qui ne tient qu'à la structure de notre œil, mais par des propriétés absolument spéciales, celle, par exemple, de traverser un grand nombre de corps opaques et d'agir en sens exactement inverse des autres radiations du spectre.

2. Cette propriété est toujours restée le caractère le plus fondamental des corps radio-actifs. C'est en se basant uniquement sur elle que le radium et le polonium, ont pu être isolés.

En quoi consistaient ces radiations ? Toujours sous l'influence des idées de Niepce de Saint-Victor, M. Becquerel crut d'abord qu'il s'agissait de ce que Niepce appelait de la « lumière emmagasinée », c'est-à-dire d'une sorte de phosphorescence invisible, et, pour le prouver, il institua des expériences longuement développées dans les *Comptes rendus de l'Académie des Sciences* et qui lui firent croire que les radiations émises par l'uranium se réfractent, se réfléchissent et se polarisent.

Ce point était fondamental. Si les émissions de l'uranium pouvaient se réfracter et se polariser, il s'agissait évidemment de radiations identiques à la lumière et constituant simplement une sorte de phosphorescence invisible. Si la réfraction et la polarisation n'existaient pas, il s'agissait de quelque chose d'absolument différent et tout à fait inconnu.

Ne pouvant faire cadrer les expériences de M. Becquerel avec les miennes, je les répétai avec des appareils divers et j'arrivai à cette conclusion que les radiations de l'uranium ne se polarisent nullement. Il s'agissait donc bien, non pas d'une forme quelconque de la lumière, mais d'une chose entièrement inconnue, constituant, comme je l'avais assuré dès le début de mes recherches, une force nouvelle : « les propriétés de l'uranium n'étaient donc qu'un cas particulier d'une loi très générale ». C'est sur cette dernière conclusion que je terminai une de mes notes insérées dans les *Comptes rendus de l'Académie des Sciences* de 1897.

Pendant près de trois ans je fus absolument seul à soutenir que les radiations uraniques ne se polarisaient pas. Ce fut seulement à la suite des expériences du physicien américain Rutherford, que M. Becquerel finit par reconnaître qu'il s'était trompé.

On considérera, je pense, comme très curieux et constituant un des chapitres les plus instructifs de l'histoire des sciences, que, pendant trois ans, il ne se soit pas rencontré dans l'univers un seul physicien qui ait songé à répéter, répétition extraordinairement facile cependant, les expériences de M. Becquerel sur

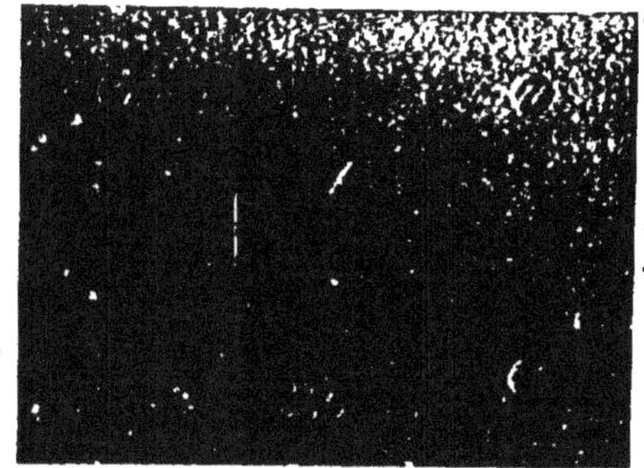

Fig. 1.

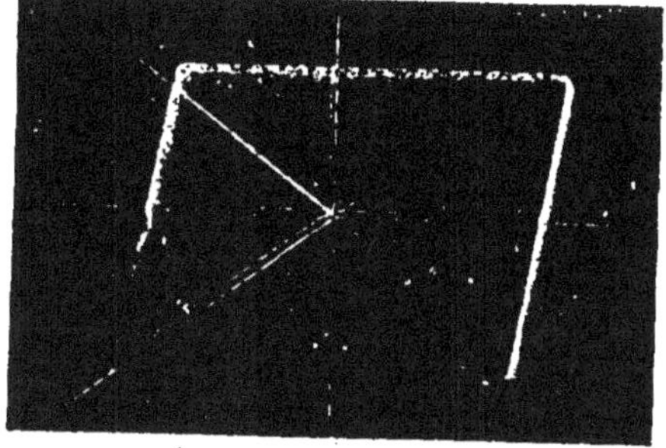

Fig. 2.

Appareils employés en 1897 par Gustave Le Bon pour démontrer, par l'absence de polarisation, que les radiations émises par les sels d'urane n'étaient pas de la lumière invisible comme le soutenait alors M. Becquerel.

Un de ces deux appareils est le système classique de tourmalines à axes croisés, trop connu pour qu'il soit nécessaire de le décrire. Il ne diffère de celui avec lequel M. Becquerel croyait avoir démontré la polarisation des rayons uraniques que parce que les tourmalines ont été incrustées dans une lame épaisse de métal, de façon à empêcher l'émanation de l'uranium de tourner autour d'elles. Le second appareil fut imaginé par nous pour vérifier les résultats négatifs obtenus avec les tourmalines. Il se compose d'une lame métallique dans laquelle a découpé des raies très fines couvertes d'une lame de spath d'Islande. Si l'on interpose ce système entre une source de lumière visible ou invisible et une plaque photographique on obtient, par suite de la double réfraction, un dédoublement des lignes qui indique la polarisation des rayons émergents. Ce dédoublement se voit très nettement sur la photographie de l'appareil reproduit ici et qui a été obtenu avec de la lumière linéaire.

réfraction, la réflexion et la polarisation des rayons uraniques. Bien au contraire, les plus éminents écrirent de savants mémoires pour expliquer cette réflexion, cette réfraction et cette polarisation.

Ce fut une réédition de l'histoire de l'enfant à la dent d'or sur lequel les savants de l'époque écrivirent d'importants mémoires, jusqu'au jour où un sceptique eut l'idée d'aller voir si l'enfant en question était réellement né avec une dent d'or.

Il sera difficile, après un tel exemple, de nier qu'en matière scientifique, le prestige constitue l'élément essentiel des convictions. Il ne faut donc pas trop railler les hommes du moyen âge qui ne connaissaient d'autres sources de démonstration que les dires d'Aristote.

Laissant aller à sa destinée la doctrine que pendant plusieurs années je fus seul à défendre, je continuai mes recherches, étendis le cercle de mes investigations, et montrai que les mêmes radiations se produisent non seulement sous l'action de la lumière, mais encore sous des influences fort diverses, les réactions chimiques, notamment. Il devenait donc de plus en plus évident que les radiations de l'uranium n'étaient, comme je l'avais soutenu tout d'abord, qu'un cas particulier d'une loi très générale.

Cette loi générale, dont je n'ai cessé de poursuivre l'étude, est la suivante. Sous des influences diverses : lumière, réactions chimiques, actions électriques, et souvent même spontanément, les atomes des corps simples, aussi bien que des corps composés, se dissocient et émettent des effluves de la famille des rayons cathodiques.

Cette généralisation est à peu près universellement admise aujourd'hui, mais l'exposé qui précède montre qu'il y avait quelque hardiesse à la formuler la première fois. Comment aurait-on pu supposer la parenté des rayons uraniques avec des effluves quelconques, cathodiques ou autres, puisque tous les physiciens admettaient alors, sur la foi de M. Becquerel, la polarisation et la réfraction de ces rayons ?

Lorsque la question de la polarisation fut définitivement tranchée, il fallut peu de temps pour reconnaître l'exactitude des faits que j'avais exprimés.

Mais ce fut seulement quand les physiciens allemands, Giesel, Meyer et Schweider découvrirent, en 1899, que les émissions des corps radio-actifs étaient, comme les rayons cathodiques, déviables par un aimant, que l'idée d'une analogie probable entre tous ces phénomènes commença à se répandre.

Plusieurs physiciens s'attachèrent alors à cette étude dont l'importance grandit chaque jour. Les faits nouveaux surgirent de toutes parts et la découverte du radium par Curie imprima une vive impulsion à ces recherches.

M. de Heen, professeur de physique à l'Université de Liège et directeur du célèbre Institut de Physique de la même ville, fut le premier qui accepta entièrement la généralisation que j'avais essayé d'établir. Après avoir repris et développé mes expériences il déclara dans un de ses mémoires qu'il les assimilait pour l'importance à la découverte des rayons X. Elles furent, pour lui, l'origine de nombreuses recherches qui le conduisirent à des résultats remarquables. Le mouvement étant donné, il fallut bien le suivre. On se mit de tous côtés à rechercher la radio-activité, c'est-à-dire les produits de la dissociation de la matière et on en trouva partout. L'émission spontanée est le plus souvent très faible, mais devient considérable si on soumet les corps à l'influence de divers excitants : lumière, chaleur, etc.

Tous les physiciens sont maintenant d'accord pour classer dans la même famille les rayons cathodiques, les émissions de l'uranium et du radium, et celles des corps dissociés par la lumière ou par la chaleur, etc.

Si, malgré mes affirmations et mes expériences, ces analogies n'ont pas été admises immédiatement, c'est que la généralisation des phénomènes est parfois bien plus difficile à découvrir que les faits d'où cette généralisation découle. C'est cependant de ces généralisations que les progrès scientifiques dérivent. « Tout grand progrès dans les sciences, dit le philosophe Jevons, consiste en une grande généralisation révélant des ressemblances profondes et cachées ».

La généralité des phénomènes de dissociation de la matière aurait été bien plus tôt aperçue si on avait regardé d'un peu près une foule de faits connus, mais on ne les regardait pas. Ils étaient disséminés d'ailleurs dans des chapitres fort différents de la physique.

Il y a longtemps, par exemple, que la déperdition de l'électricité par la lumière ultra-violette était connue, mais on ne songeait guère à la rattacher aux rayons cathodiques. Il y a plus de cinquante ans que Niepce de Saint-Victor avait vu que, dans l'obscurité, les sels d'urane provoquent des impressions photographiques pendant plusieurs mois, mais, comme le phénomène ne se rattachait en apparence à rien de connu, on le laissait de côté. La décharge des corps électrisés par les gaz des flammes était observée depuis cent ans, sans que personne se fût préoccupé d'approfondir la cause de ce phénomène. La déperdition électrique sous l'influence de la lumière ordinaire avait été signalée depuis plusieurs années, mais on l'envisageait comme un fait particulier à quelques métaux, sans soupçonner à quel point il était général et important.

La constatation de la dissociation de la matière a permis de pénétrer dans un monde ignoré régi par des forces nouvelles où la matière, perdant ses propriétés de matière, devient impondérable pour la balance du chimiste, traverse sans difficulté les obstacles, et possède toute une série de propriétés imprévues.

J'ai eu la satisfaction de voir reconnaître de mon vivant l'exactitude des faits sur lesquels j'ai basé les théories qui seront exposées bientôt. Pendant longtemps j'avais renoncé à pareille espérance et songé plus d'une fois à abandonner mes recherches. Elles avaient été, en effet, assez mal accueillies en France. Plusieurs des notes que j'envoyais à l'Académie des Sciences provoquaient de véritables tempêtes. La plupart des membres de la section de physique, protestaient avec énergie et les journaux scientifiques faisaient chorus. Nous sommes tellement hiérarchisés, tellement hypnotisés et domestiqués par notre enseignement officiel, que l'expression d'idées indépendantes semble intolérable.

Aujourd'hui que mes idées se sont lentement infiltrées dans l'esprit des physiciens j'aurais mauvaise grâce à me plaindre des critiques ou du silence de la plupart d'entre eux à mon égard. Il me suffit de constater qu'ils ont su profiter de mes recherches. Le livre de la nature est un roman d'une si passionnante lecture que le plaisir d'en déchiffrer quelques pages suffit à récompenser de la peine que bien souvent ce déchiffrement demande. Je n'aurais certes pas consacré plus de huit années à ces très coûteuses expériences si je n'avais compris de suite leur intérêt philosophique immense et la perturbation profonde qu'elles finiraient par apporter dans des théories scientifiques fondamentales.

A la découverte de la dissociation universelle de la matière se rattache celle de l'énergie intra-atomique, par laquelle j'ai réussi à expliquer les phénomènes radio-actifs. La seconde a été la conséquence de la première.

La découverte de *l'énergie intra-atomique* n'est pas tout à fait assimilable cependant à celle de l'universalité de la dissociation de la matière. Cette dissociation universelle est un fait, l'existence de l'énergie intra-atomique constitue seulement une interprétation. L'interprétation était d'ailleurs nécessaire puisqu'après avoir essayé diverses hypothèses pour expliquer les phénomènes radio-actifs, presque tous les physiciens ont fini par se ranger à l'explication que j'avais proposée lorsque j'énonçais que la science se trouvait en présence d'une force nouvelle entièrement inconnue.

Il peut être intéressant pour le lecteur de savoir comment les recherches, dont le résumé vient d'être brièvement tracé, furent accueillies dans divers pays. C'est à l'étranger surtout qu'elles provoquèrent une vive impression. En France, elles furent accueillies avec une hostilité qui ne fut pas cependant unanime, comme le prouve cet extrait d'une étude publiée par M. Dastre, professeur à la Sorbonne et membre de l'Institut.

« Dans l'espace de cinq années on a parcouru un assez long chemin dans la voie de la généralisation du fait de la radio-activité. On est parti de l'idée d'une propriété spécifique de l'uranium et l'on arrive à la supposition d'un phénomène naturel presque universel. Il est juste de rappeler que ce résultat avait été prédit avec une perspicacité prophétique par Gustave Le Bon. Depuis le début, ce savant s'est efforcé de démontrer que l'action de la lumière, certaines réactions chimiques, enfin les actions électriques provoquent la manifestation de ce mode particulier d'énergie... Loin d'être rare, la production de ces rayons est incessante. Il ne tombe pas un rayon de soleil sur une surface métallique, il n'éclate pas une étincelle électrique, il ne se produit pas une décharge, pas un corps ne devient incandescent sans qu'apparaisse le rayon cathodique pur ou transformé. C'est à Gustave Le Bon que revient le mérite d'avoir perçu, dès l'abord, la grande généralité de ce phénomène. Encore bien qu'il se soit servi du terme impropre de *lumière noire* il n'en a pas moins saisi l'universalité et les principaux caractères de cette production. Il a surtout remis le phénomène à sa vraie place en le transportant du cabinet du physicien dans le grand laboratoire de la nature. » *Rev. des Deux Mondes*, 1901.

Dans une des Revues des travaux de physique, qu'il publie annuellement, M. le professeur Lucien Poincaré a très clairement résumé mes recherches dans les lignes suivantes.

« M. Gustave Le Bon, à qui l'on doit de nombreuses publications relatives aux phénomènes d'émission de divers rayonnements par la matière et qui fut certainement l'un des premiers à penser que la radio-activité est un phénomène général de la nature, admet que, sous des influences très diverses, lumière, actions chimiques, actions électriques, et souvent même spontanément, les atomes des corps simples peuvent se dissocier et émettre des effluves qui sont de la famille des rayons cathodiques et des rayons X ; mais toutes ces manifestations seraient des aspects particuliers d'une forme d'énergie entièrement nouvelle, entièrement distincte de l'énergie électrique et aussi répandue dans la nature que la chaleur. M. de Heen adopte des idées analogues. » (*Rev. des Sciences*, Janvier 1903.)

Je n'ai qu'un fragment de phrase à rectifier dans les lignes qui précèdent. C'est celui où l'éminent savant dit que je fus « un des premiers » à montrer que la radio-activité est un phénomène universel. C'est le « premier » qu'il faut lire. Il suffit de se reporter aux textes et à leurs dates de publication pour en être convaincu[1].

Il est assez naturel qu'on ne soit pas prophète dans son propre pays. Il suffit qu'on le soit un peu ailleurs. L'importance des résultats mis en lumière par mes recherches a été très vite comprise à l'étranger. Des diverses études qu'elles ont provoquées, je me bornerai à reproduire quelques fragments.

Le premier est une partie du préambule dont M. le professeur Pio a fait précéder les quatre articles qu'il a consacrés, à mes expériences dans la revue anglaise *Englisch mechanic and World of science*[2] :

« Depuis six ans, Gustave Le Bon poursuit ses recherches sur certaines radiations qu'il appela d'abord Lumière noire. Il scandalisa les physiciens orthodoxes par son audacieuse assertion qu'il

---

1. Mon premier mémoire sur la radio-activité de tous les corps sous l'action de la lumière a paru dans la *Revue Scientifique* de mai 1897. Celui sur la radio-activité par les actions chimiques a été publié en avril 1900. Celui montrant la radio-activité spontanée des corps ordinaires a paru — toujours dans la même revue — en novembre 1902. Les premières expériences par lesquelles les physiciens aient cherché à prouver que la radio-activité pouvait s'observer avec des corps autres que l'uranium, le thorium et le radium n'ont été publiées par Strutt, Lenard, Burton, etc., que de juin à août 1903.

2. Numéros de janvier à avril 1903.

existe quelque chose qui avait été entièrement ignoré. Cependant ses expériences décidèrent d'autres expérimentateurs à vérifier ses assertions et beaucoup de faits imprévus ont été découverts. Rutherford en Amérique, Nodon en France, de Heen en Belgique, Lenard en Autriche, Elster et Geitel en Suisse, sont entrés avec succès dans le sillage de Gustave Le Bon. Résumant aujourd'hui les expériences faites par lui depuis six ans, Gustave Le Bon montre qu'il a découvert une force nouvelle de la nature se manifestant dans tous les corps. Ses expériences jettent une vive lumière sur des sujets aussi mystérieux que les rayons X, la radio-activité, la dispersion électrique, l'action de la lumière ultra-violette, etc. Les livres classiques sont muets sur toutes ces choses et les plus éminents électriciens ne savent comment expliquer tous ces phénomènes. »

Le second des articles, auxquels je viens de faire allusion est celui publié par M. Legge dans la revue *The Academy* du 6 décembre 1902 sous ce titre : *A New form of Energy* :

« Rien n'est plus remarquable que la révolution profonde effectuée depuis dix ans dans les idées des savants en ce qui concerne la force et la matière... La théorie atomique d'après laquelle chaque portion de matière se composait d'atomes indivisibles ne pouvant se combiner qu'en proportions définies, était un article de foi scientifique. Il conduisait à des déclarations comme celle d'un des derniers présidents de la *Chemical Society*, qui assurait à ses auditeurs, dans une allocution annuelle, que l'âge des découvertes en chimie était clos, et que, par conséquent, il fallait se consacrer exclusivement à une sérieuse classification des phénomènes chimiques connus. Mais cette prédiction était à peine formulée que sa fausseté devenait évidente. Crookes découvrait la matière radiante, Rœntgen révélait les rayons qui portent son nom, et maintenant Gustave Le Bon, dans une série de mémoires, va plus loin encore. Il nous montre que ces nouvelles idées ne sont pas plusieurs choses, mais une seule chose, que les phénomènes observés sont la conséquence de la production d'une forme de matière toute spéciale ressemblant plus à la force qu'à la matière... Les conséquences des recherches de Gustave Le Bon seraient en réalité immenses. Tout l'édifice chimique serait démoli en bloc et on pourrait écrire un système entièrement nouveau dans lequel on verrait la matière passer à travers la matière et les éléments constituer des formes diverses de la même substance. Mais ceci ne serait rien encore, comparé aux résultats qui suivraient l'établissement d'un pont dans l'espace entre le pondérable et l'impondérable que Gustave Le Bon nous annonce déjà comme un des résultats de ses découvertes et que sir William Crookes semblait avoir pressenti dans un de ses discours à la *Royal Society.* »

Je terminerai ces citations par un passage des divers articles que M. de Heen, professeur de physique à l'Université de Liège, a bien voulu consacrer à mes recherches :

« On connaît le retentissement que produisit dans le monde la découverte des rayons X, découverte qui fut immédiatement suivie d'une autre plus modeste en apparence, aussi importante peut-être en réalité, celle de la lumière noire, résultat des recherches de Gustave Le Bon. Ce dernier prouva que les corps frappés par la lumière, les métaux notamment, acquièrent la faculté de produire des rayons analogues aux rayons X et reconnut bientôt qu'il ne s'agissait pas là d'un phénomène exceptionnel, mais au contraire d'un ordre de phénomènes aussi répandu dans la nature que les manifestations calorifiques, électriques ou lumineuses ; thèse que nous avons toujours défendue également depuis cette époque. »

Le lecteur excusera, je l'espère, le petit plaidoyer qui précède. Les oublis répétés de certains physiciens m'ont obligé à le faire. Les phénomènes nouveaux que j'ai découverts le furent au prix de trop d'efforts, de dépenses et d'ennuis pour que je ne tienne pas à conserver un bien si difficilement acquis.

LIVRE II

L'ÉNERGIE INTRA-ATOMIQUE ET LES FORCES QUI EN DÉRIVENT

CHAPITRE PREMIER

L'Énergie intra-atomique. Sa grandeur.

---

§ 1. — L'EXISTENCE DE L'ÉNERGIE INTRA-ATOMIQUE

Nous avons donné le nom d'*énergie intra-atomique* à la force nouvelle entièrement différente de celles observées jusqu'ici qui produit la dissociation de la matière, c'est-à-dire l'ensemble des phénomènes radio-actifs. Au point de vue chronologique, nous aurions dû évidemment décrire d'abord cette dissociation. Mais, comme l'énergie intra-atomique domine tous les phénomènes examinés dans cet ouvrage, il nous a semblé préférable de débuter par son étude.

Nous supposerons donc déjà connus les faits concernant la dissociation de la matière que nous exposerons plus tard et nous nous bornerons à rappeler présentement un des plus fondamentaux d'entre eux : l'émission dans l'espace par les corps en voie de dissociation de particules immatérielles animées d'une vitesse capable d'atteindre et souvent même de dépasser le tiers de celle de la lumière.

Une telle vitesse est immensément supérieure à celle que nous pourrions produire à l'aide des forces connues dont nous disposons. C'est un point qu'il importe de bien marquer tout d'abord. Quelques chiffres suffiront à mettre en évidence cette différence.

Un calcul très simple montre, en effet, que pour donner à une petite balle de fusil la vitesse des particules émises par la matière qui se dissocie, il faudrait posséder une arme à feu capable de contenir treize cent quarante mille barils de poudre [1].

Dès que l'immense vitesse des particules qu'émettent les corps radio-actifs eût été mesurée par les méthodes très simples que nous indiquerons ailleurs, il devint évident qu'une quantité énorme d'énergie était libérée pendant la dissociation atomique. Les

---

1. Voici, d'ailleurs, les éléments de ce calcul :

Détermination de la dépense d'énergie nécessaire pour donner à une masse matérielle une vitesse égale à celle des particules de matières dissociées. — Si on néglige la résistance de l'air qui entraînerait à des calculs compliqués, on peut déterminer facilement quelles dimensions devrait avoir une masse matérielle pour prendre sous l'influence d'une dépense d'énergie déterminée, — celle employée par exemple pour lancer une balle de fusil, — une vitesse de l'ordre de grandeur de celle des particules de matières dissociées. Ce calcul montrera immédiatement la puissance de l'énergie intra-atomique.

L'énergie développée par une balle de fusil ordinaire animée d'une vitesse de 640 mètres par seconde est donnée par la formule

$$T = \frac{1}{2}\, m\, V^2 = \frac{1}{2}\, \frac{0.015}{9,81} \times 640^2 = 313 \text{ kgm.}$$

Recherchons le poids x qu'il faudrait donner à une balle pour que, avec la même quantité d'énergie, elle prenne une vitesse de 100.000 kilomètres par seconde dans le vide.

On a $313 = \frac{1}{2}\, \frac{x}{9,81} \times 100.000.000^2$. En effectuant le calcul on voit qu'il faudrait donner à la balle un poids un peu supérieur à 6 dix-millionièmes de milligramme pour qu'elle prît la vitesse des particules de matière dissociée, avec la charge de poudre nécessaire pour lancer une balle de fusil.

Avec les données précédentes, et sachant qu'il faut 2 gr. 75 de poudre pour lancer une balle Lebel du poids de 15 grammes, on calcule aisément que pour donner à cette balle une vitesse de 100.000 kilomètres par seconde, il faudrait 67 millions de kilogrammes de poudre, soit 1.340.000 barils de poudre pesant 50 kilogs chacun.

physiciens cherchèrent alors vainement, et beaucoup continuent à chercher encore, la provenance extérieure de cette énergie. On admettait, en effet, comme un principe fondamental, que la matière est inerte et ne peut que restituer, sous une forme quelconque, l'énergie qui lui a d'abord été fournie. La source d'énergie manifestée ne pouvait donc être qu'extérieure.

Lorsque je prouvai que la radio-activité est un phénomène universel et non particulier à un petit nombre de corps exceptionnels, la question devint plus embarrassante encore. Mais, comme cette radio-activité apparaissait surtout sous l'influence d'un agent extérieur : lumière, chaleur, forces chimiques, etc., il était compréhensible qu'on recherchât dans ces causes externes l'origine de l'énergie constatée, bien qu'il n'y eût aucun rapport entre la grandeur des effets produits et leur cause supposée. Pour les corps spontanément radio-actifs, aucune explication du même ordre n'était possible, c'est pourquoi la question posée plus haut restait sans réponse et semblait constituer un inexplicable mystère.

La solution du problème est cependant, en réalité, très simple. Pour découvrir l'origine des forces qui produisent les phénomènes de radio-activité, il suffit de laisser de côté quelques dogmes classiques.

Remarquons, avant tout, qu'il est prouvé par expérience que les particules émises pendant la dissociation possèdent des caractères identiques, quels que soient le corps employé et les méthodes usitées pour le dissocier. Qu'il s'agisse de l'émission spontanée du radium, de celle d'un métal sous l'action de la lumière ou encore de celle de l'ampoule de Crookes, les particules émises sont semblables. L'origine de l'énergie qui produit les effets observés semble donc toujours être la même. N'étant pas extérieure à la matière elle ne peut exister que dans cette dernière.

C'est cette énergie que nous avons désignée sous le nom d'*énergie intra-atomique*. Quels sont ses caractères fondamentaux?

Elle diffère de toutes les forces que nous connaissons par sa concentration très grande, par sa prodigieuse puissance et par la stabilité des équilibres qu'elle peut former. Nous verrons bientôt que, si au lieu de réussir à dissocier seulement des millièmes de milligramme de matière, comme on le fait maintenant, on pouvait en dissocier quelques kilogrammes, nous posséderions une source d'énergie auprès de laquelle toute la provision de houille que nos mines contiennent représenterait un insignifiant total.

C'est en raison de la grandeur de l'énergie intra-atomique que les phénomènes radio-actifs se manifestent avec l'intensité observée. C'est elle qui produit l'émission de particules douées d'une immense vitesse, la pénétration des corps matériels, l'apparition des rayons X, etc. ; phénomènes que nous étudierons en détail dans d'autres chapitres. Bornons-nous, pour l'instant, à remarquer que de tels effets ne peuvent être engendrés par aucune des forces anciennement connues.

L'universalité dans la nature de l'énergie *intra-atomique* est un de ses caractères le plus facile à constater. On reconnaît son existence partout, puisqu'on trouve maintenant de la radio-activité partout.

Les équilibres qu'elle forme sont très stables puisque la matière se dissocie si faiblement que pendant longtemps on a pu la croire indestructible. Ce sont, d'ailleurs, les effets produits sur nos sens par ces équilibres stables que nous appelons la matière. Les autres formes d'énergie, lumière, électricité, etc., sont caractérisées par des équilibres très instables.

L'origine de l'énergie intra-atomique n'est pas difficile à élucider, si on admet avec les astronomes que la condensation de notre nébuleuse suffisait à elle seule pour expliquer la constitution de notre système solaire. On conçoit qu'une condensation analogue de l'éther ait pu engendrer les énergies que l'atome contient. On pourrait comparer grossièrement ce dernier à une sphère dans laquelle un gaz non liquéfiable aurait été comprimé à des milliards d'atmosphères à l'origine du monde.

Si cette force nouvelle — la plus répandue et la plus puissante de toutes celles de la nature — est restée entièrement ignorée jusqu'ici, c'est, d'abord, parce que les réactifs nous manquaient pour la constater et, ensuite, parce que l'édifice atomique constitué à l'origine des âges est si stable, si solidement agrégé, que sa dissociation — au moins par les moyens actuels — demeure extrêmement faible. S'il en était autrement, le monde se serait évanoui depuis longtemps.

Mais comment une constatation aussi simple que celle de l'existence de l'énergie intra-atomique n'a-t-elle pas été faite depuis la découverte de la radio-activité et surtout depuis que j'ai démontré la généralité de ce phénomène ? On ne peut l'expliquer qu'en se souvenant qu'il était contraire à tous les principes connus d'admettre que la matière peut produire de l'énergie par elle-même. Or, les dogmes scientifiques inspirent la même crainte superstitieuse que les dieux des vieux âges, bien qu'ils en aient parfois toute la fragilité.

§ 2. — ÉVALUATION DE LA QUANTITÉ D'ÉNERGIE INTRA-ATOMIQUE CONTENUE DANS LA MATIÈRE.

Nous avons dit quelques mots de la grandeur de l'énergie intra-atomique, essayons à présent de la mesurer.

Les chiffres qui vont suivre montreront que, quelle

que soit la méthode employée, on arrive dans la
mesure de l'énergie libérée par un poids déterminé
de matière dissociée, à des chiffres immensément
supérieurs à tous ceux obtenus par les réactions chimiques antérieurement connues, la combustion de la
houille par exemple. C'est parce qu'il en est ainsi
que, malgré leur dissociation si faible, les corps peuvent produire pendant ce phénomène les effets
intenses que nous aurons à énumérer.

Les diverses méthodes en usage pour mesurer la
vitesse des particules de matière dissociée, qu'il
s'agisse du radium ou d'un métal quelconque, ont
toujours donné des chiffres voisins. Cette vitesse
approche de celle de la lumière pour certaines émissions radio-actives. Elle est de un tiers de cette vitesse
pour d'autres. Acceptons le moins élevé de ces chiffres,
celui de 100.000 kilomètres par seconde, et essayons
d'après cette base de calculer l'énergie que produirait la dissociation complète de 1 gramme d'une matière quelconque.

Prenons, par exemple, une pièce de cuivre de
1 centime, pesant, comme on le sait, 1 gramme, et
supposons qu'en exagérant la rapidité de sa dissociation, nous puissions arriver à la dissocier entièrement.

L'énergie cinétique possédée par un corps en mouvement étant égale à la moitié du produit de sa masse
par le carré de sa vitesse, un calcul élémentaire
donne la puissance que représenteraient les particules
de ce gramme de matière, animées de la vitesse que
nous avons supposée. On a en effet

$$\Gamma = \frac{0^{k}.001}{9.81} \times \frac{1}{2} \times \overline{100.000.000}^{2} = 510 \text{ milliards}$$

le kilogrammètres, chiffre qui correspond à environ
5 milliards 800 millions de chevaux-vapeur si ce
gramme de matière était arrêté en une seconde. Cette

quantité d'énergie répartie convenablement serait suffisante pour actionner un train de marchandises sur une route horizontale d'une longueur égale à un peu plus de quatre fois et un quart la circonférence de la terre[1].

Pour faire effectuer à l'aide du charbon ce trajet au même train, il faudrait en employer 2.830.000 kilogrammes qui, au prix de 24 francs la tonne, nécessiteraient une dépense d'environ 68.000 francs. Ce chiffre de 68.000 francs représente donc la valeur marchande de l'énergie intra-atomique contenue dans une pièce de 1 centime.

Ce qui détermine la grandeur des chiffres précédents et les rend au premier abord invraisemblables, c'est l'énorme vitesse des masses mises en jeu, vitesse dont nous ne pouvons approcher par aucun des moyens mécaniques connus. Dans le facteur $m\,V^2$, la masse de 1 gramme est assurément fort petite, mais la vitesse étant immense, les effets produits deviennent également immenses. Une balle de fusil tombant de quelques centimètres de hauteur sur la peau ne produit aucun effet appréciable en raison de sa faible vitesse. Dès que cette vitesse grandit, les effets deviennent de plus en plus meurtriers et, avec les vitesses de 1.000 mètres par seconde données par les poudres actuelles, la balle traverse de très résistants obstacles. Réduire la masse d'un projectile est sans importance, si on réussit à augmenter suffisamment sa vitesse. Telle est justement la tendance de l'artillerie moderne qui réduit de plus

---

1. J'ai supposé dans ce calcul un train de marchandises normal, comprenant 40 voitures de 12 tonnes 1/2, soit un poids de 500 tonnes roulant à une vitesse de 36 kilomètres à l'heure en terrain horizontal et, nécessitant un effort de traction de 6 kilogrammes à la tonne p. r seconde, soit 3.000 kilogrammes pour les 500 tonnes. Le travail de la machine remorquant ce train à la vitesse de 36 kilomètres serait de 400 chevaux-vapeur. À raison de 1 kil. 1/2 de charbon par cheval et par heure, elle dépenserait pour 4.722 heures (durée du trajet) $4.722 \times 400 \times 1,5 = 2.830.000$ kilogrammes

en plus le calibre des balles de fusil, mais tâche d'augmenter leur vitesse.

Or, les vitesses que nous pouvons produire ne sont absolument rien auprès de celle des particules de matière dissociée. Nous ne pouvons guère dépasser un kilomètre à la seconde par les moyens dont nous disposons, alors que la vitesse des particules radio-actives est 100,000 fois plus forte. De là l'énormité des effets produits. On se rend compte de ces différences en sachant qu'un corps, animé d'une vitesse de 100,000 kilomètres par seconde, irait de la terre à la lune en moins de quatre secondes, alors qu'un boulet de canon emploierait environ cinq jours.

En ne tenant compte que d'une partie de l'énergie libérée dans la radio-activité, Rutherford est arrivé, par une méthode différente, à des chiffres inférieurs à ceux donnés plus haut, mais encore colossaux. D'après lui, 1 gramme de radium émettrait pendant son existence 10^9 calories-grammes, c'est-à-dire un million de grandes calories équivalant chacune à 425 kilogrammètres, soit au total 425 millions de kilogrammètres, représentant 5,666,666 chevaux-vapeur pendant une seconde.

Ce chiffre est évidemment trop faible. Rutherford admet, en effet, que l'énergie de radiation de 1 gramme de radium n'est que de 15,000 calories-gramme par an, alors que les mesures de Curie ont prouvé que 1 gramme de radium émet 100 calories-grammes par heure, ce qui ferait 876,000 calories par an, au lieu de 15,000. Nécessairement, ces calories, malgré leur nombre élevé, ne représentent qu'une infime partie de l'énergie intra-atomique, puisque cette dernière est dépensée en divers rayonnements.

Le fait de l'existence d'une considérable condensation d'énergie dans l'atome ne semble choquant que parce qu'il est en dehors des choses qu'enseignait autrefois l'expérience ; on peut faire remarquer cependant que, même en laissant de côté les faits révélés par la radio-activité, des concentrations analogues nous sont montrées par des observations journalières. N'est-il pas de toute évidence, en effet, que l'électricité se trouve nécessairement dans les composés chimiques à un degré d'accumulation énorme, puisque, par l'électrolyse de l'eau, on constate que 1 gramme d'hydrogène possède une charge électrique de 96,000 coulombs. On a une idée du degré de condensation où l'électricité s'y trouvait avant sa libération, en constatant que la quantité qui vient d'être indiquée est immensément supérieure à celle qu'il est possible de maintenir sur les plus grandes surfaces dont nous disposons. Les traités élémentaires ont signalé, depuis longtemps, que le vingtième à peine de la quantité précédente suffirait à charger un globe grand comme la terre sous un potentiel de 6,000 volts. Les plus volumineuses machines statiques de nos laboratoires ne débitent guère que 1/10,000 de coulomb par seconde. Elles devraient, par conséquent, fonctionner sans discontinuer pendant un peu plus de trente ans pour donner la quantité d'électricité contenue dans les atomes de 1 gramme d'hydrogène [1].

L'électricité existant dans les composés chimiques à l'état de condensation considérable, il est évident que, depuis longtemps, l'atome aurait pu être considéré comme une véritable condensation d'énergie, Pour arriver ensuite à la notion que la quantité de cette énergie devait être tout à fait extraordinaire, il suffisait de tenir compte de la grandeur des attractions et répulsions qu'exercent des charges électriques en présence. Il est curieux de voir que plusieurs physiciens ont côtoyé cette question sans en pressentir

---

1. Elles débiteraient, il est vrai, ces coulombs sous des tensions de 50.000 volts environ, ce qui fait que le travail produit (volts $\times$ ampères) serait très supérieur, au bout de trente ans, au travail engendré par 96.000 coulombs sous une pression de 1 volt.

les conséquences. C'est ainsi, par exemple, que Cornu fait observer que si on pouvait concentrer une charge de 1 coulomb sur une sphère très petite et à l'amener à 1 centimètre d'une autre sphère portant une charge égale de 1 coulomb, la force produite par leur répulsion serait de 9^{18} dynes ou environ 9 trillions de kilogrammes [1].

Or, nous avons vu plus haut que, par la dissociation de l'eau, nous pouvons retirer de 1 gramme d'hydrogène une charge électrique de 96,000 coulombs. Il suffirait, et c'est justement l'hypothèse énoncée récemment par J.-J. Thomson, de disposer les particules électriques à des distances convenables dans l'atome, pour obtenir, par leurs attractions, répulsions et rotations, des énergies extrêmement grandes, concentrées dans un espace extrêmement faible. Le difficile n'était donc pas de concevoir que beaucoup d'énergie pût exister dans l'atome. Il est même surprenant qu'une notion si évidente ne soit pas venue à l'idée depuis longtemps.

Notre calcul de l'énergie radio-active a été établi dans les limites de vitesse où l'expérience démontre que l'inertie de ces particules ne varie pas sensiblement, mais il est possible qu'on ne puisse — comme on le fait généralement cependant — assimiler leur inertie à celle des particules matérielles et, alors, les chiffres trouvés pourraient être différents.

---

1. Le chiffre de Cornu ne donne que la valeur de la force de répulsion entre les deux sphères. On peut déterminer le travail qu'une telle force accomplirait dans certaines conditions de temps et d'espace. Si l'on suppose que l'écart des deux sphères passe sous l'influence de la force considérée de 1 centimètre à 1 décimètre en 1 seconde, le travail produit sera représenté dans le système C. G. S. par la formule :

$$T = \int_1^{10} F\,ds = 9.10^{18} \int_1^{10} \frac{ds}{s^2} = 8.1 \times 10^{18} \text{ ergs.}$$

Traduite en kilogrammètres, cette expression donne 82 milliards et demi de kilogrammètres, soit plus de 1 milliard de chevaux-vapeur pendant une seconde.

Ils n'en seraient pas moins extrêmement élevés. Quels que soient les méthodes adoptées et les éléments de calculs employés : vitesse des particules, calories émises, attractions électriques, etc., on retombe sur des chiffres différents, sans doute, mais extraordinairement élevés. C'est ainsi, par exemple, que Rutherford considère l'énergie des particules α du thorium comme 600 millions de fois plus grande que celle d'une balle de fusil. D'autres physiciens qui, depuis la publication d'un de nos mémoires, se sont exercés sur ce sujet, sont arrivés à des chiffres parfois bien plus hauts. En assimilant la masse des électrons à celle des particules matérielles, Max Abraham arrive à cette conclusion que « le nombre d'électrons suffisants pour peser 1 gramme portent avec eux une énergie de 6×10^{13} joules ». En ramenant ce chiffre à notre unité ordinaire, on voit qu'il représente 80 milliards environ de chevaux-vapeur pendant une seconde, chiffre à peu près 12 fois supérieur à celui que j'ai trouvé pour l'énergie émise par 1 gramme de particules doué d'une vitesse de 100.000 kilomètres par seconde.

J.-J. Thomson s'est livré, lui aussi, à des évaluations sur la grandeur de l'énergie contenue dans l'atome, en partant de l'hypothèse que l'atome matériel serait uniquement composé de particules électriques. Ses chiffres, quoique également très élevés, sont inférieurs aux précédents. Il trouve que l'énergie accumulée dans un gramme de matière représente $1,02 \times 10^{19}$ ergs, soit environ 100 milliards de kilogrammètres[1]. Ce chiffre ne représenterait, suivant lui, qu'une très petite fraction (*exceedingly small*

---

1. *Electricity and Matter* 1904. J. J. Thomson arrive à ce chiffre en supposant l'atome composé d'électrons négatifs distribués dans une sphère chargée d'une quantité égale d'électricité positive et recherche le travail nécessaire pour les séparer. En appelant n le nombre d'électrons par atome (1000 pour l'hydrogène) a le rayon de l'atome (10^{-8} cm. d'après la théorie cinétique des gaz) e la

raction) de celle que les atomes possédaient à l'origine et qu'ils ont graduellement perdue par rayonnement.

§ 2. — FORMES SOUS LESQUELLES L'ÉNERGIE PEUT ÊTRE CONDENSÉE DANS LA MATIÈRE

Sous quelles formes l'énergie intra-atomique peut-
elle exister? Comment des forces si colossales peuvent-
elles être concentrées dans des particules très petites?

L'idée d'une telle concentration semble, au premier
bord, inexplicable, parce que notre expérience
usuelle montre que la grandeur de la puissance
mécanique est toujours associée à la dimension des
appareils producteurs. Une machine d'une puissance
de mille chevaux possède un volume considérable.
Par association d'idées nous sommes donc conduits à
croire que la grandeur de l'énergie mécanique implique
la grandeur des appareils qui la produisent.

C'est là une illusion pure résultant de l'infériorité
de nos systèmes mécaniques et facile à détruire par de
très simples calculs. Une des plus élémentaires formules de la dynamique nous montre que l'on peut
accroître à volonté l'énergie d'un corps de grandeur
constante, en accroissant simplement sa vitesse. On
peut donc concevoir une machine théorique formée
d'une tête d'épingle tournant dans le chaton d'une
bague et qui, malgré sa petitesse, posséderait, grâce
à sa force giratoire, une puissance mécanique égale
à celle de plusieurs milliers de locomotives.

Pour fixer les idées, supposons une petite sphère
de bronze (densité 8,842) d'un rayon de trois milli-

---

charge en unités électro-statiques de chaque électron (3.4×10^{-19}) N le nombre
d'atomes contenus dans 1 gramme $\left(10,2 \times 10^7 \times \frac{n}{a}\right)$ on arrive pour la quantité
d'énergie contenue dans 1 gramme d'hydrogène à la formule

$$N \frac{(n\,e)^2}{a} = 1,02 \times 10^{19} \text{ ergs.}$$

mètres, et, par conséquent, du poids de 1 gramme.

Admettons qu'elle tourne dans le vide autour d'un de ses diamètres avec une vitesse équatoriale égale à celle des particules de matière dissociée (100.000 kil. par seconde), et que, par un procédé quelconque, on ait rendu la rigidité du métal suffisante pour qu'il résiste à la rotation. En calculant la force vive de cette sphère en mouvement, on voit qu'elle correspond à 203.873 millions de kilogrammètres. C'est à peu près le travail que fourniraient en une heure 1510 locomotives d'une puissance moyenne de 500 chevaux-vapeur [1].

Telle est la quantité d'énergie que pourrait contenir une toute petite boule animée d'un mouvement de rotation dont la vitesse serait égale à celle des particules de matière dissociée.

Si la même petite boule tournait sur elle-même avec la vitesse de la lumière (300.000 kil. par seconde) qui représente à peu près la vitesse des particules β du radium, sa force vive serait neuf fois plus grande. Elle dépasserait 1.800 milliards de kilogrammètres et

---

1. Nous avons calculé ces chiffres de la façon suivante :

La force vive d'un solide invariable tournant autour d'un axe avec une vitesse angulaire ω a pour expression :

$$T = \frac{1}{2} \Sigma \, mv^2 = \frac{\omega^2}{2} \Sigma \, mr^2 = \frac{\omega^2}{2} I$$

I désignant le moment d'inertie du solide. Pour le calculer on rapporte le mouvement du solide à un système de coordonées rectangulaires dans lequel on prend l'axe de rotation pour l'axe des z. Le moment d'inertie I est alors donné par la formule suivante :

$$I = \int \int \int m \, (x^2 + y^2) \, dx \, dy \, dz$$

Dans le cas spécial que nous considérons d'une sphère homogène de rayon R et de poids spécifique P, cette intégrale a pour valeur :

$$I = \frac{8}{15} \pi \frac{P}{g} R^5$$

ce qui donne pour expression de l'énergie

$$T = \frac{4}{15} \pi \frac{P}{g} R^5 \omega^2$$

représenterait le travail que fourniraient en une heure 13590 locomotives, nombre supérieur à toutes les locomotives du réseau français[1].

Ce sont précisément ces mouvements de rotation excessivement rapides sur leur axe et autour d'un centre que paraissent posséder les éléments qui constituent les atomes, et c'est leur vitesse qui est l'origine de l'énergie qu'ils contiennent. On a été conduit à admettre l'existence de ces mouvements de rotation par des considérations mécaniques diverses bien antérieures aux découvertes actuelles. Ces dernières n'ont fait que confirmer des idées anciennes et reporter sur les éléments de l'atome les mouvements qu'on attribuait à l'atome lui-même quand on le considérait comme insécable. Ce n'est sans doute que parce qu'ils possèdent de telles vitesses de rotation que les éléments constitutifs des atomes peuvent, en quittant leurs orbites sous l'influence de causes diverses, être lancés tangentiellement à travers l'espace avec les vitesses observées dans les émissions de particules de la matière en dissociation.

La rotation des éléments de l'atome est d'ailleurs une condition même de leur stabilité, comme elle l'est pour une toupie ou un gyroscope. Quand, sous l'influence d'une cause quelconque, la vitesse de rotation tombe au-dessous d'un certain point critique,

---

1. Précédemment, nous avons simplement examiné l'énergie d'un gramme de matière dissociée, animé non plus du mouvement de rotation que nous venons de supposer, mais d'un mouvement de translation en ligne droite tel d'ailleurs qu'on l'observe dans les émissions de rayons cathodiques.

Dans ce dernier cas les chiffres étaient encore supérieurs à ceux que nous venons de donner pour une sphère du poids de 1 gramme tournant sur elle-même avec une vitesse de 100.000 kilomètres par seconde.

Le calcul montre, en effet, que l'énergie d'une sphère en rotation représente seulement les 2/5 de celle que posséderait la même sphère animée d'une vitesse de translation égale à la vitesse équatoriale V primitivement supposée :

$$\omega^2 \sum mr^2 = \frac{2}{5} \sum m \, V^2$$

Ce n'est qu'une conséquence de ce fait bien connu que le carré du rayon de giration d'une sphère est les 2/5 du carré du rayon de cette sphère.

l'équilibre des particules devient instable, leur énergie cinétique augmente, et elles peuvent être expulsées au dehors, phénomène qui constitue le commencement de la dissociation de l'atome.

§ 4. — L'UTILISATION DE L'ÉNERGIE INTRA-ATOMIQUE.

Les dernières objections à la doctrine de l'énergie intra-atomique s'évanouissent chaque jour, et on ne conteste plus guère que la matière soit un réservoir prodigieux d'énergie.

La recherche des moyens de libérer facilement cette énergie constituera sûrement un des plus importants problèmes de l'avenir.

Il importe de remarquer, en effet, que si les nombres trouvés par des voies diverses indiquent dans la matière l'existence — si imprévue jadis — de forces immenses, ils ne signifient pas du tout que ces forces soient déjà disponibles. En fait, les corps qui se dissocient le plus rapidement, comme le radium, n'en dégagent que de très minimes quantités. Tous ces millions de kilogrammètres qu'un simple gramme de matière contient, reviennent à très peu de chose si, pour les obtenir, il faut attendre des milliers d'années. Supposons qu'un coffre-fort contenant plusieurs milliards en poudre d'or, soit fermé par un mécanisme tel qu'on ne puisse extraire chaque jour qu'un milligramme du précieux métal. Malgré sa grande richesse, le possesseur d'un tel coffre sera en réalité très pauvre, et il le restera tant que ses efforts n'auront pas réussi à lui faire trouver le secret du mécanisme qui lui permettra de l'ouvrir.

Ainsi sommes-nous à l'égard des forces que la matière renferme. Mais, pour parvenir à les capter, il fallait d'abord connaître leur existence et c'est ce dont on n'avait pas la moindre idée, il y a quelques années. On se croyait même très certain qu'elles n'existaient pas.

Arriverons-nous à libérer facilement la colossale puissance que les atomes recèlent en leur sein ? Nul ne pourrait le prévoir. On n'eût pu dire non plus, au temps de Galvani, que l'énergie électrique qui réussissait péniblement à agiter des pattes de grenouille et à attirer de petits fragments de papier, véhiculerait un jour d'énormes trains de chemin de fer.

Dissocier complètement l'atome sera peut-être toujours au-dessus de nos forces, parce que la difficulté doit croître à mesure qu'avance la dissociation, mais il suffirait de pouvoir en dissocier facilement une faible partie. Que le gramme de matière dissociée supposé plus haut soit emprunté à une tonne de matière ou même à beaucoup plus, il n'importe. Le résultat serait toujours le même au point de vue de l'énergie produite.

Les recherches que j'ai tentées dans cette voie et qui seront exposées ici, montrent qu'il est possible d'activer considérablement la dissociation de diverses substances.

Les méthodes de dissociation sont, comme nous le verrons, nombreuses. La plus simple est l'action de la lumière. Elle a en plus l'avantage de ne rien coûter.

Sur un terrain aussi neuf, devant le monde nouveau qui s'ouvre à nous, aucune de nos vieilles théories ne doit arrêter les chercheurs. « Le secret de tous ceux qui font des découvertes, dit Liébig, est qu'ils ne regardent rien comme impossible. »

Les résultats à obtenir dans cet ordre de recherches seraient en vérité immenses. Dissocier facilement la matière mettrait à notre disposition une source indéfinie d'énergie et rendrait inutile l'extraction de la houille dont la provision s'épuise rapidement. Le

savant qui trouvera le moyen de libérer économi-
quement les forces que contient la matière changera
presque instantanément la face du monde. Une source
illimitée d'énergie étant gratuitement à la disposition
de l'homme, il n'aurait pas à se la procurer par un
dur travail. Le pauvre serait alors l'égal du riche et
aucune question sociale ne se poserait plus.

CHAPITRE II

Transformation de la matière en énergie

La science moderne avait établi entre la matière et l'énergie une séparation complète. Les idées classiques sur cette scission se trouvent très nettement exposées dans le passage suivant d'un ouvrage récent de M. le professeur Janet :

> « Le monde où nous vivons est, en réalité, un monde double, ou plutôt il est composé de deux mondes distincts : l'un qui est le monde de la matière, l'autre le monde de l'énergie. Le cuivre, le fer, le charbon, voilà des formes de la matière. Le travail mécanique, la chaleur, voilà des formes de l'énergie. Ces deux mondes sont dominés chacun par une loi identique. On ne peut ni créer, ni détruire de la matière, en ne peut ni créer, ni détruire de l'énergie.
>
> « Matière ou énergie peuvent revêtir un grand nombre de formes diverses, sans que jamais la matière puisse se transformer en énergie, ou l'énergie en matière.
>
> « ..... Nous ne pouvons pas plus concevoir de l'énergie sans matière, que de la matière sans énergie[1]. »

Jamais, en effet, comme le dit M. Janet, on n'avait pu jusqu'ici transformer de la matière en énergie, ou, pour être plus précis, la matière n'avait jamais semblé manifester d'autre énergie, que celle qui lui avait d'abord été fournie. Incapable de la créer, elle ne pouvait que la restituer. Les principes fondamen-

---

1. JANET. *Leçons d'électricité*, 2ᵉ édition, p. 2 et 5.

taux de la thermodynamique enseignaient qu'un système matériel isolé de toute action extérieure ne peut engendrer spontanément de l'énergie.

Toutes les observations scientifiques antérieures paraissaient confirmer cette notion qu'aucune substance n'est capable de produire de l'énergie sans l'avoir d'abord empruntée au dehors. La matière peut servir de support à l'électricité comme dans le cas d'un condensateur; elle peut rayonner de la chaleur comme dans le cas d'une masse de métal d'abord chauffée; elle peut manifester des forces produites par de simples changements d'équilibres comme dans le cas des transformations chimiques; mais en toutes ces circonstances l'énergie dégagée n'est que la restitution en quantité exactement égale de celle d'abord communiquée à la matière ou employée pour produire une combinaison.

Dans tous les cas précédemment énumérés et dans tous ceux du même ordre, la matière ne fait que restituer l'énergie qu'on lui a d'abord donnée sous une forme quelconque. Elle n'a rien créé, rien sorti d'elle-même.

L'impossibilité de transformer de la matière en énergie paraissait donc évidente, et c'est avec raison que cette impossibilité était invoquée dans les ouvrages classiques pour établir une séparation très nette entre le monde de la matière et le monde de l'énergie.

Pour que cette séparation pût disparaître, il fallait réussir à transformer de la matière en énergie sans rien lui fournir de l'extérieur.

Or, c'est justement cette transformation spontanée de la matière en énergie qui résulte de toutes les expériences de dissociation de la matière exposées dans cet ouvrage. Nous y verrons que la matière peut s'évanouir sans retour, en ne laissant derrière elle que l'énergie provenant de sa dissociation.

La production spontanée de l'énergie alors constatée, production si contraire aux idées scientifiques
actuelles, parut d'abord entièrement inexplicable aux
physiciens préoccupés de trouver au dehors l'origine
de l'énergie manifestée et ne la trouvant pas. Nous
avons fait voir que l'explication devient très simple
dès que l'on consent à admettre que la matière
contient un réservoir d'énergie qu'elle peut perdre
partiellement, soit spontanément, soit sous des
influences légères.

Ces influences légères agissent un peu comme une
étincelle sur une masse de poudre, c'est-à-dire en libérant des énergies très supérieures à celles de l'étincelle. Sans doute on peut dire à la rigueur que ce
n'est pas alors de la matière qui se transforme en
énergie, mais simplement une énergie intra-atomique
qui se dépense. Mais, comme cette énergie ne peut
être engendrée sans que de la matière s'évanouisse
sans retour, nous sommes fondés à dire que *les choses
se passent exactement comme si de la matière s'était
transformée en énergie.*

Une telle transformation devient d'ailleurs très
compréhensible dès qu'on réussit à bien se pénétrer
de cette idée que la matière est simplement cette
forme d'énergie douée de stabilité que nous avons
appelé l'énergie intra-atomique. Il en résulte que
quand nous disons que de la matière s'est transformée en énergie, cela signifie simplement que
l'énergie intra-atomique a changé d'aspect pour
revêtir ces formes diverses auxquelles on donne les
noms de lumière, d'électricité, etc.

Et si, comme nous l'avons précédemment montré,
une très petite quantité de matière peut, en se dissociant, produire une grande quantité d'énergie,
c'est parce qu'une des propriétés les plus caractéristiques des forces intra-atomiques est d'être condensées en quantité immense dans un espace extrême-

ment faible. C'est pour une raison analogue qu'un gaz comprimé sous une pression très grande, dans un réservoir très petit, peut donner un volume de gaz considérable si l'on vient à ouvrir le robinet qui l'empêchait de s'échapper.

Les conceptions qui précèdent étaient très neuves quand je les ai formulées pour la première fois. Par des voies diverses plusieurs physiciens y arrivent maintenant.

Ils n'y arrivent pas, d'ailleurs, sans des difficultés considérables, parce que quelques-unes de ces notions nouvelles sont fort difficilement conciliables avec certains principes tout à fait classiques. Beaucoup de savants éprouvent autant de peine à les admettre qu'ils en éprouvèrent, il y a cinquante ans, à considérer comme exact le principe de la conservation de l'énergie. Rien n'est plus difficile que de se débarrasser de l'héritage des idées qui dirigent inconsciemment nos pensées.

On peut se rendre compte de ces difficultés en lisant une communication récente, faite par le plus éminent des physiciens actuels, lord Kelvin, à une séance de la *British Association*, à propos de la chaleur émise spontanément par le radium pendant sa dissociation. Cette émission n'est pourtant pas plus surprenante que la projection continue de particules ayant une vitesse de l'ordre de celle de la lumière qu'on peut obtenir non seulement avec le radium, mais avec un corps quelconque.

« Il est complètement impossible (*utterly impossible*), écrit lord Kelvin, que la chaleur produite puisse provenir de la provision d'énergie du radium. Il me semble donc absolument certain que si l'émission de chaleur se continue au même taux, elle doit être fournie du dehors[1]. »

---

[1]. *Philosophical Magazine*, février 1904, p. 122.

Et lord Kelvin revient à la médiocre hypothèse formée d'abord sur l'origine de l'énergie des corps radio-actifs, attribuable, croyait-on, à l'absorption de certaines forces mystérieuses du milieu ambiant. Cette supposition n'avait d'ailleurs aucune expérience pour soutien. Elle était simplement la conséquence théorique de l'idée que la matière, étant tout à fait incapable de créer de l'énergie, ne pouvait que restituer celle qui lui avait été fournie. Les principes fondamentaux de la thermodynamique, que lord Kelvin a tant contribué à fonder, nous disent, en effet, qu'un système matériel isolé de toute action extérieure ne peut engendrer spontanément de l'énergie. Mais l'expérience a toujours été supérieure aux principes, et, quand elle a parlé, les lois scientifiques, qui semblaient les plus stables, sont condamnées à rejoindre dans l'oubli les dogmes usés et les doctrines qui ne servent plus.

D'autres physiciens plus hardis, comme Rutherford, après avoir admis le principe de l'énergie intra-atomique restent hésitants. Voici comment s'exprime ce dernier dans un travail postérieur à son livre sur la radio-activité.

« Il serait désirable de voir apparaître une sorte de théorie chimique pour expliquer les faits et pour savoir s'il faut considérer que l'énergie est empruntée à l'atome lui-même ou à des sources extérieures [1] ».

Beaucoup de physiciens s'en tiennent donc encore, comme lord Kelvin, aux anciens principes ; c'est pourquoi les phénomènes de radio-activité, notamment l'émission spontanée de particules animées d'une grande vitesse et l'élévation de la température pendant la radio-activité, leur semblent totalement inexplicables et constituent une énigme scientifique, comme l'écrivait récemment M. Mascart. L'énigme

---

1. *Archives des Sciences physiques de Genève*, 1905, p. 55.

est bien simple pourtant avec l'explication que nous avons donnée.

On ne saurait espérer d'ailleurs que des idées aussi contraires aux dogmes classiques que celles de l'énergie intra-atomique et de la transformation de la matière en énergie puissent se répandre très vite. Il est même contraire à l'évolution habituelle des idées scientifiques qu'elles se soient déjà répandues et aient provoqué toutes les discussions dont on trouvera le résumé dans le chapitre consacré à l'examen des objections. On ne peut s'expliquer ce succès relatif qu'en se souvenant que la foi dans certains principes scientifiques avait été déjà fortement ébranlée par des découvertes aussi imprévues que celles des rayons X et du radium.

C'est qu'en effet, les idées scientifiques qui régissent l'âme des savants de chaque époque ont toute la solidité des dogmes religieux. Fort lentes à s'établir, elles sont très lentes aussi à disparaître. Les vérités scientifiques nouvelles ont assurément l'expérience et le raisonnement pour base, mais elles ne se propagent que par le prestige, c'est-à-dire quand elles sont énoncées par des savants auxquels leur situation officielle donne du prestige aux yeux du public scientifique. Or, c'est justement cette catégorie de savants qui, non seulement ne les énonce pas, mais use de son autorité pour les combattre.

Des vérités d'une importance aussi capitale que la loi de Ohm, qui domine toute l'électricité, et la loi de la conservation de l'énergie, qui domine toute la physique, furent accueillies, à leurs débuts, avec indifférence ou mépris et restèrent sans action, jusqu'au jour où elles furent énoncées de nouveau par des savants doués d'influence.

C'est en étudiant l'histoire des sciences, si peu cultivée aujourd'hui, qu'on arrive à comprendre la genèse des croyances et les lois de leur propagation. Je

viens de faire allusion à deux découvertes qui furent
parmi les plus importantes du dernier siècle et se
résument en deux lois dont on peut dire qu'elles
auraient dû frapper tous les esprits par leur merveilleuse simplicité et leur imposante grandeur. Non
seulement, elles ne frappèrent personne, mais les
savants les plus éminents de l'époque ne s'en occu-
pèrent pas, sinon pour tâcher de les couvrir de ridi-
cule[1].

Que le simple énoncé de pareilles doctrines n'ait
alors frappé personne montre avec quelles difficultés
une idée nouvelle est acceptée quand elle ne cadre
pas avec des dogmes antérieurs.

Le prestige seul, je le répète, et fort peu l'expérience, est l'élément habituel de nos convictions,
scientifiques et autres. Les expériences, en apparence
les plus convaincantes, n'ont jamais constitué un
élément immédiat de démonstration quand elles heur-
taient des idées depuis longtemps admises. Galilée
l'apprit à ses dépens quand, ayant réuni tous les
professeurs de la célèbre université de Pise, il s'ima-
gina leur prouver par l'expérience que, contrairement

---

1. Quand Ohm eut découvert la loi qui immortalisera son nom et sur laquelle
toute la science de l'électricité repose, il la publia dans un livre rempli d'expériences tellement simples, tellement concluantes, qu'elles pouvaient être comprises
par un élève des écoles primaires. Non seulement, il ne convainquit personne,
mais les savants les plus influents de l'époque le traitèrent de telle façon qu'il
perdit la place dont il vivait et, pour ne pas mourir de faim, fut fort heureux de
trouver une situation de 1,200 francs par an dans un collège, situation qu'il
occupa six ans. On ne lui rendit justice qu'à la fin de sa vie. Robert Mayer,
moins heureux, n'obtint même pas cette tardive satisfaction. Quand il découvrit
la plus importante des grandes lois scientifiques modernes, celle de la conservation de l'énergie, il rencontra très difficilement une revue consentant à insérer
son mémoire, mais aucun savant n'y apporta la moindre attention ; pas plus
d'ailleurs qu'à ses publications successives, y compris celle sur l'équivalent
mécanique de la chaleur, publiée en 1850. Après avoir tenté de se suicider, Mayer
perdit la raison et resta pendant longtemps ignoré au point que, lorsque Helmholtz
redit de son côté la même découverte, il ne savait pas avoir eu un prédécesseur.
Helmholtz ne se vit pas, d'ailleurs, encouragé davantage à ses débuts, et le plus
important des journaux scientifiques de l'époque, les *Annales de Poggendorff*,
refusa l'insertion de son célèbre mémoire : *la Conservation de l'énergie*, le considérant comme une spéculation fantaisiste indigne de lecteurs sérieux.

aux idées alors reçues, les corps de poids différents tombent avec la même vitesse. La démonstration de Galilée était assurément très concluante, puisque faisant tomber en même temps du haut d'une tour une petite balle de plomb et un boulet de même métal, il montra que les deux corps arrivaient ensemble sur le sol. Les professeurs se bornèrent à invoquer l'autorité d'Aristote et ne modifièrent nullement leur opinion. Bien des années se sont écoulées depuis cette époque, mais le degré de réceptivité des esprits pour les choses nouvelles ne s'est pas sensiblement accru.

CHAPITRE III

Les forces dérivées de l'énergie intra-atomique :
Forces moléculaires,
Electricité, chaleur solaire, etc.

§ 1. — ORIGINE DES FORCES MOLÉCULAIRES.

Bien que la matière fût jadis considérée comme inerte, capable seulement de conserver et de restituer l'énergie à elle d'abord communiquée, on avait cependant dû constater dans son sein l'existence de forces parfois considérables, la cohésion, l'affinité, les attractions et répulsions osmotiques, etc., paraissant indépendantes de tous les agents extérieurs. Les autres forces comme la chaleur rayonnante et l'électricité qui sortaient, elles aussi, de la matière, pouvaient être considérées comme de simples restitutions d'une énergie empruntée au dehors.

Mais, si la cohésion qui fait un bloc rigide de la poussière d'atomes dont les corps sont formés, si l'affinité qui sépare ou précipite les uns sur les autres certains éléments et crée les combinaisons chimiques, si les attractions et répulsions osmotiques qui tiennent sous leur dépendance les plus importants phénomènes de la vie, sont visiblement des forces inhérentes à la matière même, il était tout à fait impossible, avec les idées anciennes, d'en déterminer la source.

L'origine de ces forces cesse d'être mystérieuse quand on sait que la matière est un réservoir colossal d'énergie. L'observation ayant démontré, depuis longtemps, qu'une forme d'énergie quelconque se prête à un grand nombre de transformations, nous concevons facilement comment de l'énergie intra-atomique peuvent dériver toutes les forces moléculaires : cohésion, affinité, etc., jadis si inexpliquées. Nous sommes loin de les connaître, mais nous voyons au moins la source d'où elles dérivent.

En dehors des forces visiblement inhérentes à la matière que nous venons de citer, il en est deux, l'électricité et la chaleur solaire, dont l'origine est toujours restée inconnue et qui trouvent également, ainsi que nous allons le voir, une explication facile par la théorie de l'énergie intra-atomique.

§ 2. — ORIGINE DE L'ÉLECTRICITÉ.

Quand nous aborderons l'étude détaillée des faits sur lesquels reposent les théories exposées dans cet ouvrage, nous verrons que l'électricité est une des plus constantes manifestations de la dissociation de la matière. La matière n'étant autre chose que l'énergie intra-atomique elle-même, on peut dire que dissocier de la matière c'est simplement dissocier un peu de l'énergie intra-atomique et l'obliger à prendre une autre forme. L'électricité est précisément une de ces formes.

Depuis un certain nombre d'années le rôle de l'électricité a constamment grandi. Elle est à la base de toutes les réactions chimiques considérées de plus en plus comme des réactions électriques. Elle apparaît maintenant une force universelle et on tend à lui rattacher toutes les autres. Il est établi que la lumière est l'une de ses formes.

Qu'une force, dont les manifestations ont cette importance et cette universalité, ait pu être ignorée des milliers d'années constitue un des faits les plus frappants de l'histoire des sciences, un de ceux qu'il faut toujours avoir présents à l'esprit pour comprendre que nous pouvons être entourés de forces très puissantes sans les apercevoir.

Tout ce qu'on a su de l'électricité pendant des siècles se réduisait à ceci, que certaines substances résineuses attirent les corps légers après avoir été frottées. D'autres corps ne jouiraient-ils pas de la même propriété? En faisant porter le frottement sur des surfaces plus étendues n'obtiendrait-on pas des effets plus intenses? Nul ne songeait à se le demander.

Les âges se sont succédé avant que naquît un esprit assez pénétrant pour se poser de telles questions, puis assez curieux pour rechercher par l'expérience si un corps frotté sur une large surface n'exercerait pas des actions d'une énergie supérieure à celles produites par un petit fragment du même corps. De cette vérification, qui paraît actuellement si facile, mais qui demanda tant de siècles pour s'accomplir, devait bientôt sortir la machine électrique à frottement de nos laboratoires avec les phénomènes qu'elle produit. Les plus saisissants furent cette apparition d'étincelles et ces décharges violentes qui révélèrent au monde étonné l'existence d'une force nouvelle mettant dans les mains de l'homme une puissance dont il croyait que les dieux seuls possédaient le secret.

L'électricité n'était produite alors que bien péniblement, et on la considérait comme un phénomène très exceptionnel. Aujourd'hui, nous la retrouvons partout et nous savons que le simple contact de corps hétérogènes suffit à l'engendrer. Le difficile maintenant n'est plus de dire comment produire de l'électricité, mais comment ne pas en faire naître dans la production d'un phénomène quelconque. Une goutte d'eau qui tombe, une masse gazeuse que le soleil échauffe, un fil tordu dont on élève la température, une réaction capable de modifier la nature d'un corps sont des sources d'électricité.

Mais si toutes les réactions chimiques sont des réactions électriques, ainsi qu'on le dit aujourd'hui, si le soleil ne peut transformer la température d'un corps sans dégager de l'électricité, si une goutte de pluie ne peut tomber sans la produire, il est évident que son rôle dans la vie des êtres doit être prépondérant. C'est en effet ce que l'on commence à admettre. Il ne s'opère pas un seul changement dans les cellules, il ne s'accomplit aucune réaction vitale dans les tissus sans que l'électricité intervienne. M. Berthelot a montré récemment le rôle important des tensions électriques auxquelles sont constamment soumis les végétaux. Les variations du potentiel électrique de l'atmosphère sont énormes, puisqu'elles peuvent osciller entre 600 et 800 volts par des temps sereins, et s'élever à 15.000 volts par la chute de la moindre pluie. Ce potentiel croît de 20 à 30 volts par mètre de hauteur par un beau temps et de 400 à 500 volts par un temps de pluie pour la même élévation. « Ces chiffres, dit-il, donnent une idée de la différence de potentiel qui existe, soit entre la pointe supérieure d'une tige dont l'autre extrémité est enfoncée dans le sol, soit entre les sommets d'une plante ou d'un arbre qui s'y trouve installé et la couche d'air qui baigne cette pointe ou ces sommets. » Le même savant a prouvé que les effluves engendrés par ces différences de tension pouvaient provoquer de nombreuses réactions chimiques : fixation de l'azote sur les hydrates de carbone, dissociation de l'acide carbonique en oxyde de carbone et oxygène, etc.

Lorsque nous avons constaté le phénomène de la dissociation générale de la matière, nous nous sommes demandé si l'universelle électricité, dont l'origine restait si inexpliquée, n'était pas précisément la conséquence de l'universelle dissociation de la matière.

Nos expériences ont pleinement vérifié cette hypothèse. Elles ont prouvé que l'électricité est une des formes les plus importantes de l'énergie intra-atomique libérée par la dématérialisation de la matière.

Nous avons été amené à cette conclusion après avoir constaté que les produits qui s'échappent d'un corps électrisé sous une tension suffisante, sont tout à fait identiques à ceux que donnent les substances radioactives en voie de se dissocier. Les divers moyens employés pour obtenir de l'électricité, le frottement, notamment, ne font que hâter la dissociation de la matière.

Nous renverrons pour les détails de cette démonstration au chapitre où ce sujet est traité, nous bornant dans celui-ci à indiquer sommairement les diverses généralisations qui découlent de la doctrine de l'énergie intra-atomique. Ce n'est pas l'électricité seule mais aussi la chaleur solaire, comme nous allons le voir, qui peut être considérée comme une de ses manifestations.

§ 3 — ORIGINE DE LA CHALEUR SOLAIRE

A mesure que nous avons approfondi l'étude de la dissociation de la matière, l'importance de ce phénomène a constamment grandi.

Après avoir reconnu que l'électricité peut être considérée comme une de ses manifestations, nous nous sommes demandé si cette dissociation de la matière et sa résultante, la libération de l'énergie intra-atomique, ne seraient pas également la cause, si ignorée encore, de l'entretien de la chaleur solaire.

Les diverses hypothèses invoquées jusqu'ici pour

expliquer le maintien de cette chaleur — la problématique chute de météorites sur le soleil, par exemple, — ayant toujours semblé d'une insuffisance extrême, il était nécessaire d'en chercher d'autres.

Étant donnée l'énorme quantité d'énergie accumulée dans les atomes, il suffirait que leur dissociation fût plus rapide qu'elle ne l'est aujourd'hui sur les globes refroidis pour fournir la quantité de chaleur nécessaire au maintien de l'incandescence des astres.

Et il ne serait nullement besoin de présumer, comme on l'a fait, alors qu'on supposait que le radium était le seul corps capable de produire de la chaleur en se dissociant, l'invraisemblable présence de cette substance dans le soleil, puisque les atomes de tous les corps contiennent une immense provision d'énergie.

Soutenir que les astres, tels que le soleil, peuvent entretenir d'eux-mêmes leur température par la chaleur résultant de la dissociation de leurs atomes constitutifs, semble revenir à dire qu'un corps chaud serait capable de maintenir lui-même sa température sans aucun apport extérieur. Or, chacun sait qu'une matière incandescente, un bloc de métal chauffé par exemple, abandonnée à elle-même, se refroidit très vite par rayonnement, bien qu'elle soit le siège d'une dissociation atomique importante.

Elle se refroidit, en effet, mais simplement, parce que l'élévation de température produite par la dissociation de ses atomes pendant son incandescence est infiniment trop faible pour compenser sa perte de chaleur par le rayonnement. Les corps qui se dissocient le plus rapidement, comme le radium, peuvent à peine maintenir leur température à plus de 3° à 4° au-dessus de celle du milieu ambiant.

Mais supposons que la dissociation d'un corps quelconque soit seulement un millier de fois plus rapide que celle du radium, la quantité d'énergie émise serait alors plus que suffisante pour le maintenir en état d'incandescence.

Toute la question est donc de savoir si, à l'origine des choses, c'est-à-dire à l'époque où les atomes se formèrent par des condensations de nature ignorée, ils ne possédaient pas une quantité d'énergie telle qu'ils aient pu ensuite maintenir grâce à leur lente dissociation les astres en incandescence.

Cette supposition a pour appui les divers calculs que j'ai présentés sur la grandeur immense de l'énergie contenue dans les atomes. Les chiffres donnés sont considérables, et cependant J.-J. Thomson, qui a repris récemment la question, aboutit à cette conclusion que l'énergie actuellement concentrée dans les atomes n'est qu'une insignifiante portion de celle qu'ils contenaient jadis et qu'ils ont perdue par rayonnement. D'une façon indépendante, et antérieurement, le professeur Filippo Re était arrivé à une conclusion identique.

Si donc les atomes renfermaient jadis une quantité d'énergie très supérieure à celle, pourtant formidable, qu'ils possèdent encore, ils ont pu, en se dissociant, dépenser pendant de longues accumulations d'âges, une partie de la gigantesque réserve de forces entassées dans leur sein à l'origine des choses. Ils ont pu et peuvent encore, par conséquent, maintenir à une très haute température les astres tels que le soleil et les étoiles.

Cependant, dans la suite des temps, la provision d'énergie intra-atomique des atomes de certains astres a fini par se réduire et leur dissociation est devenue de plus en plus lente. Finalement, ils acquirent une croissante stabilité, se dissocièrent très lentement et sont devenus tels qu'on les observe aujourd'hui sur les astres refroidis comme la terre et les autres planètes.

Si les théories formulées dans ce chapitre sont

exactes, l'énergie intra-atomique manifestée pendant la dissociation des atomes constitue l'élément fondamental dont la plupart des autres forces dérivent. Ce n'est pas seulement l'électricité qui serait une de ses manifestations, mais encore la chaleur solaire, source première de la vie et de la plupart des énergies dont nous disposons. Son étude, qui nous révèle la matière sous un jour tout nouveau, permet déjà de jeter des lueurs imprévues sur la Mécanique supérieure de notre univers.

CHAPITRE IV

Les objections à la doctrine de l'énergie intra-atomique.

Les critiques provoquées par mes recherches sur l'énergie intra-atomique prouvent qu'elle ont intéressé beaucoup de savants. Une théorie nouvelle ne pouvant être solidement établie que par la discussion, je les remercie de leurs objections, et vais tâcher d'y répondre.

La plus importante a été soulevée par un des membres les plus éminents de l'Académie des sciences, M. Henri Poincaré. Voici ce que m'écrivait l'illustre mathématicien après la publication de mes recherches.

« J'ai lu votre mémoire avec le plus grand intérêt. Il soulève bien des questions troublantes. Un point sur lequel je voudrais attirer votre attention, c'est l'opposition entre votre conception et celle de l'origine de la chaleur solaire d'après Helmholtz et lord Kelvin.

« Quand la nébuleuse se condense en soleil, son énergie primitivement potentielle se transforme en chaleur qui se dissipe ensuite par rayonnement.

« Quand les *sous-atomes* se réunissent pour former un atome, cette condensation emmagasine de l'énergie sous forme potentielle, et c'est quand l'atome se désagrège que cette énergie reparaît sous forme de chaleur (dégagement de chaleur par le radium).

« Ainsi la réaction : nébuleuse-soleil, est exothermique. La réaction sous-atomes isolés, atomes est endothermique, mais si cette « combinaison » est endothermique, comment est-elle si extraordinairement stable ? »

G.

M. Naquet, ancien professeur de chimie à la Faculté de médecine de Paris, qui ne connaissait pas les réflexions de M. Poincaré, m'a fait dans un long article[1], exactement la même objection. Voici comment il s'exprime :

« Il est un point cependant que je trouve embarrassant, surtout si je me rallie à l'hypothèse de Gustave Le Bon, la plus séduisante de toutes... Si les atomes dégagent de la chaleur en se détruisant, ils sont endothermiques, et, par analogie, ils devraient être excessivement instables ; or c'est au contraire ce qu'il y a de plus stable dans l'univers.

« Il y a là une contradiction inquiétante. Il ne faudrait cependant pas attacher à cette difficulté plus d'importance qu'elle n'en a. — Toutes les fois que de grands systèmes ont surgi, il s'est rencontré des difficultés de cet ordre. Leurs auteurs ne s'en sont pas préoccupés. Si Newton et ses successeurs s'étaient laissé arrêter par les perturbations qu'ils observaient, la loi de la gravitation universverselle n'aurait jamais été formulée. »

L'objection de MM. Henri Poincaré et Naquet est d'une justesse évidente. Elle serait irréfutable si elle s'appliquait à des composés chimiques ordinaires, mais les lois applicables aux équilibres chimiques moléculaires ne semblent pas l'être du tout aux équilibres intra-atomiques. L'atome possède ces deux propriétés nettement contradictoires : être à la fois très stable et très instable. Il est très stable, puisque les réactions chimiques le laissent suffisamment intact pour que nos balances retrouvent toujours son poids. Il est très instable puisque des causes aussi légères qu'un rayon de soleil, une élévation minime de température suffisent à commencer sa dissociation. Cette dissociation est très faible, sans doute, relativement à la quantité énorme d'énergie accumulée dans l'atome, elle ne change pas plus sa masse que la pelletée de terre retirée d'une montagne n'en change le poids appréciable, elle est certaine pourtant. Il s'agit donc de phénomènes particuliers aux-

---

1. *Revue d'Italie*, mars et avril 1904.

quels nulle des lois habituelles de la chimie ordinaire ne semble applicable. Découvrir les lois particulières qui régissent ces faits nouveaux ne saurait être l'œuvre d'un jour.

M. Armand Gautier, membre de l'Institut et professeur de chimie à la Faculté de médecine de Paris, s'est aussi occupé de *l'énergie intra-atomique* dans un article qu'il a publié[1] à propos de mes recherches. J'en détache les lignes suivantes :

« Cet énorme emmagasinement d'énergie que Gustave Le Bon voit dans la matière, et qui va jusqu'à lui faire penser que celle-ci n'est, en définitive, que l'énergie elle-même momentanément condensée dans ce que nous nommons l'atome et prête à en renaître par une transmutation bien autrement extraordinaire que celle de la matière, je le vois dans l'atome et ses particules sous forme d'énergie giratoire, insensible aux sens et au thermomètre, mais apte, en se transformant en énergie vibratoire ou de translation à produire la chaleur, la lumière et les phénomènes de radio-activité dont il a été l'un des premiers à montrer toute la généralité et l'importance, aussi bien que tout l'intérêt, au point de vue des phénomènes qui semblent nous montrer la dissociation de l'atome simple lui-même. »

Je n'ai rien à objecter à l'explication du savant professeur, car je pense comme lui que c'est sous forme de mouvements giratoires que l'énergie intra-atomique peut exister. Je n'avais pas voulu entrer dans trop de détails sur ce point dans mon mémoire, parce qu'il constitue évidemment une hypothèse, et je m'étais borné à comparer l'atome à un système solaire, comparaison à laquelle plusieurs physiciens sont arrivés par des voies diverses. Sans de tels mouvements giratoires on ne pourrait concevoir de condensation d'énergie dans l'atome. Avec ces mouvements, elle devient facile à expliquer. Trouvez le moyen, comme je l'ai précédemment expliqué, d'imprimer à un corps de dimension quelconque, fût-elle inférieure à celle d'une tête d'épingle, une vitesse de

---

1. *Revue Scientifique*, février 1904, p. 213.

rotation suffisante, et vous lui communiquerez une provision d'énergie aussi considérable que vous pouvez le souhaiter. C'est cette condition que réalisent précisément les particules des atomes pendant leur dissociation.

M. l'ingénieur Despaux repousse entièrement au contraire, l'existence de l'énergie intra-atomique. Voici ses raisons :

« C'est la dissociation de la matière qui, suivant Gustave Le Bon serait la cause de l'énergie énorme manifestée dans la radioactivité.

« C'est bien là une vue nouvelle, révolutionnaire au premier chef. La science admet l'indestructibilité de la matière, et c'est le dogme fondamental de la chimie ; elle admet la conservation de l'énergie et elle en a fait la base de sa mécanique ; ce sont là deux conquêtes auxquelles il faudrait donc renoncer; la matière se transformerait en énergie et inversement.

« Cette conception est assurément séduisante, et, au plus haut point, philosophique, mais cette transformation, si elle s'opère, ne se fait que par une évolution lente et, pour une époque donnée, tous les phénomènes étudiés par la science portent à croire que la quantité de matière et la quantité d'énergie sont invariables.

« Une autre objection se dresse, d'ailleurs formidable. Est-il possible qu'une quantité si minime de matière porte dans ses flancs une quantité si considérable d'énergie ? Notre raison se refuse à le croire[1]. »

Laissons de côté le principe de la conservation de l'énergie qui ne peut être évidemment discuté en quelques lignes et qui reste, au surplus, partiellement intact, si on admet que l'atome, en se dissociant, ne fait que restituer l'énergie qu'il a emmagasinée à l'origine des âges, pendant sa formation. Les objections de M. Despaux se réduisent alors à ceci : 1° les faits étudiés par la science faisaient croire la matière indestructible ; 2° la raison se refuse à admettre que la matière puisse recéler une quantité si considérable d'énergie.

Sur le premier point, il est certain que la science

---

1. *Revue Scientifique*, du 2 janvier 1904.

avait de bons arguments pour soutenir avec Lavoisier l'indestructibilité de la matière. Elle a aujourd'hui de meilleurs arguments en faveur du contraire; devant les faits il n'y a qu'à s'incliner.

Sur le second point, que la raison se refuse à admettre une énorme accumulation d'énergie dans la matière, je me bornerai à répondre qu'il s'agit encore d'un fait d'expérience suffisamment prouvé par l'émission de particules douées d'une vitesse de l'ordre de celle de la lumière et par la grande quantité de calories que dégage le radium. Le nombre de choses que la raison s'est d'abord refusée à reconnaître et qu'elle a cependant dû finir par admettre est considérable. Pendant longtemps elle se refusait également à croire, que la terre tourne autour du soleil et les arguments ne lui manquaient pas.

Pourtant, je reconnais volontiers que cette conception de l'atome, source énorme d'énergie et d'énergie telle qu'un gramme d'un corps *quelconque* renferme l'équivalent de plusieurs milliards de kilogrammètres, est trop contraire aux idées reçues pour pénétrer rapidement les esprits, mais cela tient uniquement à ce que les moules intellectuels fabriqués par l'éducation ne changent pas facilement. M. A. Duclaud l'a fort bien dit dans un article sur le même sujet dont voici un extrait[1] :

« Les conséquences des expériences de Gustave Le Bon, et surtout le premier et le dernier de ses trois points fondamentaux, qui semblent s'élever contre les dogmes scientifiques de la conservation de l'énergie et de l'indestructibilité de la matière, ont suscité de nombreuses objections. Il en ressort que les esprits se prêtent difficilement à admettre que la matière puisse émettre spontanément (c'est-à-dire d'elle-même, sans aucun concours extérieur), des quantités plus ou moins considérables d'énergie. Cela provient de ce très vieux concept de la « dualité de force et matière » qui, nous portant à les considérer comme deux termes distincts, nous fait regarder la

---

1. *Revue Scientifique*, 2 avril 1904.

matière comme inerte par elle-même... on peut regarder la matière comme non inerte, comme étant « un colossal réservoir de forces qu'elle peut dépenser sans rien emprunter au dehors », sans pour cela porter atteinte au principe de la conservation de l'énergie.

« Mais l'attaque paraît plus grave, qui vise à l'indestructibilité de la matière. Toutefois, je crois qu'en y réfléchissant bien, on ne doit voir là qu'une question de mots.

« En effet, Gustave Le Bon nous présente quatre stades successifs de la matière... En exposant que tout retourne à l'éther, il accorde aussi que tout en provient. « Les mondes y naissent, et ils y vont mourir », nous dit-il.

« Le pondérable sort de l'éther et y retourne, sous des influences multiples. C'est-à-dire que l'éther est le réservoir, à la fois réceptacle et déversoir de la matière. Or, à moins d'admettre qu'il y a ⁺ déperdition de la part de l'éther, fuite du réservoir durant le cours de ce perpétuel échange entre le pondérable et l'impondérable, on ne peut pas conclure qu'il y ait disparition d'une quantité quelconque de matière. Et l'idée d'une déperdition de la part de l'éther est inadmissible, car elle conduit à cette conclusion absurde que les pertes devraient se répandre hors de l'espace, puisque, par hypothèse, l'éther remplit tout l'espace. »

Je n'ai aucune raison de contredire M. Duclaud sur le sort de la matière lorsqu'elle a disparu. Tout ce que j'ai voulu établir, en effet, c'est que la matière pondérable s'évanouit sans retour en libérant les forces énormes qu'elle contient. Revenue dans l'éther, la matière a irrévocablement cessé d'exister pour nous. Son individualité a complètement disparu. Elle est devenue quelque chose d'inconnaissable éliminé de la sphère du monde accessible à nos sens. Il y a sûrement beaucoup plus de distance entre la matière et l'éther qu'entre le carbone ou l'azote et les êtres vivants formés par leurs combinaisons. Le carbone et l'azote peuvent, en effet, recommencer indéfiniment leur cycle en retombant sous les lois de la vie, alors que la matière retournée à l'éther ne peut plus redevenir matière ou, au moins ne le pourrait que par les accumulations colossales d'énergie qui demandèrent de longues successions d'âges pour se former et que nous ne saurions produire sans posséder la puissance attribuée par la Genèse au créateur.

Ce sont, généralement, les mathématiciens et les ingénieurs qui accueillirent mes idées avec le plus de faveur. Dans son discours d'inauguration, comme président de l'*Association française pour l'avancement des Sciences*, le savant professeur Laisant a reproduit une de mes plus importantes conclusions et montré toute la portée qu'elle pourrait avoir dans l'avenir.

Mais c'est surtout à l'étranger que ces idées ont trouvé le plus d'écho. M. le professeur Filippo Re les a longuement exposées dans la *Rivista di Fisica*, et dans une revue technique uniquement destinée aux ingénieurs [1] M. le professeur Somerhausen leur a consacré un mémoire dont je vais donner quelques extraits, parce qu'ils montrent que les principes fondamentaux de la science actuelle n'avaient pas inspiré des convictions bien inébranlables à beaucoup d'esprits réfléchis.

« *Une révolution scientifique.* Ce titre se trouve bien ici à sa place, car les faits et les hypothèses dont nous allons parler ne tendent rien moins qu'à saper deux principes que nous admettions comme les fondements les plus inébranlables de l'édifice scientifique... Si on se libère de la tendance à ranger les faits nouveaux sous des catégories connues, on devra admettre que les faits si remarquables que nous avons examinés ne peuvent s'expliquer par les modalités connues de l'énergie et qu'il faut nécessairement les interpréter avec Gustave Le Bon comme une manifestation de l'énergie insoupçonnée.

« Nous avons constaté, d'une part, le phénomène nouveau de la dissociation atomique, d'autre part, la production d'une énergie considérable sans explication possible par les modes connus. Il est évidemment conforme à la logique de rattacher les deux faits l'un à l'autre et d'attribuer à la destruction de l'atome, la mise en liberté de l'énergie nouvelle, de l'*énergie intra-atomique*.

« ... Gustave Le Bon admet que l'atome dissocié a acquis des propriétés intermédiaires entre la matière et l'éther; entre le pondérable et l'impondérable; mais, au point de vue des effets tout se

<hr>

1. *Bulletin de l'Association des ingénieurs de l'École polytechnique de Bruxelles*, décembre 1903.

passe comme s'il y avait transformation directe de la matière en énergie... Nous voyons donc intervenir ici la matière comme source directe d'énergie, ce qui met en défaut toutes les applications du principe de la conservation de l'énergie. Et comme nous avons dû admettre la possibilité de la destruction de la matière, nous devons admettre la possibilité de création d'énergie. Nous entrevoyons maintenant la possibilité, en combinant les termes matière et énergie, d'arriver à une équation définitive que l'on pourra regarder comme le symbole le plus élevé des phénomènes de l'univers.

« Ce sera certes une des plus grandes conquêtes de la science, après avoir franchi le stade de l'unité de la matière, d'arriver à joindre le domaine de la matière avec celui de l'énergie et de faire disparaître ainsi la dernière discontinuité dans la structure du monde. »

Parmi les objections que je dois mentionner, il en est une qui a dû venir certainement à l'esprit de plusieurs personnes. Elle fut formulée par M. le professeur Pio, dans un des quatre articles que, sous ce titre : *Interatomic energy*, il a publié sur mes recherches dans une grande revue scientifique anglaise [1]. Je la discuterai après la reproduction de quelques passages de ces articles.

« Tous les nouveaux phénomènes, rayons cathodiques, effluves du radium, etc., ont trouvé leur explication dans la doctrine de la dissociation de la matière, de Gustave Le Bon... Le phénomène de la dissociation de la matière, découvert par ce dernier, est aussi merveilleux qu'étonnant. Il n'a pas excité cependant la même attention que la découverte du radium, parce qu'on n'a pas compris le lien étroit qui rattachait ces deux découvertes... Ces expériences ouvrent aux inventeurs une perspective qui dépasse tous les rêves. Il y a dans la nature une source immense de forces que nous ne connaissons pas... La matière n'est plus une chose inerte, mais un prodigieux magasin d'énergie... La théorie de l'*énergie intra-atomique* conduit à une conception entièrement nouvelle des forces naturelles... Nous ne connaissions jusqu'ici que des forces agissant du dehors sur les atomes : gravitation, chaleur, lumière, affinité, etc. Maintenant l'atome apparaît comme un générateur d'énergie indépendant de toute force extérieure. Tous ces phénomènes serviront de fondement à une théorie nouvelle de l'énergie. »

---

1. *English mechanic and world of science*, numéro du 21 janvier, 4 mars, 15 avril et 13 mai 1904.

L'objection de l'auteur à laquelle je faisais allusion est celle-ci :

Comment, demande-t-il, des particules émises sous l'influence de l'énergie intra-atomique avec une énorme vitesse, ne rendent-elles pas incandescents par leur choc les corps qu'elles viennent frapper? Où l'énergie dépensée va-t-elle?

La réponse est la suivante : si les particules sont lancées en nombre suffisant, elles peuvent, en effet, rendre incandescents les métaux par leur choc, comme cela s'observe sur l'anticathode des ampoules de Crookes. Avec le radium, et à plus forte raison avec les corps ordinaires infiniment moins actifs, l'énergie est produite trop lentement pour engendrer des effets aussi importants. Elle peut tout au plus, ainsi qu'il arrive pour le radium, échauffer de 2 ou 3 degrés la masse du corps lui-même. Le radium dégageant, suivant les mesures de Curie, 100 calories-gramme par heure, cette quantité ne pourrait échauffer que de 1° en une heure la température de 100 grammes d'eau. C'est trop peu évidemment pour élever d'une façon sensible la température d'un métal, surtout si on considère qu'il se refroidit par rayonnement en même temps qu'il s'échauffe.

Certes, il en serait tout autrement si le radium ou tout autre corps se dissociait rapidement au lieu de mettre des siècles à le faire. Le savant qui trouvera le moyen de dissocier instantanément 1 gramme d'un métal quelconque, radium, plomb ou argent, ne verra pas les résultats de son expérience. L'explosion produite serait tellement formidable que son laboratoire et toutes les maisons voisines seraient instantanément pulvérisées avec leurs habitants. On n'arrivera probablement jamais à une dissociation aussi complète, bien que M. de Heen attribue à des explosions de cette sorte la brusque disparition de quelques étoiles, mais on peut espérer rendre moins lente la dissociation partielle des atomes. Je fonde cette assertion, non sur la théorie, mais sur l'expérience, puisque, par des moyens exposés dans la suite de ce travail, j'ai pu rendre des métaux, presque entièrement privés de radio-activité, comme l'étain, quarante fois plus radio-actifs, à surface égale, que l'uranium.

Les discussions précédentes montrent que la doctrine de l'énergie intra-atomique a beaucoup plus attiré l'attention que celle de l'universalité de la dissociation de la matière. La première n'était pourtant que la conséquence de la seconde, et il fallait bien établir les faits avant de rechercher leurs conséquences.

Ce sont surtout ces conséquences qui ont frappé. Une de nos plus importantes publications, l'*Année scientifique*[1], l'a très clairement marqué dans un résumé dont voici quelques extraits :

« ...M. Gustave Le Bon fut le premier, ne l'oublions pas, à jeter un peu de lumière dans ce chaos ténébreux, en montrant que la radio-activité n'est pas particulière à quelques corps rares comme l'uranium, le radium, etc., mais une propriété générale de la matière, possédée à des degrés divers par tous les corps.

« ...Telle est, en traits sommaires et dans ses grandes lignes, la doctrine de Gustave Le Bon, qui bouleverse toutes nos connaissances traditionnelles sur la conservation de l'énergie et de l'indestructibilité de la matière.

« La radio-activité, propriété générale et essentielle de la matière serait la manifestation d'une nouvelle modalité de l'énergie, d'une force inconnue jusqu'ici, intra-atomique.

« ...Nous ne savons pas encore libérer et maîtriser cette réserve de force incalculable, dont hier encore nous ne soupçonnions pas même l'existence. Mais il est évident que le jour où l'homme aura trouvé un moyen de s'en rendre maître, ce sera la plus formidable révolution que les annales du génie de la science aient jamais eu à enregistrer, une révolution telle que nos pauvres cervelles auraient peine à en concevoir toutes les conséquences et toute la portée. »

---

1. 47ᵉ année, p. 6, 88 et 89.

LIVRE III

LE MONDE DE L'IMPONDÉRABLE

CHAPITRE PREMIER

La séparation classique entre le pondérable et l'impondérable. Existe-t-il un monde intermédiaire entre la matière et l'éther?

La science classait autrefois les divers phénomènes de la nature dans des cases nettement séparées, entre lesquelles n'apparaissait aucun lien. Ces distinctions existaient dans toutes les branches de nos connaissances, aussi bien en physique qu'en biologie.

La découverte des lois de l'évolution a fait disparaître des sciences naturelles des divisions qui semblaient former jadis d'infranchissables abîmes et, du protoplasma des êtres primitifs jusqu'à l'homme, la chaîne est aujourd'hui à peu près ininterrompue. Les chaînons absents se reconstituent chaque jour et nous entrevoyons comment, des êtres les plus simples aux plus compliqués, les changements se sont opérés progressivement à travers le temps.

La Physique a suivi une route analogue, mais elle n'est pas arrivée à l'unité encore. Elle s'est cependant débarrassée des fluides qui l'encombraient jadis ; elle a découvert les relations existant entre les diverses forces et reconnu qu'elles ne sont que des manifestations variées d'une chose supposée indestructible : l'énergie. Elle a ainsi établi la permanence dans la série des phénomènes, montré l'existence du continu là où n'apparaissait jadis que le discontinu. La loi de la conservation de l'énergie n'est en réalité que la simple constatation de cette continuité.

Il lui reste cependant deux fossés profonds à combler avant que la continuité puisse être établie partout. Elle maintient toujours, en effet, une large séparation entre la matière et l'énergie et une autre non moins considérable entre le monde du pondérable et celui de l'impondérable, c'est-à-dire entre la matière et l'éther.

La matière, c'est ce qui se pèse. La lumière, la chaleur, l'électricité et tous les phénomènes produits au sein de l'impondérable éther, n'ajoutant rien au poids des corps, sont envisagés comme appartenant à un monde fort différent de celui de la matière.

La scission de ces deux mondes semblait définitivement établie. Les plus illustres savants de nos jours étaient même arrivés à considérer la démonstration de cette séparation comme une des plus grandes découvertes de tous les âges. Voici comment s'exprimait à ce sujet M. Berthelot à l'inauguration récente du monument de Lavoisier :

« Lavoisier établit, par les expériences les plus précises, une distinction capitale et méconnue avant lui entre les corps pondérables et les agents impondérables, chaleur, lumière, électricité. Cette distinction fondamentale entre la matière pondérable et les agents impondérables est une des plus grandes découvertes qui aient été faites ; c'est l'une des bases des sciences physiques, chimiques et mécaniques actuelles. »

Base fondamentale, en effet, et paraissant jusqu'ici inébranlable. Les phénomènes dus à des transformations de l'impondérable éther, tels que la lumière, par exemple, ne présentent aucune analogie apparente avec ceux dont la matière est le siège. La matière peut changer de forme, mais, sous tous les changements, elle conserve un poids invariable. Quelles que soient les modifications que les agents impondérables lui fassent subir, ils ne s'ajoutent pas à elle et ne font jamais varier son poids.

Pour bien saisir la pensée scientifique moderne, il faut rapprocher la citation qui précède de celle relative à la séparation de la matière et de l'énergie reproduite dans un précédent chapitre. Elles montrent que la science actuelle est en présence, non pas d'une, mais de plusieurs dualités très distinctes. Elles se traduisent par les propositions suivantes : 1° La matière est entièrement distincte de l'énergie et ne peut par elle-même créer de l'énergie; 2° l'éther impondérable est entièrement distinct de la matière pondérable et sans parenté avec elle.

La solidité de ces deux principes semblait défier les âges. Nous essaierons de démontrer, au contraire, que les faits nouveaux tendent à les renverser entièrement.

En ce qui concerne la non-existence de la séparation classique entre la matière et l'énergie, nous n'avons pas à y revenir, puisque nous avons consacré un chapitre à montrer que la matière peut se transformer en énergie. Il ne nous reste donc qu'à rechercher si la distinction entre la matière et l'éther peut disparaître également.

Quelques rares savants avaient déjà signalé tout ce que cette dernière dualité a de choquant et combien elle rend impossible l'explication de certains phénomènes. Larmor a employé récemment les multiples ressources de l'analyse mathématique pour tâcher de faire disparaître ce qu'il appelle « l'irréconciliable dualité de la matière et de l'éther ».

Mais, si cette dualité est destinée à s'évanouir, l'expérience seule peut montrer qu'elle doit disparaître. Or, les faits récemment découverts, notamment ceux relatifs à la dissociation universelle de la matière, sont assez nombreux pour qu'on puisse tenter de relier les deux mondes si profondément séparés jusqu'ici.

Au premier abord, la tâche semble ardue. On ne voit pas facilement, en effet, comment une substance matérielle, pesante, à contours bien définis, telle une pierre ou un morceau de plomb, peut être parente de choses aussi mobiles et aussi subtiles qu'un rayon de soleil ou une étincelle électrique.

Mais nous savons, par toutes les observations de la science moderne, que ce n'est pas en rapprochant les termes extrêmes d'une série qu'on peut reconstituer les formes intermédiaires et découvrir les analogies cachées sous les dissemblances. Ce n'est pas en comparant les êtres qui naquirent à l'aurore de la vie, aux animaux supérieurs dont notre globe se peupla plus tard, qu'on découvrit les liens qui les unissent.

En procédant en physique comme on l'a fait en biologie, nous verrons, au contraire, qu'il est possible de rapprocher des choses en apparence aussi dissemblables que la matière, l'électricité et la lumière.

Les faits qui permettent de prouver l'existence d'un monde intermédiaire entre la matière et l'éther deviennent en réalité chaque jour plus nombreux. Ils ne demandaient qu'à être synthétisés et interprétés.

Pour être fondé à dire qu'une substance quelconque peut être considérée comme intermédiaire entre la matière et l'éther, il faut qu'elle possède des caractères permettant à la fois de la rapprocher et de la différencier de ces deux éléments. C'est parce qu'ils ont constaté chez les singes anthropoïdes des caractères de cette sorte que les naturalistes les considèrent aujourd'hui comme établissant un lien entre les animaux inférieurs et l'homme.

La méthode que nous appliquerons sera celle des naturalistes. Nous rechercherons les caractères intermédiaires permettant de dire qu'une substance, tout en ressemblant encore un peu à la matière, n'est plus de la matière, et, tout en se rapprochant de l'éther, n'est pas encore de l'éther.

Plusieurs chapitres de cet ouvrage seront consacrés à cette démonstration dont nous ne pouvons qu'indiquer maintenant les résultats. Nous essaierons de montrer, en prenant toujours l'expérience pour guide, que les produits de la dématérialisation de la matière, c'est-à-dire les émissions produites durant sa dissociation, sont constitués par des substances dont les caractères sont intermédiaires entre ceux de l'éther et ceux de la matière.

En quoi consistent ces substances? En quoi ont-elles perdu les propriétés des corps matériels?

Pendant plusieurs années, les physiciens ont persisté à ne voir dans les émissions des corps radioactifs que des fragments plus ou moins ténus de matière. Ne pouvant se débarrasser du concept de support matériel, ils admettaient que les particules émises étaient simplement des atomes, chargés d'électricité sans doute, mais toujours cependant constitués par de la matière.

Cette opinion semblait confirmée par le fait que les émissions radio-actives s'accompagnent le plus souvent d'une projection de particules matérielles. Dans l'ampoule de Crookes, l'émission de particules solides jaillies de la cathode est tellement considérable qu'on a pu métalliser des corps exposés à leur projection.

Cet entraînement de matière s'observe d'ailleurs dans la plupart des phénomènes électriques, notamment lorsque l'électricité amenée à un potentiel suffisant passe entre deux électrodes. Le spectroscope révèle toujours, en effet, dans la lumière des étincelles, les raies caractéristiques des métaux qui forment ces électrodes.

Une autre raison encore semblait prouver la matérialité des émissions précédentes. Elles sont déviables par un champ magnétique, donc chargées d'électricité ; or, n'ayant jamais vu de transport d'électricité sans support matériel, on considérait comme évidente l'existence de ce support.

Cette sorte de poussière matérielle supposée constituer les émissions cathodiques et celles des corps radio-actifs présentait de singuliers caractères en tant que substance matérielle. Non seulement elle présentait les mêmes propriétés, quel que fût le corps dissocié, mais de plus elle avait perdu tous les caractères de la matière qui lui donna naissance. Lenard le montra clairement lorsqu'il chercha à vérifier une de ses anciennes hypothèses d'après laquelle les effluves engendrés par la lumière ultra-violette qui frappe la surface des métaux seraient composés de poussières arrachées à la surface de ces métaux. Prenant un corps, le sodium, très dissociable par la lumière et dont en même temps il est possible, au moyen du spectroscope, de constater des traces infinitésimales dans l'air, il reconnut que les effluves alors émis ne contenaient aucune trace de sodium. Si donc, les émissions des corps dissociés étaient de la matière, ce serait une matière ne possédant aucune des propriétés des corps dont elle provient.

Les faits de cette nature se sont assez multipliés pour prouver que, dans le rayonnement cathodique aussi bien que dans la radio-activité, la matière se transforme en quelque chose qui ne peut plus être de la matière ordinaire, puisqu'aucune de ses propriétés n'est conservée. C'est cette chose dont nous étudierons les caractères et que nous montrerons faire partie du monde intermédiaire entre la matière et l'éther.

Tant que fut ignorée l'existence de ce monde intermédiaire, la science s'est trouvée en présence de faits qu'elle ne pouvait pas classer. C'est ainsi, par exemple, que pendant longtemps les physiciens ne surent où placer les rayons cathodiques qui font justement partie des substances intermédiaires entre la matière et l'éther, c'est pourquoi ils les rangèrent successivement dans le monde de la matière, puis dans celui de l'éther considérés pourtant comme si différents.

On ne pouvait naturellement pas les classer ailleurs. Puisque la physique admet que les phénomènes ne peuvent faire partie que de l'un de ces deux mondes, ce qui n'appartient pas à l'un appartient nécessairement à l'autre.

En réalité, ils n'appartiennent ni à l'un ni à l'autre, mais à ce monde intermédiaire entre l'éther et la matière que nous étudierons dans cet ouvrage. Il est peuplé d'une foule de choses entièrement nouvelles que nous commençons à peine à connaître.

CHAPITRE II

La base Immatérielle de l'Univers
L'Éther.

La plus grande partie des phénomènes de la physique : lumière, chaleur, électricité rayonnante, etc., sont considérés comme ayant leur siège dans l'éther. La gravitation, d'où dérive la mécanique du monde et la marche des astres, semble encore une de ses manifestations. Toutes les recherches théoriques formulées sur la constitution des atomes conduisent à admettre qu'il forme leur trame.

Bien que la nature intime de l'éther soit à peine soupçonnée, son existence s'est imposée depuis longtemps et paraît à quelques-uns plus certaine que celle de la matière même.

Elle s'est imposée lorsqu'il a fallu expliquer la propagation des forces à distance. Elle parut expérimentalement démontrée quand Fresnel eut prouvé que la lumière se propage par des ondulations analogues à celles produites par la chute d'une pierre dans l'eau. En faisant interférer des rayons lumineux il obtint de l'obscurité par la superposition des parties saillantes d'une onde lumineuse aux parties creuses d'une autre onde. La propagation de la lumière se faisant par ondulations, ces ondulations se produisaient nécessairement dans quelque chose. C'est ce quelque chose qu'on appelle l'éther.

Son rôle est devenu capital et n'a cessé de grandir avec les progrès de la physique. La plupart des phénomènes seraient inexplicables sans lui. Sans éther il n'y aurait ni pesanteur, ni lumière, ni électricité, ni chaleur, rien en un mot de tout ce que nous connaissons. L'univers serait silencieux et mort, ou se révélerait sous une forme que nous ne pouvons même pas pressentir. Si on pouvait construire une chambre de verre de laquelle on aurait retiré entièrement l'éther, la chaleur et la lumière ne pourraient la traverser. Elle serait d'un noir absolu et probablement la gravitation n'agirait plus sur les corps placés dans son intérieur. Ils auraient donc perdu leur poids.

Mais dès que l'on cherche à définir les propriétés de l'éther, des difficultés énormes apparaissent. Elles tiennent sans doute à ce que cet élément immatériel, ne pouvant être rattaché à rien de connu, les termes de comparaison manquent entièrement pour le définir. Devant des phénomènes sans analogie avec ceux habituellement observés, nous sommes comme un sourd de naissance à l'égard de la musique ou un aveugle à l'égard des couleurs. Aucune image ne pourrait leur faire comprendre ce que peuvent bien être un son ou une couleur.

Quand les livres de physique disent en quelques lignes que l'éther est un milieu impondérable remplissant l'univers, la première idée qui vient à l'esprit est de se le représenter comme une sorte de gaz assez raréfié pour qu'il soit impondérable par les moyens dont nous disposons. Il n'est pas difficile d'imaginer un tel gaz. M. Muller a calculé que si on diffusait la matière du soleil et des planètes qui l'entourent dans un espace égal à celui qui sépare les étoiles les plus rapprochées, le myriamètre cube de cette matière, amenée ainsi à l'état gazeux, pèserait à peine un millième de milligramme et serait par conséquent impondérable pour nos balances. Ce fluide si divisé, qui représente peut-être l'état primitif de notre nébuleuse serait un quatrillon de fois moins dense que le vide au millionième d'atmosphère d'un tube de Crookes.

Malheureusement les propriétés de l'éther ne permettent pas de le rapprocher en aucune façon d'un gaz. Les gaz sont très compressibles et l'éther ne peut pas l'être. S'il l'était, en effet, il ne pourrait transmettre presque instantanément les vibrations de la lumière.

Ce n'est guère que dans les fluides théoriquement parfaits ou mieux encore dans les solides, qu'on peut découvrir de lointaines analogies avec l'éther, mais il faut alors imaginer une substance ayant des propriétés bien singulières. Elle doit avoir une rigidité supérieure à celle de l'acier, autrement elle ne pourrait transmettre les vibrations lumineuses avec une vitesse de 300.000 kilomètres par seconde. Un des plus éminents physiciens actuels, lord Kelvin, considère l'éther comme « un solide élastique remplissant tout l'espace. »

Le solide élastique formant l'éther jouit de propriétés fort étranges pour un solide et que nous ne rencontrons chez aucun d'eux. Son extrême rigidité doit se combiner avec une densité extraordinairement faible, c'est-à-dire assez minime pour qu'il ne puisse ralentir par son frottement la translation des astres dans l'espace. Hirn a montré que si la densité de l'éther était seulement un million de fois moindre que celle de l'air, pourtant si raréfié, contenu dans un tube de Crookes, il produirait une altération séculaire d'une demi-seconde dans le moyen mouvement de la lune. Un tel milieu, malgré une densité si réduite, arriverait cependant bien vite à expulser l'atmosphère de la terre. On a calculé que s'il avait les propriétés que nous attribuons aux gaz, il acquerrait, par son choc contre la surface d'astres dépouillés d'atmosphère comme la lune, une température de 38.000 degrés.

Finalement on est acculé à cette idée que l'éther est un solide sans densité ni poids, quelque inintelligible que cela puisse sembler.

D'autres physiciens ont soutenu récemment que la densité de l'éther devrait être au contraire très grande. Ils se basent sur la théorie électro-magnétique de la matière qui attribue à l'éther l'inertie de la matière. Dans cette théorie la masse d'un corps ne serait autre chose que la masse de l'éther qui l'enveloppe retenue et entraînée par les lignes de force qui entourent les particules électriques dont seraient formés les atomes. Toute l'inertie des corps, c'est-à-dire leur masse, serait due à l'inertie de l'éther. Toute énergie cinétique serait due aux mouvements de l'éther emprisonné par les lignes de force qui le relient aux atomes. J.-J. Thomson, qui défend cette hypothèse [1], ajoute « qu'elle exigerait que la densité de l'éther soit supérieure à celle de tous les corps connus. » On ne voit pas d'ailleurs très bien pourquoi.

La grandeur des forces que l'éther peut transmettre constitue également un phénomène très difficile à interpréter. Un électro-aimant agit à travers le vide, donc par l'intermédiaire de l'éther. Or, comme le fait remarquer lord Kelvin, il exerce à distance sur le fer une force qui peut atteindre 110 kilogrammes par centimètre carré. « Comment se fait-il, écrit ce physicien, que ces forces prodigieuses soient développées dans l'éther, solide élastique, et que cependant, les corps pondérables soient libres de se mouvoir à travers ce solide? » Nous ne le savons pas et nous ne pouvons pas dire si nous le saurons jamais.

On ne peut presque rien indiquer de la constitution de l'éther. Maxwell le supposait constitué de petites sphères animées d'un mouvement de rotation très rapide qu'elles transmettraient de proche en

---

1. *Électricity and Matter*, Westminster 1904 ; et *On the the dynamic of Electrified Field*. (*Proceedings of the Cambridge Philosophical society*, 1903, p. 83.)

proche ». Fresnel regardait son élasticité comme constante, mais sa densité comme variable. D'autres physiciens croient, au contraire, sa densité constante et son élasticité variable. Pour la plupart il n'est pas déplacé par les mouvements des systèmes matériels qui le traversent. D'après d'autres il est, au contraire, entraîné.

On est, en tout cas, d'accord pour reconnaître que l'éther est une substance très différente de la matière, et soustraite aux lois de la pesanteur. Elle est sans poids, immatérielle au sens usuel de ce mot, et forme le monde de l'impondérable.

Si l'éther n'a pas de pesanteur, il faut cependant qu'il ait une masse, puisqu'il présente de la résistance au mouvement. Cette masse est faible, puisque la vitesse de propagation de la lumière est très rapide. Si elle était nulle, la propagation de la lumière serait probablement instantanée.

La question de l'impondérabilité de l'éther discutée pendant longtemps semble définitivement tranchée aujourd'hui. Elle a été reprise tout récemment par lord Kelvin[1] et, par des raisons mathématiques que je ne puis exposer ici, il arrive à la conclusion que l'éther est constitué par une substance entièrement soustraite aux lois de la gravitation, c'est-à-dire impondérable. Mais, ajoute-t-il, « nous n'avons aucune raison de le considérer comme absolument incompressible et nous pouvons admettre qu'une pression suffisante peut le condenser ».

C'est probablement de cette condensation effectuée à l'origine des âges, par un mécanisme ignoré entièrement, que dérivent les atomes considérés par plusieurs physiciens, Larmor notamment, comme des noyaux de condensation dans l'éther ayant la forme de petits tourbillons animés d'une énorme vitesse de

---

1. *On the Clustering of gravitational matter in any part of the Univers.* (*Philosophical Magazine*, janvier 1902).

rotation. « La molécule matérielle, écrit ce dernier physicien, est constituée entièrement par de l'éther et par rien d'autre[1] ».

Telles sont les propriétés que l'interprétation des phénomènes fait attribuer à l'éther. Il faut se borner à constater, sans pouvoir le comprendre, que nous vivons dans un milieu immatériel plus rigide que l'acier, auquel nous pouvons imprimer facilement, simplement en brûlant un corps quelconque, des mouvements dont la vitesse de propagation dépasse 100.000 fois celle d'un boulet de canon. L'éther est un agent que nous entrevoyons partout, que nous pouvons faire vibrer, dévier et mesurer à volonté, mais sans pouvoir l'isoler. Sa nature intime demeure un irritant mystère.

On peut résumer ce qui précède en disant que si nous savons très peu de chose de l'éther, nous devons cependant considérer comme certain que la plupart des phénomènes de l'univers sont des conséquences de ses manifestations. Il est sans doute la source première et le terme ultime des choses, le substratum des mondes et de tous les êtres qui s'agitent à leur surface.

Nous essaierons de montrer bientôt comment l'éther impondérable peut être relié à la matière et de saisir par conséquent le lien qui rattache le matériel à l'immatériel. Pour être préparés à comprendre leurs relations, nous étudierons d'abord quelques-uns des équilibres qu'il est possible d'observer dans l'éther. Nous n'en connaissons qu'un petit nombre, mais ceux que nous pouvons observer, nous permettront par voie d'analogie de pressentir la nature de ceux que nous ne connaissons pas.

---

1. *Æther and Matter.* Londres 1900.

CHAPITRE III

Les formes diverses d'équilibre
dans l'éther.

Les phénomènes les plus importants de la nature : chaleur, lumière, électricité, etc., ont, comme nous venons de le voir, leur siège dans l'éther. Ils sont engendrés par certaines perturbations de ce fluide immatériel sorti de l'équilibre ou retournant à l'équilibre. Les forces de l'univers ne sont connues, en réalité, que par des perturbations d'équilibre. L'état d'équilibre constitue la limite au delà de laquelle nous ne pouvons plus les suivre.

La lumière n'est qu'une altération d'équilibre de l'éther caractérisée par ses vibrations ; elle cesse d'exister dès que l'équilibre est rétabli. L'étincelle électrique de nos laboratoires aussi bien que la foudre sont de simples manifestations des changements du fluide électrique sorti de l'équilibre pour une cause quelconque et s'efforçant d'y retourner. Tant que nous n'avons pas su tirer le fluide électrique de l'état de repos, son existence a été ignorée.

Toutes les modifications d'équilibre produites dans l'éther sont très instables et ne survivent pas à la cause qui les a fait naître. C'est là justement ce qui les différencie des équilibres matériels. Les formes diverses d'équilibre observées dans la matière sont généralement assez stables, c'est-à-dire survivent à la cause qui les a engendrées. Le monde de l'éther est le monde des équilibres mobiles, alors que le monde de la matière est celui des équilibres capables de fixité.

Dire qu'une chose n'est plus en équilibre, c'est constater qu'elle a subi certains déplacements. Les mouvements connus qui déterminent l'apparition des phénomènes ne sont pas très nombreux. Ce sont principalement des attractions, répulsions, rotations, projections, vibrations et tourbillons.

De ces mouvements divers, les mieux connus sont ceux que produisent les attractions et les répulsions. On a presque exclusivement recours à eux pour mesurer les phénomènes. La balance mesure l'attraction exercée par la terre sur les corps, le galvanomètre l'attraction exercée par un courant électrique sur un aimant, le thermomètre les attractions ou répulsions de molécules d'un liquide soumis à l'influence de la chaleur. Les équilibres osmotiques qui tiennent sous leur dépendance la plupart des phénomènes de la vie sont révélés par les attractions et répulsions des molécules au sein des liquides.

Les mouvements des diverses substances et les variétés d'équilibre qui en résultent jouent donc un rôle fondamental dans la production des phénomènes. Ils constituent leur essence et forment les seules réalités qui nous soient accessibles.

Jusqu'à ces dernières années on n'avait étudié que les mouvements vibratoires réguliers de l'éther qui produisent la lumière. On pouvait supposer cependant qu'un fluide au sein duquel on peut produire comme dans un liquide des vagues régulières est susceptible d'autres mouvements. On admet maintenant qu'il peut être le siège de mouvements variés : projections, rotations, tourbillons, etc.

Parmi les formes des mouvements de l'éther étudiés dans ces dernières années, les tourbillons semblent jouer, au moins au point de vue théorique, un rôle prépondérant. Larmor[1] et d'autres physiciens considèrent les électrons, éléments supposés du fluide électrique — et pour quelques savants des atomes matériels — comme des tourbillons ou gyrostats formés au sein de l'éther. Le professeur de Heen[2] les compare à un fil rigide enroulé en hélice. Le sens de leur rotation déterminerait les attractions et répulsions. Sutherland cherche dans la direction des mouvements de ces gyrostats l'explication des phénomènes de conduction électriques et thermiques. « La conduction électrique, dit-il, est due à la vibration des gyrostats dans la direction de la force électrique et la conduction thermique aux vibrations de tourbillons dans toutes les directions[3] ».

C'est l'analyse mathématique seule qui conduisit les physiciens à attribuer un rôle fondamental aux tourbillons dans l'éther, mais les expériences faites sur des fluides matériels donnent à ces hypothèses une base précise puisqu'elles permettent, comme nous allons le voir, de reproduire les attractions et répulsions observées dans les phénomènes électriques et de constituer avec les tourbillons de substances matérielles des formes géométriques.

Un tourbillon matériel peut être formé par un fluide quelconque, liquide ou gazeux, tournant autour d'un axe. Par le fait de sa rotation il décrit des spirales. L'étude de ces tourbillons a été l'objet de recherches importantes de la part de divers savants, Bjerkness et Weyher[4] notamment. Ils ont fait

---

1. *Æther and Matter*, 1900.
2. *Prodromes d'une théorie de l'électricité*, 1903.
3. *The electric origine of Rigidity*. (*Philosophical Magazine*, mai 1904.
4. *Sur les tourbillons*. In-8°, 2ᵉ édition.

voir qu'on peut produire avec eux toutes les attractions et répulsions constatées en électricité, les déviations de l'aiguille aimantée par les courants, etc.

On fait naître ces tourbillons par la rotation rapide d'un axe muni de palettes ou plus simplement d'une sphère. Autour de la sphère s'établissent des courants gazeux dyssimétriques par rapport au plan de l'équateur et il en résulte l'attraction ou la répulsion des corps qu'on en approche, suivant la position qu'on leur donne. On peut même, comme l'a prouvé Weyher, obliger ces corps à tourner autour de la sphère sans la toucher comme les satellites d'une planète.

Ces tourbillons constituent une des formes que prennent le plus facilement les particules matérielles puisqu'un simple souffle suffit à faire tourbillonner un fluide. Ils peuvent produire, ainsi d'ailleurs que tous les mouvements de rotation, des équilibres très stables, capables de lutter contre les effets de la pesanteur. La toupie en mouvement reste debout sur sa pointe. Il en est de même de la bicyclette qui tombe latéralement dès qu'elle cesse de rouler. Les hélices à axe vertical dites hélicoptères employées dans certains procédés d'aviation s'élèvent dans l'atmosphère en s'y vissant dès qu'on les met en rotation et s'y maintiennent tout le temps que dure cette rotation. Dès qu'elles sont au repos, ne pouvant plus lutter contre la pesanteur elles tombent lourdement sur le sol. On conçoit donc aisément que ce soit dans les mouvements de rotation qu'on ait trouvé la meilleure explication des équilibres des atomes.

C'est par des tourbillonnements dans l'éther que plusieurs auteurs, cherchent également à interpréter la gravitation. M. le professeur Armand Gautier a donné dans un travail écrit à propos de mon mémoire sur l'énergie intra-atomique, une explication semblable. Si elle pouvait être considérée comme définitive, elle aurait l'avantage d'expliquer de quelle façon l'impondérable peut sortir du pondérable :

« L'atome matériel animé de mouvements giratoires doit transmettre sa giration à l'éther qui l'environne et par lui aux autres corps matériels éloignés qui baignent dans cet éther. Il s'ensuit que, la giration de l'un se transmettant à l'autre, les corps matériels, en vertu de leur inertie même, tendent pour ainsi dire à *se visser* l'un sur l'autre par l'intermédiaire du tourbillonnement commun de l'éther où ils baignent ; en un mot, ces corps matériels doivent s'attirer. Il suffit d'admettre pour cela qu'il y ait comme une sorte de *viscosité* entre les particules de l'éther, ou plutôt une sorte d'entraînement de ces particules les unes par les autres.

« Mais si l'état giratoire des édifices atomiques paraît être ainsi la cause de leur attraction mutuelle, c'est-à-dire de la pesanteur, celle-ci devra disparaître en tout ou en partie si l'énergie de giration est totalement ou partiellement transformée en énergie de translation dans l'espace. Ne peut-il en être ainsi de *l'électron*, c'est-à-dire de l'atomuscule arraché à l'atome et lancé hors de l'édifice matériel avec la vitesse de la lumière atominale dans lequel la vitesse de giration a disparu transformée en vitesse de translation ? Ces électrons ainsi empruntés à la matière, s'ils ne sont plus en état de giration sensible ou concordante, pourront donc perdre tout ou partie de leur poids en gardant leur masse, et tout en continuant à suivre la loi qui mesure l'énergie qu'ils transportent par le demi-produit de leur masse par le carré de leur vitesse de translation [1]. »

Les expériences faites sur les mouvements tourbillonnaires dans les fluides ne produisent pas seulement des attractions, des répulsions et des équilibres de toutes sortes. Ils peuvent être associés de façon à donner naissance à des formes géométriques régulières ainsi que l'a montré M. Benard [2] dans une série d'expériences. Il a fait voir qu'un liquide en lame mince soumis à certaines perturbations (courants de convection voisins de la stabilité) se divisait en prismes verticaux à base polygonale qu'on peut rendre visibles par certains procédés optiques ou plus simplement en y mélangeant des poudres très fines. « Ce sont, dit l'auteur, les lieux géométriques des

---

1. *Revue Scientifique*, 13 janvier 1904.
2. *Revue des Sciences*, 1900.

tourbillons nuls qui forment les parois planes des prismes hexagonaux et les axes verticaux de ces prismes. Les lignes de tourbillons sont des courbes fermées centrées sur l'axe de ces prismes. » Les métaux refroidis brusquement après avoir été fondus et étalés en lames minces se divisent souvent de la même façon et présentent à l'observation des cellules polygonales.

Ces expériences nous montrent que les molécules d'un liquide peuvent revêtir des formes géométriques sans que ce dernier cesse d'être liquide. Ces formes d'équilibre momentanées ne survivent pas à la cause qui les fait naître. Elles sont analogues à celles que nous avons pu produire et rendre visibles en combinant convenablement des éléments de matières dissociées, comme nous le verrons bientôt.

Les analogies entre les molécules des fluides matériels et celles des fluides immatériels sont nombreuses, mais elles ne conduisent jamais à des identités en raison de deux différences capitales entre les substances matérielles et les substances immatérielles. Les premières sont en effet soumises à l'action de la pesanteur et elles ont une masse très grande. Elles obéissent donc assez lentement aux changements de mouvement. Les secondes échappent à la pesanteur et ont une masse fort petite. La faiblesse de cette masse leur permet de prendre, sous l'influence de forces très faibles, des mouvements rapides et d'être par conséquent extrêmemen. mobiles. Si, malgré leur faible masse, les molécules immatérielles peuvent produire des effets mécaniques assez grands, ainsi qu'on l'observe par exemple dans les tubes de Crookes, dont les miroirs rougissent sous l'influence du bombardement cathodique, c'est que la petitesse des masses est compensée par leur extrême vitesse. Dans la formule $T = \dfrac{mv^2}{2}$ on peut, sans changer le résultat, réduire à volonté *m* à condition de grandir ».

En considérant le rôle considérable que jouent les diverses formes d'équilibres dont est susceptible l'éther, on arrive facilement à cette conception que la matière n'est qu'un état particulier d'équilibre de l'éther. Donc, lorsque nous chercherons en d'autres chapitres à découvrir les liens qui rattachent les choses matérielles aux choses immatérielles, nous devrons examiner surtout les diverses formes d'équilibre que possède le monde intermédiaire dont nous admettons l'existence, et rechercher les analogies et les dissemblances que présentent ces équilibres avec ceux des deux mondes que nous nous proposons de relier.

Les dissemblances résulteront surtout de la qualité différente des éléments sur lesquels s'exerceront les mêmes lois. Les analogies résulteront de ce que ces éléments différents pour nos sens et pour les instruments qui les complètent appartiennent en réalité à la même famille. La nature semble toujours portée à économiser ses efforts. Elle varie les choses à l'infini, mais elle ne change pas les lois générales qui en guident le cours.

LIVRE IV

LA DÉMATÉRIALISATION DE LA MATIÈRE

CHAPITRE PREMIER

Les diverses Interprétations des expériences révélant la dissociation de la matière.

---

§ I. — LES PREMIÈRES INTERPRÉTATIONS

L'éther et la matière forment les deux termes extrêmes de la série des choses. Entre ces termes si éloignés l'un de l'autre il existe des éléments intermédiaires dont l'observation révèle maintenant l'existence.

Aucune des expériences que nous exposerons ne nous montrera la transformation de l'éther en substances matérielles. Il faudrait disposer d'une colossale énergie pour réaliser une telle condensation. Mais la transformation inverse, c'est-à-dire celle de la matière en éther ou en substances voisines de l'éther, est au contraire réalisable. La dissociation de la matière permet cette réalisation.

C'est dans la découverte des rayons cathodiques, puis des rayons X que se trouvent les germes de la théorie actuelle de la dissociation de la matière.

Cette dissociation, spontanée ou provoquée, se révèle toujours, en effet, par l'émission, dans l'espace, d'effluves identiques aux rayons cathodiques et aux rayons X. L'assimilation entre ces deux ordres de phénomènes, que pendant plusieurs années je fus seul à défendre, est enfin universellement admise aujourd'hui.

La découverte des rayons cathodiques et des rayons X qui les accompagnent invariablement, marque une des étapes les plus importantes de la science moderne. Sans elle la théorie de la dissociation de la matière n'aurait jamais pu être établie; sans elle on aurait à jamais ignoré que c'est à cette dissociation que sont dus des phénomènes connus depuis longtemps en physique mais restés inexpliqués.

Chacun sait aujourd'hui en quoi consistent les rayons cathodiques.

Si dans un tube muni d'électrodes et où l'on a poussé le vide très loin, on envoie un courant électrique à tension suffisante, la cathode émet des rayons qui se propagent en ligne droite, échauffent les corps qu'ils frappent et sont déviés par un aimant. La cathode métallique ne sert d'ailleurs qu'à rendre les rayons plus abondants, puisque j'ai prouvé par mes expériences qu'avec un tube de Crookes sans cathode ni trace de matière métallique quelconque, on observait absolument les mêmes phénomènes.

Les rayons cathodiques sont chargés d'électricité et peuvent traverser des lames métalliques très minces et reliées à la terre en conservant leur charge. Toutes les fois qu'ils frappent un obstacle, ils donnent immédiatement naissance à ces rayons particuliers dits rayons X, différant des rayons cathodiques en ce qu'ils ne sont pas déviés par un aimant et traversent des lames métalliques épaisses capables d'arrêter entièrement ces derniers.

Rayons cathodiques et rayons X produisent de l'électricité sur tous les corps, gaz ou matières solides, qu'ils rencontrent. Ils rendent donc, par conséquent, l'air conducteur de l'électricité.

Les premières idées que l'on se fit de la nature des rayons cathodiques furent bien autres que celles qui ont cours aujourd'hui. Crookes, qui mit le premier en évidence les propriétés de ces rayons, attribuait leur action à l'état d'extrême raréfaction où se trouvent les molécules des gaz quand le vide a été poussé très loin. A cet état « ultra-gazeux » les molécules raréfiées représentaient pour lui un état particulier qu'il qualifiait de quatrième état de la matière. Il était caractérisé par ce fait que, n'étant plus entravées dans leur parcours par le choc des autres molécules, la trajectoire libre des molécules raréfiées s'allonge au point que leurs chocs réciproques deviennent négligeables en comparaison de leurs parcours total. Elles peuvent alors se mouvoir librement en tous sens, et, si l'on dirige leur mouvement par une force extérieure telle que le courant électrique de la cathode, elles sont projetées dans une seule direction comme la mitraille d'un canon. Rencontrant un obstacle, elles produisent par leur bombardement moléculaire les effets de phosphorescence et de chaleur, que les expériences de l'illustre physicien ont mis en évidence.

Cette conception était inspirée par l'ancienne théorie cinétique des gaz que je vais rappeler en quelques lignes.

Les molécules des gaz seraient constituées de particules parfaitement élastiques (condition nécessaire pour qu'elles ne perdent pas d'énergie par leur choc) et assez éloignées les unes des autres pour ne pas exercer d'attraction mutuelle. Elles seraient animées d'une vitesse, variable suivant les gaz, évaluée à 1.800 mètres environ par seconde pour l'hydrogène, c'est-à-dire le double environ de celle d'un boulet de canon. Cette vitesse est d'ailleurs purement théorique, car, en raison des chocs qu'elles exercent les unes sur les autres, chacune de ces particules a un libre parcours limité à un millième de millimètre environ. Ce sont les chocs de ces molécules qui produiraient la pression exercée par un gaz sur les parois qui le renferment. Si on réduit de moitié l'espace renfermant le même volume de molécules, on double la pression, on la triple si on réduit trois fois l'espace. C'est ce fait qu'exprime la loi de Mariotte.

Dans un ballon où on a fait le vide au millionième d'atmosphère, les choses se passaient, suivant Crookes, fort différemment. Sans doute il contient encore énormément de molécules gazeuses, mais la très grande réduction de leur nombre fait qu'elles se gênent réciproquement beaucoup moins qu'à la pression ordinaire. Leur libre parcours peut donc augmenter considérablement. Si, dans ces conditions, une partie de ces molécules d'air qui restent dans le tube est électrisée et projetée, comme je le disais plus haut, par un courant électrique intense, elles pourront traverser l'espace librement et acquérir une vitesse énorme, alors qu'à la pression ordinaire cette vitesse est supprimée par les molécules d'air rencontrées.

Les rayons cathodiques représentaient donc simplement, dans l'ancienne théorie de Crookes, des molécules de gaz raréfié, électrisées au contact de la cathode et lancées dans l'espace vide du tube avec une vitesse qu'elles ne sauraient jamais atteindre, si elles étaient entravées comme dans les gaz à pression ordinaire par le choc d'autres molécules. Elles restaient cependant des molécules matérielles, non pas dissociées, mais simplement écartées, ce qui ne saurait changer leur structure. Personne ne songeait, en effet, à cette époque, que l'atome fût susceptible de dissociation.

Il n'est rien resté de la théorie de Crookes depuis que la mesure de la charge électrique des particules et de leur masse a prouvé qu'elles étaient mille fois plus petites que celles de l'atome d'hydrogène, le plus petit des atomes connus. Sans doute, on pouvait supposer, à la rigueur, et on l'a fait d'abord, que l'atome était simplement subdivisé en d'autres atomes conservant les propriétés de la matière dont ils provenaient; mais cette hypothèse devenait insoutenable devant le fait que les gaz les plus différents, contenus dans l'ampoule de Crookes, donnent des produits de dissociation identiques où on ne retrouve aucune propriété des corps dont ils sont issus. Il fallut donc bien admettre que l'atome était, non pas divisé, mais dissocié en éléments doués de propriétés entièrement nouvelles, identiques pour tous les corps.

Il s'en faut de beaucoup, d'ailleurs, comme nous allons le voir, que la théorie de la dissociation, dont je viens de donner l'indication en quelques lignes, se soit établie en un jour. En réalité, elle n'a été nettement formulée, qu'après la découverte des corps radio-actifs et les expériences qui me servirent à prouver l'universalité de la dissociation de la matière.

Ce n'est qu'au bout de plusieurs années de recherches que les physiciens finirent par reconnaître, conformément à mes assertions, l'identité des rayons cathodiques et des effluves de particules émis par les corps ordinaires pendant leur dissociation.

§ 2. — LES INTERPRÉTATIONS ACTUELLES

A l'époque où les rayons cathodiques étaient seuls connus, l'explication de leur nature donnée par Crookes semblait très suffisante. Lors de la découverte des rayons X et des émissions des corps spontanément radio-actifs, tels que l'uranium, l'insuffisance de l'ancienne théorie apparut nettement.

Une des manifestations des rayons X et des émissions radio-actives qui frappèrent le plus les physiciens et fut l'origine des explications actuelles, est la production d'électricité sur tous les corps solides et gazeux, frappés par les nouvelles radiations. Les rayons X et les émissions des corps radio-actifs possèdent, en effet, ce caractère commun de produire quelque chose, qui rend l'air et les autres gaz conducteurs de l'électricité. Avec ces gaz devenus conducteurs, on peut, en les faisant passer entre les lames d'un condensateur, neutraliser des charges électriques. On admit comme conséquence qu'ils étaient électrisés.

C'était là un phénomène très imprévu, car toutes les expériences antérieures avaient toujours montré que les gaz ne sont pas électrisables. On les maintient en effet, indéfiniment au contact d'un corps électrisé à un très haut potentiel, sans qu'ils prennent nulle trace d'électricité. S'il en était autrement, aucune surface électrisée — la boule d'un électroscope, par exemple — ne pourrait conserver sa charge.

On se trouvait donc en présence d'un fait entièrement nouveau, beaucoup plus nouveau même qu'on ne le crut tout d'abord, puisqu'il impliquait, en réalité, la dissociation de la matière que personne ne soupçonnait alors.

Lorsqu'on constate un fait imprévu, on tâche d'abord de le rattacher à une théorie ancienne. Une seule théorie, celle de l'ionisation des solutions salines dans l'électrolyse donnant une explication apparente des faits nouvellement observés on s'empressa de l'adopter. On admit donc que dans un corps simple existaient, de même que dans un corps composé, deux éléments séparables: l'ion positif et l'ion négatif, chargés chacun d'électricité de signes contraires.

Mais l'ancienne théorie de l'ionisation ne s'appliquait qu'à des corps composés et nullement à des corps simples. On pouvait séparer — ioniser, comme on dit maintenant — les éléments des corps composés, séparer, par exemple, le chlorure de potassium en ses ions chlore et ses ions potassium ; mais quelle analogie pouvait bien exister entre cette opération et la dissociation du chlore ou du potassium lui-même, puisque l'on considérait comme un dogme fondamental qu'un corps simple ne pouvait être dissocié ? Il y avait d'autant moins d'analogie entre l'ionisation des solutions salines et celle des corps simples que, quand on sépare, par le courant électrique, les éléments d'un sel, on en retire des corps fort différents, suivant le composé dissocié. Le chlorure de potassium, dont nous parlions plus haut, donne du chlore et du potassium ; avec l'oxyde de sodium, on obtient de l'oxygène et du sodium, etc. Quand, au contraire, on ionise un corps simple, on en retire toujours les mêmes éléments. Qu'il s'agisse d'hydrogène, d'oxygène, d'azote, d'aluminium, de radium ou de toute autre substance, ce qu'on en retire est chaque fois identique. Quel que soit le corps ionisé, et quelle que soit la méthode d'ionisation, on obtient uniquement ces particules — ions et électrons — dont la charge électrique est la même pour tous les corps. L'ionisation d'une solution saline et celle d'un corps simple, tel qu'un gaz, par exemple, sont donc deux choses qui ne présentent en réalité aucune analogie.

De cette constatation que des corps simples, tels que l'oxygène, l'hydrogène, etc., on ne peut retirer que des éléments identiques, on aurait pu facilement déduire : d'abord, que les atomes peuvent se dissocier et ensuite qu'ils sont formés des mêmes éléments. Ces conclusions sont devenues évidentes aujourd'hui, mais elles étaient beaucoup trop en dehors des idées régnantes alors, pour qu'on songeât à les formuler.

Le terme d'ionisation appliqué à un corps simple ne signifiait pas grand'chose, mais il constituait une ébauche d'explication, et c'est pourquoi on s'empressa de l'accepter. Nous l'accepterons également d'ailleurs, pour ne pas troubler l'esprit du lecteur, mais tout en ayant soin de bien marquer que le terme d'ionisation appliqué à un corps simple signifie uniquement dissociation de ses atomes et pas autre chose.

Cette ionisation des corps simples, c'est-à-dire la possibilité d'en extraire des ions positifs et négatifs porteurs de charges électriques de noms contraires, étant admise, il s'est présenté quantité de difficultés, passées d'ailleurs soigneusement sous silence, parce qu'il est vraiment impossible de leur trouver une explication.

Ces ions électriques, cette électricité ionique, si je puis m'exprimer ainsi, diffère singulièrement par ses propriétés de l'électricité ordinaire, telle qu'un siècle de recherches nous l'a fait connaître. Il suffit de quelques rapprochements pour le montrer.

Sur un corps quelconque isolé, nous ne pouvons fixer qu'une fort petite quantité d'électricité, s'il est solide, et aucune s'il est gazeux. L'électricité ionique serait nécessairement condensée, au contraire, en quantité immense, sur des particules infiniment petites. — L'électricité ordinaire, eût-elle l'intensité de la foudre, ne peut jamais traverser une lame métallique reliée à la terre, comme l'a depuis longtemps montré Faraday. On a même fondé sur cette propriété classique la confection de vêtements en gaze métallique légère qui permettent de préserver absolument des plus violentes décharges les ouvriers d'usines fabriquant de l'électricité à haut potentiel. L'électricité ionique traverse facilement, au contraire, les enceintes métalliques. — L'électricité ordinaire suit les fils conducteurs avec la rapidité de la lumière, mais ne saurait être conduite comme un gaz dans un tube creux enroulé sur lui-même. L'électricité ionique se conduit, elle, au contraire, ainsi qu'une vapeur, et peut circuler lentement à travers un tube. — L'électricité ionique jouit enfin de la propriété de donner naissance aux rayons X quand les ions animés d'une certaine vitesse viennent à toucher un corps quelconque.

Sans doute, on peut prétendre que l'électricité, engendrée par l'ionisation de la matière revêtant une forme spéciale, celle d'atomes électriques, doit posséder sous cette forme des propriétés très différentes de l'électricité ordinaire. Mais alors si les propriétés de l'atome dit électrique sont absolument différentes de celles de l'électricité, par quoi peut bien être justifié le qualificatif d'électrique? Dans toutes les expériences que nous exposerons, l'électricité nous apparaîtra le plus souvent comme un effet et non comme une cause. Elle est à cette cause inconnue ce qu'est à la chaleur ou au frottement l'électricité qu'ils engendrent. Quand une balle de fusil ou un jet de vapeur produisent de l'électricité par leur choc, nous ne disons pas que cette balle de fusil ou ce jet de vapeur sont de l'électricité, ni même qu'ils en sont chargés. Il ne viendrait alors à personne l'idée de confondre l'effet avec la cause, comme on persiste à le faire pour les émissions radio-actives.

Les phénomènes observés dans la dissociation de la matière, tels que l'émission de particules ayant une vitesse de l'ordre de celle de la lumière, et la propriété d'engendrer des rayons X, sont évidemment des caractères que ne possède aucune des formes d'électricité connues, et ils auraient dû conduire les physiciens à admettre avec moi qu'ils sont bien la conséquence d'une forme d'énergie entièrement nouvelle. Mais l'impérieux besoin mental de chercher des analogies, de rapprocher l'inconnu du connu, a fait rattacher ces phénomènes à l'électricité sous le prétexte que, parmi les effets observés, un des plus constants était la production finale d'électricité.

Il est visible d'ailleurs que plusieurs physiciens sont très près d'arriver par des voies diverses à la conception que toutes ces émissions radio-actives qu'on essaie de rattacher à l'électricité par la théorie de l'ionisation, représentent des manifestations de l'énergie intra-atomique, c'est-à-dire d'une énergie qu'on ne peut rattacher à rien de connu.

Les faits montrant que l'électricité n'est qu'une des formes de cette énergie se multiplient chaque jour.

Le plus important est la découverte due à Rutherford dont j'aurai à parler bientôt, que la plus grande partie des particules émises pendant la radio-activité proviennent d'une émanation ne *possédant absolument aucune charge électrique*, bien que capable de donner naissance à des corps pouvant produire de l'électricité. Emanations, ions, électrons, rayons X, électricité, etc., ne sont, en réalité, comme nous le verrons que des phases diverses de la dématérialisation de la matière, c'est-à-dire de la transformation de l'énergie intra-atomique.

« Il semble, écrivait M. le professeur de Heen à propos de mes expériences, que nous nous trouvions vis-à-vis d'états qui, par degrés successifs, s'écartent de la matière en passant par les émissions cathodiques et par les rayons X pour se rapprocher de la substance qu'on a désignée sous le nom d'éther. Les recherches ultérieures de Gustave Le Bon ont pleinement justifié ses premières affirmations que tous ces effets sont sous la dépendance d'un mode d'énergie nouveau. Cette force nouvelle est aussi peu connue encore que l'était l'électricité avant Volta. Nous savons simplement qu'elle existe. »

Mais quelles que soient les interprétations que l'on puisse donner aux faits révélant la dissociation de la matière, ces faits sont incontestables et c'est seulement leur démonstration qui présente de l'importance.

Sur ces faits on est à peu près d'accord aujourd'hui. On l'est également sur l'identité des produits de la dissociation de la matière, quelle que soit la cause de cette dissociation.

Qu'ils soient engendrés par la cathode de l'ampoule de Crookes, par le rayonnement d'un métal sous l'action de la lumière, ou par le rayonnement de corps spontanément radio-actifs, tels que l'uranium, le thorium et le radium, etc., les effluves sont de même nature. Ils subissent la même déviation magnétique, le rapport de leur charge à leur masse est le même. Leur vitesse seule varie, mais elle est toujours immense.

On peut donc, quand on veut étudier la dissociation de la matière, choisir les corps pour lesquels le phénomène se manifeste de la façon la plus intense, soit, par exemple, l'ampoule de Crookes où un métal formant cathode est excité par le courant électrique d'une bobine d'induction, soit, plus simplement, des corps très radio-actifs tels que les sels de thorium ou de radium. Des corps quelconques dissociés par la lumière ou autrement donnent, d'ailleurs, les mêmes résultats, mais la dissociation étant beaucoup plus faible, l'observation des phénomènes est plus difficile.

CHAPITRE II

Les produits de la dématérialisation de la matière.

(Ions, électrons, rayons cathodiques, etc.)

---

§ 1. — CLASSIFICATION DES PRODUITS DE LA DÉMATÉRIALISATION DE LA MATIÈRE.

Nous avons exposé dans le précédent chapitre la
genèse des idées actuelles sur l'interprétation des
faits relatifs à la dissociation de la matière. Nous
allons étudier maintenant les caractères des produits
de cette dissociation. Pour ne pas compliquer un
sujet déjà fort obscur, j'accepterai sans les discuter
les théories présentement admises en me bornant à
tâcher de les préciser un peu et à réunir les choses
semblables désignées souvent par des mots très différents.

Nous avons dit que quels que soient le corps
dissocié et la méthode de dissociation employée, les
produits de cette dissociation sont toujours de même
nature. Qu'il s'agisse des émissions du radium, de
celles d'un métal quelconque sous l'influence de la
lumière, de celles produites par des réactions chimiques ou par la combustion, de celles qu'émet une
pointe électrisée, etc., les produits seront identiques,
comme il a été déjà dit, bien que leur quantité et leur
vitesse d'émission puissent être fort différentes.

Cette généralisation a mis longtemps à s'établir. Il était, par conséquent, naturel que des choses reconnues semblables plus tard, ayant d'abord été considérées comme différentes aient été désignées par des termes particuliers.

Il importe donc de nettement définir tout d'abord la valeur exacte des termes employés. Sans des définitions précises, aucune généralisation n'est possible. La nécessité de telles définitions se fait d'autant plus sentir que la plus grande confusion existe maintenant sur le sens de termes couramment employés.

On conçoit aisément qu'il en soit ainsi. Une science nouvelle enfante toujours une terminologie nouvelle. Cette science n'est même constituée que quand son langage est fixé. Les phénomènes récemment découverts devaient nécessairement amener la formation d'expressions spéciales traduisant à la fois les faits constatés et les théories que ces faits inspirent.

Mais, ces phénomènes ayant été examinés par des chercheurs divers, les mêmes mots ont reçu parfois des significations fort variées.

Souvent des mots anciens possédant un sens bien déterminé, ont servi à désigner des choses récemment découvertes. C'est ainsi, par exemple, qu'on emploie le même mot *ion* pour désigner les éléments séparés dans une dissolution saline, et ceux provenant de la dissociation des corps simples. Des physiciens, comme Lorenz, emploient indifféremment les termes ions et électrons qui, pour d'autres, indiquent des choses très distinctes. J.-J. Thomson qualifie de corpuscules les atomes électriques que Larmor et d'autres auteurs appellent électrons, etc.

En ne tenant compte que des faits révélés par l'expérience, et sans nous préoccuper des théories d'où les définitions dérivent, on constate que les produits divers de la dissociation de la matière actuellement connus peuvent se ranger dans les six classes suivantes : 1° *Emanations;* 2° *Ions négatifs;* 3° *Ions positifs;* 4° *Electrons;* 5° *Rayons cathodiques;* 6° *Rayons X et radiations analogues.*

§. 2. — CARACTÈRES DES ÉLÉMENTS
FOURNIS PAR LA DISSOCIATION DE LA MATIÈRE

L'Émanation. — Ce produit que nous étudierons plus longuement dans le chapitre consacré à l'étude des matières spontanément radio-actives est une substance demi-matérielle ayant quelques caractères d'un gaz mais capable de s'évanouir spontanément en particules électriques. Elle a été découverte par Rutherford dans le thorium et le radium. D'après les recherches de J.-J. Thomson, elle existe dans la plupart des corps ordinaires : l'eau, le sable, la pierre, l'argile, etc. On peut donc la considérer comme un des stades habituels de la dissociation de la matière.

Si nous venons de qualifier « l'émanation » de substance demi-matérielle, c'est parce qu'elle possède à la fois les propriétés des corps matériels et celle des corps qui ne le sont pas ou ont cessé de l'être. On peut la condenser, de même qu'un gaz, à la température de l'air liquide et voir, grâce à sa phosphorescence, comment elle se comporte. On peut la conserver pendant quelque temps dans un tube de verre scellé, mais elle s'en échappe bientôt en se transformant en particules électriques et cesse alors d'être matérielle. Ces particules électriques comprennent des ions positifs (rayons α de Rutherford) auxquels succèdent, au bout de quelque temps, des électrons (rayons β du même auteur), et des rayons X (rayons γ). Ces divers éléments seront étudiés plus loin.

Ramsay a constaté que l'émanation enfermée pendant quelque temps dans un tube présente le spectre de l'hélium qu'elle ne montrait pas tout d'abord, et il en conclut à la formation spontanée de ce gaz. L'hélium, qu'on suppose ainsi formé, parait s'évanouir spontanément ensuite. Il posséderait donc des propriétés totalement différentes de celles de l'hélium ordinaire qui, enfermé dans un tube, n'en disparaît jamais et ne subit aucune transformation. Il est d'autant plus difficile d'admettre cette transmutation supposée, déduite uniquement d'ailleurs de l'apparition de raies spectrales transitoires, que les atomes, d'après la grandeur de l'énergie qu'ils recèlent, doivent nécessiter des quantités énormes d'énergie pour se former.

Bien que « l'émanation » puisse produire des particules électriques par sa dissociation, elle n'est pas chargée d'électricité.

Les ions positifs et les ions négatifs. — Rappelons tout d'abord, pour l'intelligence de ce qui va suivre, que, d'après une théorie déjà ancienne, mais qui a pris une grande extension dans ces derniers temps, tous les atomes contiendraient des particules électriques de grandeur déterminée, dites électrons.

Supposons maintenant qu'un corps quelconque, un gaz par exemple, soit dissocié, c'est-à-dire ionisé comme on le dit. Selon les idées actuelles, il se formerait dans son sein des ions positifs et des ions négatifs suivant un processus comprenant les trois opérations suivantes :

1° L'atome primitivement neutre, c'est-à-dire composé d'éléments qui se neutralisent, perd quelques-uns de ses électrons négatifs ; 2° Ces électrons s'entourent, par attraction électrostatique, de quelques-unes des molécules neutres des gaz qui les entourent de même que les corps électrisés attirent les corps voisins. Cet ensemble d'électrons et de particules neutres forment l'*ion négatif* ; 3° L'atome ainsi privé d'une partie de ses électrons possède alors un excès de charge positive, il s'enveloppe à son tour d'un cortège de molécules neutres et forme l'*ion positif*.

Telle est — ramenée à ses points essentiels — la théorie actuelle que les recherches de nombreux expérimentateurs, de J.-J. Thomson particulièrement, ont fini par faire adopter malgré toutes les objections qu'elle soulève.

Les choses ne se passent d'ailleurs, comme il vient d'être dit, que dans un gaz à la pression ordinaire. Dans le vide, les électrons ne s'entourent pas d'un cortège de molécules matérielles ; ils restent à l'état d'électrons et peuvent prendre une grande vitesse. On n'observe donc pas dans le vide la formation d'ions négatifs. L'ion positif ne s'y entoure pas davantage de particules neutres, mais, étant composé de tout ce qui reste de l'atome, il est toujours volumineux, c'est pourquoi sa vitesse est relativement très faible.

Il peut arriver cependant, et c'est justement le cas de l'émission des corps radio-actifs, que les électrons négatifs soient expulsés de l'atome dans l'atmosphère, à la pression ordinaire, avec une vitesse trop grande pour que leur attraction sur les molécules neutres puissent s'exercer. Ils ne se transforment pas alors en ions, restent à l'état d'électrons et circulent aussi vite que ceux émis dans le vide. Ce sont eux qui constituent les rayons β de Rutherford.

Les ions positifs, malgré leur volume, seraient susceptibles également de prendre une vitesse très grande dans l'émission des corps radio-actifs. C'est là, du moins, le résultat des recherches de Rutherford qui admet que les rayons α — constituant 99 p. 100 de l'émission du radium — sont formés d'ions positifs lancés avec une vitesse égale au 1/10ᵉ de celle de la lumière. Ce point aurait besoin d'être élucidé par de nouvelles recherches.

Lorsque les facteurs pression et vitesse n'interviennent pas et que les ions négatifs et positifs se forment à la pression atmosphérique, ils ont à peu près le même volume. Ce n'est que quand ils naissent dans le vide, ou qu'ils sont émis avec une vitesse très grande que leurs dimensions diffèrent considérablement. Dans le vide, en effet l'électron — noyau de l'ion négatif — ne s'entoure pas, comme il a été dit plus haut, de molécules matérielles, et reste à l'état d'électron. Sa masse, d'après diverses mesures dont nous aurons à parler ailleurs, ne dépasse pas la millième partie de celle de l'atome d'hydrogène. Ce qui reste de l'atome privé d'une partie de ses électrons, c'est-à-dire l'ion positif, possède une masse à peu près égale à celle de l'atome d'hydrogène, et par conséquent mille fois supérieure à celle de l'électron.

Il faut donc, quand on parle des propriétés des ions, distinguer : 1° s'ils ont été formés dans un gaz à la pression ordinaire ; 2° s'ils ont pris naissance dans le vide ; 3° si, par une cause quelconque, ils ont été lancés dans l'espace avec une grande vitesse au moment de leur formation. Leurs propriétés varient nécessairement suivant ces divers cas, comme nous le verrons dans d'autres parties de ce travail.

Mais, dans tous ces cas divers, la structure générale des ions resterait la même. Leur noyau fondamental serait toujours formé d'électrons, c'est-à-dire d'atomes électriques.

Il est naturel d'admettre que les dimensions et les propriétés des ions formés dans un gaz à la pression ordinaire, diffèrent notablement de celles des électrons, puisqu'on suppose ces derniers dégagés de tout mélange matériel, mais il semble difficile, avec les théories actuelles, d'expliquer quelques-unes des propriétés des ions, notamment celles qu'on peut observer avec les gaz simples, corps faciles à ioniser par des moyens très divers. On constate alors qu'ils forment par leur ensemble un fluide tout à fait spécial dont les propriétés se rapprochent de celles d'un gaz, sans qu'il en possède toutefois la stabilité. Il peut circuler pendant quelque temps, avant de se détruire à travers un serpentin métallique relié à la terre, ce que ne pourrait jamais faire l'électricité. Il possède une notable inertie, comme le prouve sa faible mobilité. Un tel fluide a des propriétés trop particulières pour qu'on ne lui donne pas un nom; c'est pourquoi j'ai proposé celui de *fluide ionique*. Nous verrons qu'on peut, grâce à son inertie, le transformer en figures géométriques très régulières.

Nous verrons également dans la partie de cet ouvrage consacrée à nos expériences que si les ions possèdent des propriétés communes permettant de les classer dans la même famille, ils possèdent aussi certaines propriétés qui permettent de les différencier nettement.

Les électrons. — Les électrons ou atomes électriques, dénommés par J.-J. Thomson « corpuscules », sont, comme nous l'avons vu, le noyau de l'ion négatif. On les obtient dégagés de tout élément étranger, soit au moyen de l'ampoule de Crookes (ils prennent alors le nom de rayons cathodiques), soit au moyen des corps radio-actifs (on leur applique alors la désignation de rayons β). Mais, malgré ces différences d'origine, ils semblent posséder des propriétés semblables.

Une des plus frappantes propriétés des électrons — en dehors de celle d'engendrer des rayons X — est de passer à travers des lames métalliques sans perdre leur charge électrique, ce qui est contraire, je le répète, à une fondamentale propriété de l'électricité. Les décharges les plus violentes sont, comme on le sait, incapables de traverser une lame métallique reliée à la terre, si mince qu'on la suppose.

Ces électrons présumés être des atomes d'électricité pure ont une grandeur définie (et probablement aussi une rigidité considérable). Ils portent, quelle que soit leur origine, une charge électrique identique, ou peuvent au moins produire la neutralisation d'une quantité d'électricité qui est toujours la même.

Leur masse apparente, c'est-à-dire leur inertie, est, nous le verrons dans un autre chapitre, une fonction de leur vitesse. Elle devient très grande et même infinie quand cette vitesse approche de celle de la lumière. Leur masse réelle au repos — s'ils, en ont une — ne serait donc qu'une fraction de la masse apparente qu'ils possèdent en mouvement.

Les mesures de l'inertie des électrons n'ont porté que sur les électrons négatifs, les seuls qu'on puisse isoler entièrement de la matière. Elles n'ont pas été effectuées sur les ions positifs. Etant inséparables de la matière, ces derniers doivent en posséder la propriété essentielle, c'est-à-dire une masse constante indépendante de la vitesse.

Les électrons en mouvement se conduisent comme un courant électrique, puisqu'ils sont déviés par un champ magnétique.

Leur structure est beaucoup plus compliquée en réalité que semble l'indiquer le bref exposé qui précède. Sans entrer dans des détails, nous nous bornerons à dire qu'on les suppose constitués par des tourbillons d'éther analogues à des gyroscopes. Au repos, ils sont entourés de rayons rectilignes de lignes de force. En mouvement, ils s'environnent d'autres lignes de force circulaires — et non plus rectilignes — d'où résultent leurs propriétés magnétiques. S'ils sont ralentis ou arrêtés dans leur course, ils rayonnent des ondes hertziennes, de la lumière, etc. Nous reviendrons sur ces propriétés en résumant dans un autre chapitre les idées actuelles sur l'électricité.

Les rayons cathodiques. — Ainsi qu'il a été dit dans un précédent chapitre, les physiciens ont beaucoup

varié sur la nature des rayons cathodiques. On les
considère aujourd'hui comme composés d'électrons,
c'est-à-dire d'atomes d'électricité pure dégagés de tout
élément matériel.

On les obtient par des procédés divers, notamment
au moyen des substances radio-actives. La façon
la plus simple de les produire en grande quantité est
d'envoyer un courant d'induction dans un ballon de
verre muni d'électrodes, où l'on a fait le vide au mil
lionième d'atmosphère. Dès que la bobine fonctionne,
il sort de la cathode une gerbe de rayons dits cathodiques, déviables par un aimant.

Le bombardement produit par ces rayons a pour
conséquence des effets très énergiques, tels que la
fusion des métaux frappés. D'après leur action sur le
diamant, on a évalué à 3,500° la température qu'ils
peuvent engendrer.

Leur pouvoir de pénétration est assez faible, alors
que celui des rayons X, qui en dérivent, est, au contraire, très grand. Lenard qui, le premier, fît sortir
les rayons cathodiques de l'ampoule de Crookes,
avait employé, pour obturer l'orifice percé dans le
tube, une lame d'aluminium n'ayant que quelques
millièmes de millimètre d'épaisseur.

Une portion des particules électriques constituant
les rayons cathodiques est chargée d'électricité négative. L'autre — celle produite dans la région la plus
centrale de l'ampoule — est composée d'ions positifs.
On a nommé ces derniers « rayons canaux ». Rayons
cathodiques et rayons canaux de l'ampoule de Crookes
ont la même composition que les radiations α et β,
émises par les corps radio-actifs, tels que le radium
et le thorium.

Les rayons cathodiques jouissent de la propriété de
rendre l'air conducteur de l'électricité et de se transformer en rayons X dès qu'ils rencontrent un obstacle. Dans l'air ils se diffusent très vite, contraire-

ment aux rayons X qui ont une marche rigoureusement rectiligne. Lorsque Lenard fit sortir les rayons cathodiques d'un tube de Crookes à travers une lame de métal mince, il constata qu'ils formaient une houppe très diffuse ne s'étendant pas au delà de quelques centimètres. Dans les gaz très raréfiés on peut au contraire, au moyen d'un diaphragme, les limiter à un cône exempt de diffusion sur une longueur de 1 mètre.

Quel que soit le gaz introduit dans l'ampoule de Crookes avant d'y faire le vide, vide très relatif puisqu'il y reste encore des milliards de molécules, même quand la pression est réduite au millionième d'atmosphère, on constate que les rayons cathodiques qui se forment ont les mêmes propriétés et portent les mêmes charges électriques. J.-J. Thomson en a conclu que les atomes des corps les plus différents contiendraient les mêmes éléments.

Si, au lieu de l'ampoule de Crookes, on s'était servi d'une matière très radio-active, le thorium ou le radium, on aurait retrouvé la plupart des phénomènes précédents avec de simples variations quantitatives. On trouve, par exemple, plus de rayons chargés d'électricité négative dans les tubes de Crookes que dans les émanations du radium chargées surtout d'électricité positive ; mais la nature des phénomènes observés dans les deux cas reste identique.

Vitesse et charge électrique des particules cathodiques et radio-actives. — La mesure de la vitesse de la masse et de la charge électrique des particules dont sont formés les rayons cathodiques et l'émission des corps radio-actifs a, comme on vient de le dire, prouvé leur identité. Il faudrait un long chapitre pour exposer les méthodes diverses qui ont permis ces déterminations. On en trouvera les détails dans les mémoires de J.-J. Thomson, Rutherford, Wilson, etc. Je me bornerai ici à indiquer très sommairement le principe de ces méthodes.

En ce qui concerne la vitesse des particules qui est de l'ordre de celle de la lumière, il peut sembler fort difficile de mesurer la vitesse de corps se mouvant avec une telle rapidité. Cette mesure est cependant très simple.

Un étroit faisceau de radiations cathodiques obtenu par un moyen quelconque — avec l'ampoule de Crookes ou un corps radio-actif, par exemple — est dirigé sur un écran susceptible de phosphorescence. En le frappant, il y produit une petite tache lumineuse.

Ce faisceau de particules étant électrisé est déviable par un champ magnétique. On peut a. ɔ l'infléchir au moyen d'un aimant disposé de façon à ce que ses lignes de forces soient à angle droit de la direction des particules. Le déplacement de la tache lumineuse sur l'écran phosphorescent indique la déviation que fait subir aux particules un champ magnétique d'intensité connue. La force nécessaire pour dévier d'une certaine quantité un projectile de masse connue permettant de déterminer la vitesse de ce dernier, on conçoit que de la déviation des particules cathodiques il soit possible de déduire leur vitesse. Elle n'est guère inférieure au 1/10 de celle de la lumière, soit 30.000 kilomètres par seconde et atteint parfois les 9/10 de cette vitesse. Quand le pinceau de radiations contient des particules de vitesse différente, elles tracent une ligne plus ou moins longue sur l'écran phosphorescent au lieu de se manifester par un simple point et on peut ainsi calculer la vitesse de chacune d'elles.

Pour déterminer le nombre, la masse et la charge électrique — ou du moins le rapport $\dfrac{e}{m}$ de la charge à la masse — des particules cathodiques on opère de la façon suivante :

On commence d'abord par déterminer la charge électrique d'un nombre de particules inconnu contenu dans un volume de gaz connu. Une quantité de gaz déterminée contenant les particules radio-actives est enfermée entre deux plaques métalliques parallèles, l'une isolée, l'autre chargée positivement. Les particules positives sont repoussées vers la plaque isolée, les particules négatives attirées et leur charge peut être mesurée à l'électromètre.

Connaissant la charge totale des particules, la charge de chacune d'elles sera déterminée par une simple division quand on connaîtra leur nombre.

Plusieurs méthodes permettent de déterminer ce nombre. La plus simple, d'abord employée par J.-J. Thomson, est basée sur le fait que lorsqu'on introduit des particules cathodiques dans un réservoir contenant de la vapeur d'eau, chaque particule agit comme noyau de condensation de la vapeur et forme une goutte autour d'elle. Leur ensemble constitue un nuage de gouttelettes. Ces dernières sont beaucoup trop petites pour qu'on puisse les compter, mais on peut déduire leur nombre de leur vitesse de chute dans le récipient qui les contient, vitesse que la viscosité de l'air rend très lente.

Connaissant le nombre de goutelettes et par conséquent de particules cathodiques contenues dans un volume donné de vapeur d'eau ; connaissant, d'autre part la charge électrique de la totalité de ces particules, une simple division donne, comme je le disais plus haut, la charge électrique de chacune d'elles.

C'est en opérant comme il vient d'être dit qu'il a pu être démontré que la charge électrique des particules cathodiques était une grandeur constante quelle que fût leur origine (particules des corps radio-actifs, des métaux ordinaires frappés par la lumière, etc.)..

Leur charge électrique est représentée par environ 10^8.

La valeur de $\dfrac{e}{m}$ de l'ion d'hydrogène dans l'électrolyse des liquides étant seulement égale à 10^5, il s'ensuit que la masse de l'ion négatif dans les corps dissociés est la millième partie de celle de l'atome d'hydrogène le plus petit des atomes connus.

Les chiffres précédents ne s'appliquent qu'aux ions négatifs. Ce sont les seuls dont la grandeur soit constante pour tous les corps. Pour les ions positifs qui contiennent la plus grande partie de l'atome non dissocié leur charge varie naturellement suivant les corps. Leur dimension n'est jamais inférieure à celle de l'atome d'hydrogène.

Les rayons X. — Lorsque les rayons cathodiques, c'est-à-dire les électrons émis par un tube de Crookes ou par un corps radio-actif, rencontrent un obstacle, ils donnent naissance à des radiations spéciales nommées rayons X, quand elles proviennent de l'ampoule de Crookes, et rayons γ quand elles sont émises par un corps radio-actif.

Ces radiations se propagent en ligne droite et peuvent traverser d'épais obstacles. Elles ne se réfléchissent pas, ne se réfractent pas et ne se polarisent pas, ce qui les différencie absolument de la lumière. Elles ne sont pas déviées par un aimant, et par là se séparent nettement des rayons cathodiques, dont le pouvoir de pénétration est d'ailleurs infiniment plus faible.

Les rayons X ou γ possèdent la propriété de rendre l'air conducteur de l'électricité, par conséquent de dissiper les charges électriques. Ils rendent phosphorescentes diverses substances et impressionnent les plaques photographiques.

Lorsque les rayons X touchent un corps quelconque, ils provoquent la formation de rayons, dits secondaires, identiques aux rayons cathodiques, ce qui signifie simplement que les rayons X dérivés de la dissociation de la matière jouissent de la propriété de produire une nouvelle dissociation de la matière quand ils viennent à la frapper, propriété que les radiations lumineuses, celles de la région ultra-violette notamment, possèdent également.

C'est à peu près uniquement à la constatation de ces attributs que se borne ce que nous savons des rayons X, malgré les recherches de centaines de physiciens depuis leur découverte. Comme ils ne se rattachent à rien de connu, on ne peut les assimiler à rien.

On a essayé cependant de les relier à la lumière ultra-violette, dont ils ne différeraient que par l'extrême petitesse de leur longueur d'onde. Cette hypothèse semble bien peu soutenable. Sans parler de la vitesse que devraient avoir les rayons cathodiques pour imprimer à l'éther des vibrations correspondantes à celles de la lumière, et laissant de côté l'absence de polarisation et de réfraction que justifierait la petitesse des ondes supposées, n'est-il pas frappant de voir que plus on avance dans l'ultra-violet, et que par conséquent on se rapproche de la longueur d'onde supposée aux rayons X, plus les radiations deviennent peu pénétrantes. Dans la région extrême du spectre, elles finissent par ne plus pouvoir franchir les plus faibles obstacles. Pour l'extrême ultra-violet aux environs de $0^\mu,160$ à $0^\mu,100$ étudié récemment par Schumann et Lenard, 2 centimètres d'air sont opaques comme du plomb, une feuille de mica de 1 centième de millimètre d'épaisseur est également opaque. Or les rayons X supposés si voisins de cette région extrême de l'ultra-violet traversent, au contraire, tous les obstacles, y compris d'épaisses lames métalliques. S'ils ne produisaient pas de la fluorescence et des actions photographiques, on n'eût certainement jamais songé à les rapprocher de la lumière-ultra-violette.

L'impossibilité d'imprimer aux rayons X la déviation par un champ magnétique que subissent les rayons cathodiques les fait considérer comme n'ayant plus rien d'électrique, mais cette conclusion pourrait être aisément contestée. Supposons, en effet, que les rayons X soient constitués d'atomes électriques plus raffinés encore que les électrons négatifs ordinaires et que leur vitesse de propagation soit voisine de celle de la lumière. D'après les recherches que j'exposerai bientôt, des électrons doués d'une pareille vitesse auraient une masse infinie. Leur résistance au mouvement étant infinie, il est évident qu'ils ne pourraient pas être déviés par un champ magnétique, bien que formés d'éléments électriques.

Ce qui semble le plus évident maintenant c'est qu'il n'y a pas plus de raison de rattacher les rayons X à l'électricité qu'à la lumière. De telles assimilations sont filles de ces habitudes d'esprit qui nous conduisent à rapprocher les choses nouvelles des choses anciennement connues. Les rayons X représentent simplement une des manifestations de l'énergie intra-atomique libérée par la dissociation de la matière. Ils constituent une des étapes de l'évanouissement de la matière, une forme d'énergie ayant ses caractères particuliers et qu'il ne faut définir que par ses caractères, sans chercher à la faire rentrer dans le cadre des choses antérieurement classées. L'univers est plein de forces ignorées qui, de même que les rayons X aujourd'hui ou l'électricité, il y a un siècle, ont été seulement découvertes quand on a possédé des réactifs capables de les révéler. Si les corps phosphorescents et les plaques photographiques avaient été inconnus, l'existence des rayons X n'aurait pu être constatée. Les physiciens ont manié, pendant vingt-cinq ans, les tubes de Crookes d'où sortent avec abondance ces rayons sans les apercevoir.

S'il est probable que les rayons X ont leur siège dans l'éther, il semble certain qu'ils ne sont pas constitués par des vibrations analogues à celles de la lumière. Pour nous ils représentent l'extrême limite des choses matérielles, une des dernières étapes de l'évanouissement de la matière avant son retour à l'éther.

Ayant suffisamment décrit, d'après les idées actuelles, la constitution supposée des produits que donne la matière par sa dissociation, nous allons étudier maintenant les formes diverses de cette dissociation et montrer que nous retrouverons toujours les éléments qui viennent d'être énumérés.

CHAPITRE III

La dématérialisation des corps très radio-actifs. Uranium, Thorium, Radium, etc.

§ I. — LES PRODUITS DE LA DÉMATÉRIALISATION DES CORPS TRÈS RADIO-ACTIFS.

Nous allons relater dans ce chapitre, les recherches effectuées sur les corps très radio-actifs, c'est-à-dire se dissociant spontanément d'une façon rapide. Les plus importants sont l'uranium, le thorium et le radium.

Dans les produits de leur dématérialisation, nous retrouverons ce que donne un corps quelconque dissocié par un moyen quelconque, mais les produits émis seront en quantité beaucoup plus considérable. Sous des noms différents, nous reverrons toujours l'émanation, les ions, les électrons et les rayons X.

Il ne faudrait pas croire que ces substances représentent toutes les étapes de la dématérialisation de la matière. Celles dont l'existence est connue ne sont que des fragments d'une série probablement très longue.

Si nous retrouvons toujours les mêmes éléments dans les produits de tous les corps soumis à la dissociation, c'est que les réactifs dont on fait actuellement usage n'étant sensibles qu'à certaines substances ne peuvent naturellement en révéler d'autres. Quand nous découvrirons des réactifs différents, nous constaterons sûrement l'existence d'autres éléments.

Le très grand intérêt des substances spontanément radio-actives, c'est qu'elles émettent en quantité considérable des éléments que les autres corps ne produisent qu'en quantité beaucoup plus faible. Grossissant ainsi un phénomène général, elles permettent de mieux l'étudier en ses détails.

Dans ce chapitre, nous ne ferons qu'exposer les recherches faites sur les corps éminemment radio-actifs le thorium et le radium notamment. C'est un sujet très neuf encore et c'est pourquoi les résultats obtenus présenteront beaucoup de contradictions et d'incertitudes. Leur importance est cependant capitale.

Rutherford qui a très

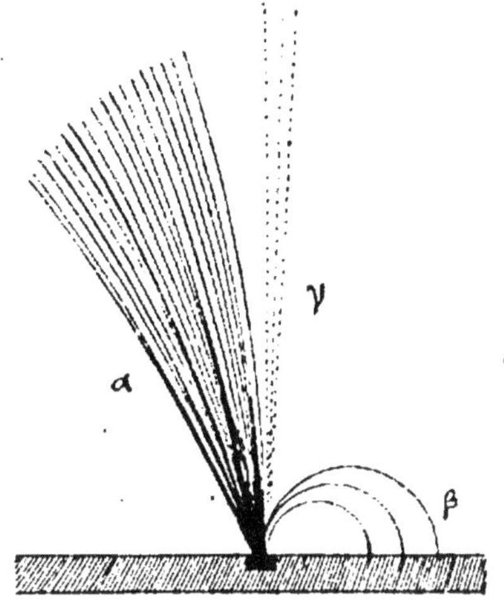

FIG. 3.

Les trois ordres de radiations émises par un corps radio-actif séparées par l'action d'un champ magnétique.

On voit à gauche les radiations α (ou ions positifs) qui forment 99 % de l'ensemble des radiations ; à droite les rayons β (ou électrons négatifs) et au centre, n'ayant subi aucune déviation par le champ magnétique les rayons γ ou rayons X. Ce mode de représentation est emprunté à Rutherford et Curie, mais on a modifié entièrement le rapport entre les diverses radiations, de façon à bien montrer que les rayons α forment la grande majorité du rayonnement. Les figures publiées jusqu'ici indiquaient précisément le contraire.

complètement étudié les corps radio-actifs et découvert avec Curie la presque totalité des faits les concernant, a désigné leurs radiations par les lettres α, β et γ, indications adoptées aujourd'hui. Mais, sous ces nouvelles appellations, on retrouve exactement les produits que nous avons décrits. Les radiations α se composent d'ions positifs, les radiations β d'électrons identiques à ceux qui constituent les rayons cathodiques, les radiations γ sont semblables aux rayons X. Ces trois espèces de radiations sont très nettement indiquées dans le schéma représenté fig. 3.

A ces radiations diverses se joint, comme phénomène primitif, d'après Rutherford, l'émission d'une substance demi-matérielle nommée par lui émanation. Elle ne possède aucune charge électrique mais subirait des stades postérieurs de dissociation qui la transformeraient en particules α et β.

Examinons maintenant les propriétés des produits que nous venons d'énumérer. Nous n'aurons le plus souvent qu'à répéter ou compléter ce que nous avons précédemment dit dans un autre chapitre.

§ 2. — LES RAYONS α OU IONS POSITIFS.

Les rayons α sont constitués par des ions positifs. Ils sont déviés par un champ magnétique intense, mais en sens inverse des rayons β. Le rayon de courbure de leur déviation est 1.000 fois plus grand que celui des particules β.

Les particules α forment 99 % du total de la radiation du radium. Elles rendent l'air conducteur de l'électricité. Leur action sur la plaque photographique est presque nulle et leur force de pénétration très faible, puisqu'elles sont arrêtées par une simple feuille de papier. Ce mince pouvoir de pénétration permet de les séparer facilement des autres radiations pour lesquelles le papier n'est pas un obstacle.

Rutherford admet, d'après divers calculs, que les particules α auraient une masse voisine de celle de l'atome d'hydrogène et une charge semblable. Leur vitesse déduite du degré de leur déviation par un champ magnétique d'intensité connue, serait le 1/10 de celle de la lumière.

La quantité de ces particules varie suivant les corps. Pour l'uranium et le thorium, elle serait pour un gramme de 70.000 par seconde et pour le radium de 100 milliards. Cette émission pourrait durer sans interruption pendant plusieurs centaines d'années.

L'émission de particules α, ou ions positifs, serait, avec la production de l'émanation, le phénomène fondamental de la radio-activité. L'émission des particules β et celle des rayons γ, qui, à elles deux, forment à peine 1 °/₀ de l'émission totale, représenterait un stade de dissociation plus avancée des atomes radio-actifs.

En frappant les corps phosphorescents, les particules α les rendent lumineux. C'est sur cette propriété qu'est fondé le spinthariscope, instrument qui rend visible la dissociation permanente de la matière. Il consiste simplement en un écran de sulfure de zinc, au-dessus duquel se trouve une petite tige de métal dont l'extrémité a été trempée dans une solution de chlorure de radium. En regardant l'écran à la loupe, on voit jaillir sans interruption une pluie de petites étincelles produite par le choc des particules α, et cette émission pourra durer pendant des siècles, ce qui montre l'extrême petitesse des particules provenant de la désagrégation des atomes. Si l'émission est visible, c'est, comme le dit Crookes, parce que « chaque particule est rendue apparente uniquement par l'énorme degré de perturbation latérale produite par son choc sur la surface sensible, de même que des gouttes de pluie tombant dans l'eau produisent des rides qui dépassent leur diamètre ». J'ai réussi, en utilisant certaines variétés de sulfures phosphorescents, à fabriquer des écrans permettant d'observer le phénomène de la dissociation, non seulement avec des sels de radium, mais encore avec diverses substances, le thorium et l'uranium notamment[1].

11.

L'extrême vitesse des particules α semble bien difficile à expliquer. Cette vitesse se comprendrait assez pour les rayons β composés d'atomes d'électricité pure et qui, possédant sans doute une inertie très faible, peuvent prendre sous l'influence de forces minimes une vitesse très grande; mais pour les particules α, dont la dimension semble identique à celle de l'atome d'hydrogène, une vitesse de 30.000 kilomètres par seconde semble bien difficilement explicable et je crois que, sur ce point, les expériences de Rutherford et de ses élèves auraient besoin d'être reprises.

Il n'est guère supposable, d'ailleurs, que ces vitesses se produisent instantanément. Elles ne se comprennent que dans l'hypothèse où les particules des atomes seraient comparables à de petits systèmes planétaires animés de vitesses énormes. Ils garderaient leur vitesse en sortant de leur orbite comme le fait une pierre lancée par une fronde. La vitesse de rotation invisible des éléments de l'atome serait donc simplement transformée par sa dissociation en vitesse de projection visible ou du moins accessible à nos instruments.

§ 3. — LES RAYONS β OU ÉLECTRONS NÉGATIFS

Les rayons β sont considérés comme composés d'électrons identiques à ceux des rayons cathodiques. Ils seraient donc formés d'atomes électriques négatifs dégagés de toute matière. Leur masse serait comme celle des particules cathodiques, la 1.000ᵉ partie de

---

ensuite le côté enduit de matière phosphorescente sur le corps à examiner et on observe l'autre face du verre avec une loupe. Tous les minéraux d'urane et de thorium, et même un simple manchon de lampe à incandescence, donnent une scintillation lumineuse indiquant la dissociation de la matière; mais il est nécessaire, pour l'observer que l'œil ait été rendu sensible par un séjour préalable d'un quart d'heure dans l'obscurité.

celle de l'atome d'hydrogène. Leur vitesse varierait entre 33 % et 96 % de celle de la lumière.

Ils sont émis en proportion beaucoup plus faible que celle des particules α puisqu'ils forment à peine 1 % du total de la radiation. Ce sont eux qui produisent les impressions photographiques.

Leur puissance de pénétration est considérable. Alors que les rayons α sont arrêtés par une feuille de papier ordinaire, les rayons β traversent plusieurs millimètres d'aluminium. C'est probablement en raison de leur grande vitesse qu'ils sont beaucoup plus pénétrants que les rayons cathodiques du tube de Crookes capables seulement de traverser des feuilles d'aluminium de quelques millièmes de millimètres d'épaisseur.

Ils rendent immédiatement lumineux les corps susceptibles de phosphorescence en les frappant alors même qu'ils en sont séparés par une mince lame d'aluminium. La phosphorescence est très vive avec le platino-cyanure de baryum et les variétés de diamant — d'ailleurs assez rares — capables de phosphorescence[1].

Les particules β semblent assez complexes, comme le prouve la vitesse différente des éléments qui les composent. On se rend compte aisément de cette inégalité de vitesse par l'étendue de l'impression photographique qu'elles produisent lorsqu'elles sont soumises à l'action d'un champ magnétique. On constate également en recouvrant la plaque photo-

---

1. C'est même sur cette propriété que je me base pour mesurer l'intensité des divers échantillons de radium que j'ai eu occasion d'étudier. Quand le tube contenant un sel de radium rend le diamant phosphorescent à travers une mince lame d'aluminium on peut considérer ce sel comme très actif. Seuls les diamants du Brésil, et jamais ceux du Cap, peuvent être utilisés pour cette expérience. Les premiers, en effet, sont susceptibles de phosphorescence par la lumière et les seconds ne le sont pas. Je l'ai constaté dans des expériences qui ont porté sur plusieurs centaines d'échantillons et dont le détail est donné dans mon mémoire sur la phosphorescence.

graphique d'écrans d'épaisseurs différentes que les diverses particules α possèdent des pouvoirs de pénétration différents. Il est donc fort probable qu'elles représentent des stades très divers de dissociation de la matière que nous ne savons pas encore séparer.

§ 4. — LES RAYONS γ OU RAYONS X.

A côté des radiations α et β chargées, les premières d'électricité positive, les secondes d'électricité négative, les corps radio-actifs émettent en proportion extrêmement faible (moins de 1 %) des radiations γ tout à fait analogues, par leurs propriétés, aux rayons X, mais possédant un pouvoir de pénétration supérieur, puisqu'elles peuvent traverser plusieurs centimètres d'acier. Cette propriété permet de les séparer facilement des radiations α et β, arrêtées par une lame de plomb de quelques millimètres d'épaisseur.

On est d'ailleurs assez peu renseigné sur leur nature et si on les dit analogues aux rayons X, c'est uniquement parce qu'elles ne sont pas déviées par un champ magnétique et possèdent un grand pouvoir de pénétration.

Ce qui complique singulièrement l'étude des émissions précédentes (α, β et γ), c'est qu'aucune ne peut toucher un corps gazeux ou solide sans provoquer immédiatement, — en raison sans doute de l'ébranlement produit par leur énorme vitesse, — une dissociation d'où résulte la production de rayons dits secondaires analogues par leurs propriétés aux rayons primitifs, mais moins intenses. Ces radiations secondaires impressionnent également les plaques photographiques, rendent l'air conducteur de l'électricité et sont déviées par un champ magnétique. Elles peuvent produire par leur choc des rayons tertiaires jouissant des mêmes propriétés, et ainsi de suite. Ce sont les rayons secondaires fournis par les rayons γ qui sont les plus actifs. Une impression photographique à travers une plaque métallique est parfois accrue par l'interposition de cette plaque, parce que les rayons secondaires viennent alors superposer leurs effets à celui des rayons primitifs.

§ 5. — ÉMANATION DEMI-MATÉRIELLE PROVENANT DES CORPS RADIO-ACTIFS.

Une des plus curieuses propriétés des corps radio-actifs, comme d'ailleurs de tous les corps, est d'émettre sans cesse un produit non électrisé, désigné sous le nom d'émanation, par Rutherford. Cette émanation représente les premiers stades de la dissociation de la matière, et, en se désagrégeant elle-même, engendre les émissions de particules étudiées dans le précédent paragraphe. C'est à elle encore que serait due la propriété de rendre radio-actifs les corps placés dans le voisinage du radium.

L'émanation a été étudiée surtout sur le radium et le thorium. L'uranium n'en donne pas assez pour que les réactifs puissent le révéler. Il est, cependant, très probable qu'il en dégage, contrairement à ce que croit Rutherford, puisque, d'après les recherches récentes de J.-J. Thomson, la plupart des corps de la nature, l'eau, le sable, etc., en produisent.

On retire l'émanation des corps radio-actifs, soit en les dissolvant dans un liquide quelconque introduit dans un ballon communiquant avec un tube fermé, soit en les chauffant au rouge dans un appareil analogue. L'émanation qui se dégage dans le tube le rend phosphorescent par sa présence, ce qui permet de voir comment elle se comporte.

On peut condenser l'émanation au moyen du froid

produit par l'air liquide. La condensation est révélée par la localisation de la phosphorescence, mais il n'apparaît aucune substance susceptible d'être appréciée par la balance.

A la température ordinaire, les corps radio-actifs à l'état solide émettent de l'émanation, mais le centième seulement de la quantité émise à l'état de solution. En introduisant du sulfure de zinc dans un ballon communiquant par un tube avec un autre ballon contenant une solution de chlorure de radium, le dégagement de l'émanation rend le sulfure phosphorescent.

Le radium chauffé perd la plus grande partie de son activité par suite de la grande quantité d'émanation qui s'en dégage, mais il la reprend en totalité en une vingtaine de jours. La même perte se manifeste si on fait bouillir une solution de ce sel.

Après qu'on a chauffé au rouge le chlorure de radium solide ou qu'on a fait bouillir longtemps sa solution, il conserve encore le quart de son activité primitive, mais cette activité est due alors uniquement à des particules α, comme on le constate par la faible pénétration des rayons émis qui ne peuvent plus traverser une feuille de papier. Ce n'est qu'au bout d'un temps assez long qu'apparaissent de nouveau les particules β, capables de traverser des métaux.

L'activité de l'émanation se perd assez vite. La rapidité de cette perte varie suivant les corps. Celle de l'actinium se détruit en quelques secondes, celle du thorium en quelques minutes, celle du radium au bout de trois semaines seulement, mais elle est déjà réduite de moitié en quatre jours.

Suivant Rutherford, le radium ou le thorium, pourrait produire diverses sortes d'émanations. Il en compte déjà quatre ou cinq pour ce dernier. La première engendre la seconde, et ainsi de suite. Elles

représentent sans sans doute des stades successifs
de la dématérialisation de la matière.

C'est à l'émanation que seraient dus les trois quarts
de la chaleur produite constamment par le radium et
qui maintient sa température à 3° ou 4° au-dessus de
celle du milieu ambiant. Si on prive en effet le radium
de son émanation en le chauffant, il n'émet plus que
le quart de la chaleur qu'il émettait d'abord.

Il résulte, comme je l'ai dit déjà, des expériences
de Ramsay, que si on abandonne plusieurs jours
dans un tube de l'émanation du radium, on peut y
observer les raies spectrales de l'hélium qui ne s'y
rencontraient pas tout d'abord.

Avant de tirer trop de conclusions de cette transformation, il faut remarquer d'abord que l'hélium est
un gaz qui accompagne tous les minéraux radio-actifs,
c'est même de ces corps qu'on l'a retiré pour la première fois. Ce gaz n'entre dans aucune combinaison,
il est le seul qu'on n'ait pu encore liquéfier et il se
conserve indéfiniment dans les tubes où il est enfermé.
Celui dérivé du radium serait un hélium très spécial,
puisqu'il paraît posséder la propriété de s'évanouir
spontanément. Son unique ressemblance avec l'hélium
ordinaire résiderait dans la présence momentanée de
quelques raies spectrales. Il me semble donc bien difficile d'admettre la transformation du radium en hélium.

Rutherford considère l'émanation comme un gaz
matériel, parce qu'elle se diffuse et se condense à la façon des gaz. Sans doute, l'émanation a des propriétés
communes avec les corps matériels, mais ne diffère-t-
elle pas singulièrement de ces derniers par sa propriété de s'évanouir en quelques jours, même enfermée dans un tube scellé, en se transformant en
particules électriques? C'est ici surtout que se montre
l'utilité de la notion, que nous avons cherché à établir, d'un intermédiaire entre le matériel et l'immatériel, c'est-à-dire entre la matière et l'éther.

L'émanation des corps radio-actifs représente, suivant nous, une de ces substances intermédiaires. Elle est matérielle en partie, puisqu'on peut la condenser, la dissoudre dans certains acides et la retrouver par évaporation. Elle n'est qu'incomplètement matérielle, puisqu'elle finit par disparaître entièrement en se transformant en particules électriques.

Cette transformation qui se fait, même dans un tube de verre scellé, a été mise en évidence par les expériences de Rutherford. Il a montré qu'en disparaissant l'émanation donne d'abord naissance à des particules α et, plus tard seulement à des particules β et à des radiations γ.

Pour prouver que l'émanation du radium ou du thorium n'engendre d'abord que des particules positives α, on l'introduit dans un cylindre de cuivre de $0^{mm},05$ d'épaisseur qui retient toutes les particules α, mais permet aux particules β et aux rayons γ de passer. En déterminant, à intervalles réguliers, la radiation extérieure du cylindre, au moyen d'un électroscope, on constate que ce n'est qu'au bout de trois ou quatre heures qu'apparaissent les particules β. Les particules α se montrent, au contraire de suite, comme le prouve leur action sur un électroscope en relation avec l'intérieur du cylindre.

Rutherford conclut de ses expériences que « l'émanation » n'émet d'abord que des rayons α qui ne donneraient naissance à des rayons β et γ qu'en arrivant au contact des parois des récipients contenant l'émanation. On peut admettre à la rigueur que les particules α puissent engendrer des particules β par leur choc, mais on conçoit difficilement, d'après tout ce que nous savons en électricité, une émission de particules uniquement positives sans qu'une charge négative exactement égale se produise en même temps.

Quoi qu'il en soit si la théorie précédente est exacte

l'émanation, en disparaissant, fournirait d'abord des ions positifs, relativement volumineux, puis des électrons négatifs, qui le sont mille fois moins, et enfin des radiations γ.

Cette émanation, qui produit une si grande quantité de particules électriques, est-elle électrisée elle-même ? En aucune façon. Rutherford le dit sommairement, mais ce point important a été très clairement mis en évidence par les recherches du professeur Mac Clelland. « Ce fait, dit-il, que l'émanation ne porte aucune charge a une importance significative au point de vue de notre conception de la manière suivant laquelle l'atome du radium se détruit. L'atome du radium produit assurément des particules α chargées positivement. Mais les particules de l'émanation ne peuvent être ce qui reste de l'atome, après l'émission des particules α, parce que, dans ce cas, elles seraient chargées négativement. » Il résulte de ces expériences et des observations que j'ai faites précédemment, que tout ce qui concerne les particules α, formant les 99 % de l'émission des corps radioactifs, est à revoir entièrement.

§ C. — LA RADIO-ACTIVITÉ INDUITE.

C'est l'émanation qui, en se dégageant et en projetant ses particules désagrégées à la surface des corps, produirait la radio-activité dite induite. Ce phénomène consiste en ceci, que toutes les substances placées dans le voisinage d'un composé radio-actif deviennent momentanément radio-actives. Elles ne le deviennent pas si le sel activant est enfermé dans un tube de verre.

Les rayons β et γ seraient seuls capables de produire la radio-activité induite. Les particules α ne la posséderaient pas.

La radio-activité, artificiellement provoquée sur tous les corps, ne disparaît qu'après un temps assez long.

Tous les gaz ou les métaux, placés dans le voisinage d'une substance radio-active ou sur lesquels on insuffle, au moyen d'un long tube, l'émanation qui s'en dégage, deviennent momentanément radio-actifs. Si on admet que la radio-activité est engendrée par un dégagement de particules électriques, il faut reconnaître que ces particules, capables d'être entraînées par l'air et de se fixer aux corps comme une poussière, possèdent des propriétés singulièrement différentes de celles de l'électricité ordinaire. Rutherford a constaté que les émanations du thorium peuvent traverser de l'eau et de l'acide sulfurique sans perdre leur activité. Si on expose un fil métallique chargé d'électricité négative aux émanations du thorium, il devient radio-actif; si on traite ce fil par de l'acide sulfurique, et qu'on évapore ensuite le résidu, on constate que ce dernier est encore radio-actif. On ne voit vraiment pas comment de l'électricité pourrait subir un pareil traitement.

La radio-activité induite communiquée à une substance inactive peut être beaucoup plus intense que celle des corps radio-actifs d'où elle émane. Lorsque dans une enceinte contenant de l'émanation d'un corps radio-actif, du thorium, par exemple, on introduit une lame de métal chargée d'électricité négative à un haut potentiel, toutes les particules émises par le thorium se concentrent sur elle, et, d'après Rutherford, cette lame devient dix mille fois plus active, à égalité de surface, que le thorium lui-même. Si la lame de métal est chargée positivement, elle ne devient pas radio-active. Ces faits ne sont, pas plus que les précédents, explicables avec la théorie actuelle.

Si un métal, rendu artificiellement radio-actif, est chauffé au rouge blanc il perd sa radio-activité qui se répand sur les corps voisins. Ici encore, nous voyons les atomes dits électriques se conduire d'une bien étrange façon.

Le phénomène de la radio-activité induite est donc tout à fait inexplicable avec les idées actuelles sur les particules électriques. Il est inadmissible que de telles particules déposées sur un métal puissent rester pendant des semaines à l'état d'atomes électriques et être entraînées par des réactifs. Il semblerait, d'après les expériences de M. Curie, que du bismuth, plongé dans une solution de bromure de radium et soigneusement lavé ensuite, resterait radio-actif pendant au moins trois ans. Cette radio-activité persisterait même après un traitement chimique énergique. Peut-on considérer comme vraisemblable que des particules électriques se comportent d'une telle façon ? Et, puisqu'elles agissent si différemment de l'électricité, comment est-il possible, ainsi que je l'ai répété tant de fois, de persister à leur appliquer le terme d'atomes électriques ?

Je ferai remarquer, à propos de la radio-activité induite, que certaines formes d'énergie peuvent être emmagasinées dans les corps pendant un temps très long et se dépenser fort lentement. Dans mes anciennes expériences sur la phosphorescence, j'ai constaté que du sulfure de calcium, exposé au soleil durant quelques secondes, rayonne pendant dix-huit mois de la lumière invisible, comme le prouve la possibilité de photographier l'objet insolé à la chambre noire, dans l'obscurité la plus complète. Au bout de dix-huit mois, il ne rayonne plus rien, mais garde encore une charge résiduelle qui persiste indéfiniment et qu'on peut rendre visible en faisant tomber à la surface du corps des rayons infra-rouges invisibles.

On a comparé un corps radio-actif à un aimant qui garde toujours son aimantation et peut, sans s'affaiblir, aimanter d'autres corps.

La comparaison est peu fondée, car l'aimant n'est pas le siège d'une émission constante de particules dans l'espace. On pourrait cependant l'utiliser pour expliquer grossièrement le phénomène de la radio-activité induite, qui peut se ramener à ce fait qu'un corps radio-actif communique ses propriétés à un corps voisin, comme l'aimant donne de l'aimantation aux fragments de fer situés dans son voisinage. Si les molécules de l'air étaient magnétiques — elles le sont d'ailleurs un peu — un aimant les aimanterait, et, elles-mêmes pourraient en aimanter d'autres. Si elles conservaient leur aimantation, on aurait un gaz qui, de même que l'émanation des corps radio-actifs, serait capable de circuler dans des tubes, et persister à la surface d'un métal sans perdre ses propriétés.

De tout ce qui précède, une vue d'ensemble se dégage nettement et elle confirme ce qui a été dit, au commencement de ce chapitre, que les stades de dissociation de la matière doivent être extrêmement nombreux et que nous en connaissons encore très peu. Sans pouvoir les isoler, nous sommes au moins certain qu'ils existent puisque l'inégale déviation des particules β par un aimant prouve nettement qu'elles sont composées d'éléments différents. Nous savons également que dans le produit demi-matériel, désigné en bloc sous le nom d'émanation, on constate déjà quatre ou cinq stades très divers de dissociation de la matière.

Les mêmes expériences confirment également cette autre vue, que la matière, en se dissociant, émet des produits de plus en plus subtils, de plus en plus dématérialisés, qui conduisent progressivement à l'éther. L'ion positif est encore très chargé de matière. Les électrons négatifs se rapprochent davantage de l'éther. Ils représentent eux-mêmes des stades variés de dissociation puisque leur inégale déviation par un même champ magnétique prouve qu'ils sont composés d'éléments divers. Finalement, on arrive aux radiations γ qu'aucun obstacle n'arrête plus, qu'aucune attraction magnétique ne peut dévier et qui semblent constituer l'une des dernières phases de la dissociation de la matière avant son retour final à l'éther.

CHAPITRE IV

La dématérialisation des corps ordinaires.

§ I. — CAUSES DIVERSES DE LA DÉMATÉRIALISATION DE LA MATIÈRE. MÉTHODES EMPLOYÉES POUR LA CONSTATER.

Plusieurs années se sont écoulées depuis que j'ai prouvé que la dissociation de la matière qu'on observe dans les corps dits radio-actifs, tels que l'uranium et le radium, était, contrairement aux idées alors reçues, une propriété de tous les corps de la nature, susceptible de se manifester sous l'influence des causes les plus diverses, et même spontanément. La radio-activité spontanée de quelques corps, comme l'uranium et le thorium, qui a tant surpris les physiciens, est en réalité un phénomène universel, une propriété fondamentale de la matière.

Dans un travail récent[1], le professeur J.-J. Thomson a repris la question et réussi à montrer l'existence de la radio-activité dans la plupart des corps, l'eau, le sable, l'argile, la brique, etc. Il en a retiré une « émanation » qui se produit d'une façon continue, analogue à celle extraite par Rutherford du radium, et jouissant des mêmes propriétés de radio-activité.

Ces expériences confirment toutes celles que j'avais

---

1. *On the presence of radio active matter in ordinary substances.* (Procedings of the Cambridge philosophical Society, avril 1904, p. 391.

déjà publiées sur la dissociation spontanée de la matière, mais elles ne prouvent nullement, comme le croient Elster et Geitel, qu'il y ait du radium partout. C'était la seule explication à laquelle pouvaient se rattacher les derniers partisans de la doctrine de l'indestructibilité de la matière. Admettre que les atomes de deux ou trois corps exceptionnels peuvent se dissocier est moins gênant que reconnaître qu'il s'agit d'un phénomène absolument général.

Nos expériences ôtent d'ailleurs toute vraisemblance à de telles explications. Quand nous réussissons à faire varier énormément la radio-activité d'un corps par certaines réactions chimiques, lorsque nous rendons très radio-actifs par leur mélange des corps tels que l'étain et le mercure qui, séparément, ne le sont pas, est-il vraiment possible d'imaginer que le radium soit pour quelque chose dans l'apparition de la radio-activité alors observée ?

Ce n'est que grâce à des expériences longues et minutieuses que j'ai pu établir l'universalité de la dissociation de la matière. Elles seront exposées dans la seconde partie de cet ouvrage. On n'indiquera dans ce chapitre que le résumé des résultats obtenus.

Sur quels phénomènes peut-on s'appuyer pour démontrer la dissociation de la matière ordinaire ?

Exactement sur ceux qui prouvent la dissociation des corps particulièrement radio-actifs, tels que le radium et le thorium, c'est-à-dire sur la production de particules émises avec une immense vitesse, capables de rendre l'air conducteur de l'électricité et d'être déviées par un champ magnétique.

Il existe d'autres caractères accessoires : impressions photographiques, production de phosphorescence et de fluorescence, etc., par les particules émises, mais ils sont d'une importance secondaire. Les 99 °/₀ de l'émission du radium se composent d'ailleurs de particules sans action sur la plaque

photographique et il existe des corps radio-actifs
tels que le polonium, qui n'émettent que des radiations semblables.

Le plus important parmi les caractères énumérés
plus haut est l'émission de particules pouvant rendre
l'air conducteur de l'électricité et par conséquent
décharger à distance un électroscope. Il a été exclusivement utilisé pour isoler le radium. C'est donc à
lui que nous aurons principalement recours.

La possibilité de dévier ces particules par un
champ magnétique constitue ensuite le phénomène
le plus caractéristique. Il a permis d'établir d'une
façon indiscutable l'identité entre les particules émises
par les corps doués de radio-activité, spontanée ou
provoquée, et les rayons cathodiques de l'ampoule
de Crookes. C'est le degré de déviation de ces particules par un champ magnétique qui a permis de
mesurer leur vitesse.

§ 2. — DISSOCIATION DE LA MATIÈRE PAR LA LUMIÈRE.

Ce fut en étudiant attentivement l'action de la
lumière sur les métaux et en constatant l'analogie
des effluves qu'ils émettaient avec les rayons cathodiques que je fus conduit à découvrir l'universalité
de la dissociation de la matière.

On verra dans la partie expérimentale de cet ouvrage
que la technique des expériences démontrant la dissociation des corps sous l'influence de la lumière est
assez simple, puisqu'elle se résume à envoyer sur un
électroscope chargé positivement les effluves de matière dissociée qu'émet une lame métallique frappée
par la lumière. Ces effluves ne sont pas produits
uniquement par les métaux, mais par la plupart des
corps. Pour quelques-uns, l'émission peut, à surface égale, être 40 fois plus considérable que celle

produite par certains corps spontanément radio-actifs tels que le thorium et l'uranium.

On a contesté pendant longtemps la composition de ces effluves que j'affirmais être de la nature des rayons cathodiques et des radiations émises par les corps radio-actifs, mais aujourd'hui aucun physicien ne nie cette identité.

Les effluves produits sous l'action de la lumière rendent, comme les rayons cathodiques, l'air conducteur de l'électricité, ils sont également déviables par un aimant. La charge électrique des particules qui les composent, mesurée par J.-J. Thomson, a été trouvée égale à celle des particules cathodiques.

Nous montrerons dans la partie expérimentale de cet ouvrage que les diverses parties du spectre possèdent un pouvoir de dissociation très différent et que la résistance des divers corps à la dissociation par la lumière est fort inégale. L'ultra-violet est la région la plus active. Dans les régions extrêmes de l'ultra-violet produites par des étincelles électriques, régions qui n'existent pas dans le spectre solaire — parce que l'atmosphère les absorbe — on constate que tous les corps se dissocient avec une rapidité beaucoup plus grande qu'à la lumière ordinaire. Dans cette partie du spectre, des corps qui, ainsi que l'or et l'acier, ne sont pas influencés sensiblement par la lumière solaire, émettent des effluves en quantité assez abondante pour décharger presque instantanément l'électroscope. Si la terre n'était pas protégée de l'ultra-violet solaire extrême par son atmosphère, la vie, dans ses conditions actuelles, serait probablement impossible à sa surface.

La lumière solaire ne jouit pas de la propriété de dissocier les molécules des gaz. Celles-ci ne peuvent l'être que par les radiations tout à fait extrêmes de l'ultra-violet. Si, comme cela est probable, ces radiations existent dans le spectre solaire avant leur

absorption par l'enveloppe atmosphérique, une dissociation énergique des gaz de l'air doit se produire sur
les confins de notre atmosphère. Cette cause a dû
contribuer dans la suite des âges à priver certains
astres comme la lune de leur atmosphère.

§ 3. — DISSOCIATION DE LA MATIÈRE PAR LES RÉACTIONS CHIMIQUES.

Nous arrivons ici à une des parties les plus
curieuses et les plus imprévues de nos recherches.
Persuadés du caractère général des phénomènes que
nous avions constatés, nous nous sommes demandé
si les réactions chimiques n'engendreraient pas des
effluves analogues à ceux produits par la lumière sur
les corps, effluves possédant toujours ce caractère
commun de dissiper les charges électriques. L'expérience a pleinement vérifié cette hypothèse.

C'était là un fait absolument insoupçonné. On
savait depuis fort longtemps, puisque l'observation
remonte à Laplace et à Lavoisier, que l'hydrogène
préparé par l'action du fer sur l'acide sulfurique était
électrisé. Ce fait aurait dû d'autant plus frapper les
physiciens que l'électrisation directe d'un gaz est
impossible. Un gaz laissé indéfiniment en contact
avec un plateau métallique chargé d'électricité
ne s'électrise jamais. Si l'air pouvait s'électriser
il ne serait plus isolant, un électroscope ne pourrait
garder aucune charge et la plupart des phénomènes
de l'électricité nous seraient encore inconnus. Mais ce
fait d'une importance si grande, puisqu'il contenait
la preuve, alors cachée, que la matière n'est pas indestructible, était passé complètement inaperçu.

Les phénomènes les plus frappants n'attirent guère
notre attention que lorsqu'ils sont illuminés par
d'autres phénomènes ou qu'une grande généralisation
capable de les expliquer oblige à les regarder d'un peu

près. Si dans l'expérience de Lavoisier, que je viens de rappeler, l'hydrogène fut trouvé électrisé, c'était uniquement parce que les atomes de ce corps avaient subi un commencement de dissociation. Il est curieux de constater que la première expérience dont on pouvait déduire que la matière est périssable a eu précisément pour auteur le savant illustre dont le plus grand titre de gloire est d'avoir cherché à prouver que la matière est indestructible.

Les expériences réunies à la fin de cet ouvrage prouvent qu'un grand nombre de réactions chimiques, accompagnées ou non d'un dégagement de gaz, produisent des effluves analogues aux rayons cathodiques et révélant par conséquent une destruction sans retour de la matière pendant les réactions.

Parmi ces réactions, je me bornerai à mentionner : la décomposition de l'eau par le zinc et l'acide sulfurique ou simplement par l'amalgame de sodium, la formation d'acétylène au moyen du carbure de calcium, la formation d'oxygène par décomposition de l'eau oxygénée au moyen du bioxyde de manganèse, l'hydratation du sulfate de quinine.

En ce qui concerne le sulfate de quinine il présente des phénomènes fort curieux. Ce corps, on le savait depuis longtemps, devient phosphorescent par l'action de la chaleur, mais ce qu'on ne savait pas du tout, c'est que, lorsqu'il a perdu sa phosphorescence, en le chauffant suffisamment, il redevient vivement lumineux par le refroidissement et radio-actif. Après avoir recherché la cause de sa phosphorescence par refroidissement, et prouvé qu'elle était due à une hydratation très légère, j'ai constaté que, par suite de cette hydratation, le corps devient radio-actif pendant quelques minutes. Ce fut le premier exemple que je découvris de dissociation de la matière, c'est-à-dire de radio-activité par réactions chimiques, et il me conduisit à en trouver beaucoup d'autres.

Rutherford a fait vérifier mes résultats relatifs au sulfate de quinine par un de ses élèves qui leur a consacré un mémoire. Ce travail, fort bien fait, a été publié par la *Physical Review*. Rutherford en a adopté et reproduit les conclusions dans son grand ouvrage sur la radio-activité.

L'auteur a constaté, comme moi, que l'air devenait conducteur de l'électricité et que le phénomène était bien produit, ainsi que je l'avais dit, par hydratation du sulfate de quinine, mais il croit que la radio-activité est due alors à une réaction chimique ou « à une sorte de lumière ultra-violette » engendrée par la phosphorescence.

Que la radio-activité soit due à une réaction chimique, c'est justement ce que j'avais voulu démontrer ; qu'elle soit due à de la lumière ultra-violette est impossible, pour cette raison que la phosphorescence persiste beaucoup plus longtemps que la radio-activité, ce qui n'aurait pas lieu si cette dernière était la conséquence de la lumière produite par la phosphorescence.

Rutherford croit que les radiations ainsi produites diffèrent de celles des corps radio-actifs parce que, dit-il, elles sont peu pénétrantes. Il n'ignore pas, cependant, que cette pénétration ne prouve rien, puisque, suivant lui, les 99 °/₀ de l'émission du radium sont arrêtés par une mince feuille de papier et que certains corps très radio-actifs, tels que le polonium, émettent uniquement des radiations ne possédant aucune pénétration. Je crois qu'en écrivant ce qui précède, l'éminent physicien était encore sous l'influence de l'idée, très répandue d'abord, que la radio-activité était l'apanage exclusif d'un petit nombre de corps exceptionnels.

§ 4. — DISSOCIATION DE LA MATIÈRE PAR LES ACTIONS ÉLECTRIQUES

Certaines actions électriques extrêmement intenses, par exemple des étincelles d'induction de 50 centimètres de longueur entre lesquelles est placé le corps à expérimenter, exercent bien une légère action, c'est-à-dire rendent un peu radio-actifs les corps soumis à leur influence ; mais l'effet est beaucoup plus faible que celui produit par un simple rayon de lumière ou par la chaleur.

Il n'est pas très étonnant qu'il en soit ainsi. L'électricité, ainsi que je le montrerai bientôt, est un produit de la dissociation de la matière. Elle pourrait assurément engendrer, comme les rayons cathodiques ou les émissions radio-actives, des radiations secondaires sur les corps frappés, mais les ions auxquels elle donne naissance dans l'air ont une trop faible vitesse pour pouvoir produire beaucoup d'effet.

Sans doute on sait, d'après les expériences d'Elster et Geitel, qu'un fil électrisé à haut potentiel acquiert une radio-activité temporaire, mais on peut alors supposer que le fil, par suite de son électrisation, ne fait qu'attirer les ions existant toujours dans l'atmosphère.

C'est en poursuivant l'étude de la radio-activité provoquée par l'électricité, que j'ai été conduit à réaliser l'expérience dont il sera parlé ailleurs, permettant d'obliger les particules de matière dissociée à traverser visiblement, sans déviation, des lames minces de verre ou d'ébonite.

§ 5. — DISSOCIATION DE LA MATIÈRE PAR LA COMBUSTION

Si de faibles réactions chimiques, telle qu'une simple hydratation, peuvent provoquer la dissociation de la matière, on conçoit que les phénomènes de combustion qui constituent de puissantes réactions chimiques, doivent réaliser le maximum de la dissociation. C'est ce qu'on observe en effet. Un corps qui brûle est une source intense de rayons cathodiques analogues à ceux qu'émet un corps radio-actif, mais ne possédant pas, en raison de leur faible vitesse, une grande pénétration.

Depuis un siècle au moins on savait que les gaz des flammes déchargent les corps électrisés. Branly avait montré que même refroidis les gaz conservent cette propriété. Tous ces faits restaient sans interprétation et on ne soupçonnait guère qu'en eux résidait une des preuves de la dissociation des atomes.

C'est cependant la conclusion à laquelle on devait arriver. Elle a été nettement confirmée par les recherches récentes de J.-J. Thomson. Il a montré qu'un simple fil de métal ou de charbon porté au rouge blanc — par exemple, le fil de carbone d'une lampe à incandescence — est une source puissante et indéfinie d'électrons et d'ions, c'est-à-dire de particules identiques à celles des corps radio-actifs. Il l'a prouvé en constatant que le rapport de leur charge à leur masse était le même. « Nous sommes donc conduit à cette conclusion, dit-il, que d'un métal incandescent ou d'un fil de charbon chauffé sont projetés des électrons. » Leur quantité est énorme, fait-il remarquer, car la quantité d'électricité que peuvent neutraliser ces particules correspond à plusieurs ampères par centimètre carré de surface. Nul corps radio-actif ne pourrait produire des électrons en telle proportion. Si on considère que le spectre du soleil indique la présence de beaucoup de carbone dans sa photosphère, il en résulte que cet astre doit émettre une masse énorme d'électrons, qui, en frappant les couches supérieures de notre atmosphère, produisent peut-être les aurores boréales en raison de leur propriété de rendre phosphorescents les gaz raréfiés. Cette observation cadre parfaitement avec notre théorie de l'entretien de la chaleur du soleil par la dissociation de la matière qui le compose.

§ 6. — DISSOCIATION DE LA MATIÈRE PAR LA CHALEUR

Une chaleur très inférieure à celle produite par la combustion, c'est-à-dire ne dépassant pas 300°, est suffisante à provoquer la dissociation de la matière. Mais ici le phénomène est assez compliqué et son explication nous a demandé de très longues recherches.

C'est qu'en réalité la chaleur ne parait pas agir alors comme agent de dissociation. Nous montrerons dans le chapitre consacré à nos expériences qu'elle agit comme si le métal contenait une provision limitée d'une substance analogue à l'émanation des matières radio-actives qu'il émettrait sous l'influence de la chaleur et ne récupérerait ensuite que par le repos. C'est pour cette raison que quand un métal a été rendu radio-actif par une légère chaleur, il perd bientôt toute trace de radio-activité et ne la reprend qu'après plusieurs jours. C'est du reste de la même façon que se conduisent, en réalité, les corps radio-actifs, mais en raison de leur activité beaucoup plus grande que celle des corps ordinaires, ce qu'ils perdent constamment se reconstitue à mesure de la perte, à moins qu'on ne les chauffe au rouge. Dans ce cas, la perte ne se compense qu'au bout d'un certain temps.

Lorsque j'ai publié ces expériences J.-J. Thomson n'avait pas encore fait connaître ses recherches prouvant que presque tous les corps de la nature contiennent une émanation comparable à celle des corps radio-actifs, tels que le radium et le thorium. Ses observations confirment les miennes pleinement.

§ 7. — DISSOCIATION SPONTANÉE DE LA MATIÈRE

Mes expériences auxquelles je viens de faire allusion prouvent que la plupart des corps contiennent une provision de matière radio-active qui peut être expulsée par une légère chaleur et se reconstitue spontanément ; ces corps sont donc, comme les substances radio-actives ordinaires, soumis à une dissociation spontanée. Elle est d'ailleurs extrêmement lente.

Dans les expériences précédentes cette dissociation spontanée n'a pu être mise en évidence que par une légère chaleur. On peut cependant, à l'aide d'artifices divers, par exemple en repliant le métal sur lui-même, de façon à en faire un cylindre fermé, laisser se former en son intérieur des produits radio-actifs dont on constate ensuite la présence par l'électroscope, mais le corps expérimenté cesse bientôt d'être actif.

Il n'a pas pour cela épuisé toute sa provision de radio-activité ; il a simplement perdu ce qu'il peut émettre à la température sous laquelle on opère. Mais, de même qu'à l'égard des corps phosphorescents ou des matières radio-actives, il suffit de le chauffer un peu pour qu'il produise une émission plus considérable d'effluves actifs.

Les recherches que je viens de résumer prouvent que tous les corps de la nature sont radio-actifs et que cette radio-activité n'est en aucune façon une propriété particulière à un petit nombre de corps.

Toute matière tend donc spontanément vers la dissociation. Cette dernière est le plus souvent minime, parce qu'elle est empêchée par l'action de forces antagonistes. Ce n'est qu'exceptionnellement, et sous diverses influences telles que la lumière, la combustion, les réactions chimiques, etc., capables de lutter contre ces forces, que la dissociation atteint une certaine intensité.

Ayant prouvé par les expériences qui viennent d'être résumées et dont on trouvera le détail à la fin de ce volume que la dissociation de la matière est un phénomène général, nous sommes fondés à dire que la doctrine de l'invariabilité du poids des atomes sur lequel toute la chimie moderne est basée n'est qu'une trompeuse apparence résultant uniquement du défaut de sensibilité des balances. Il suffirait qu'elles fussent suffisamment sensibles pour que toutes nos lois chimiques fussent considérées comme de simples approximations. Avec des instruments précis nous constaterions, dans une foule de circonstances, et, en particulier, pendant les réactions chimiques, que l'atome perd une partie de son poids. Il nous est donc permis d'affirmer, contrairement au principe posé comme base de la chimie par Lavoisier, que : *on ne retrouve pas dans une combinaison chimique le poids total des corps employés pour produire cette combinaison.*

§ 8. — ROLE DE LA DISSOCIATION DE LA MATIÈRE DANS LES PHÉNOMÈNES NATURELS.

Nous venons de voir que des causes très diverses et agissant d'une façon continuelle, telles que la lumière, peuvent dissocier la matière et la transforment finalement en éléments ne possédant plus aucune des propriétés de la matière et ne pouvant plus redevenir de la matière.

Cette dissociation qui s'accomplit depuis l'origine des âges a dû jouer un grand rôle dans les phénomènes naturels. Elle est probablement l'origine de l'électricité atmosphérique.

Elle est sans doute aussi celle des nuages, et par conséquent des pluies qui exercent un si grand rôle sur les climats. Une des propriétés caractéristiques des émissions radio-actives est de condenser la vapeur d'eau, propriété que possèdent d'ailleurs toutes les poussières et qu'on démontre par une expérience connue depuis longtemps. Un ballon plein d'eau en ébullition est mis en communication par des tubes de verre avec deux autres ballons, l'un rempli d'air ordinaire pris dans un appartement, l'autre plein du même air dépouillé de ses poussières par simple filtration, à travers de la ouate. On constate alors que la vapeur arrivant dans le ballon contenant de l'air non dépouillé de poussières se condense immédiatement en un épais brouillard, alors que la vapeur arrivant dans le ballon contenant de l'air pur ne se condense pas.

Nous voyons combien s'accroît l'importance du phénomène de la dissociation de la matière à mesure que nous poursuivons son étude. Son universalité s'étend chaque jour, et l'heure n'est pas loin, je crois, où elle sera considérée comme l'origine d'un grand nombre de phénomènes observés à la surface de notre planète.

Mais ce ne sont pas là les plus importants des phénomènes dus à la dissociation de la matière. Nous avons déjà montré qu'elle était la source de la chaleur solaire et nous verrons bientôt qu'elle est l'origine de l'électricité.

CHAPITRE V

Les équilibres artificiels des éléments provenant de la dématérialisation de la matière.

Nous verrons dans un prochain chapitre que les particules qui s'échappent d'une pointe électrisée en rapport avec un des pôles d'une machine électrique en mouvement sont composés d'ions et d'électrons ayant la même composition que les particules de matière dissociée émises par les corps radio-actifs ou par un tube de Crookes. Elles rendent également l'air conducteur de l'électricité et sont déviées par un champ magnétique.

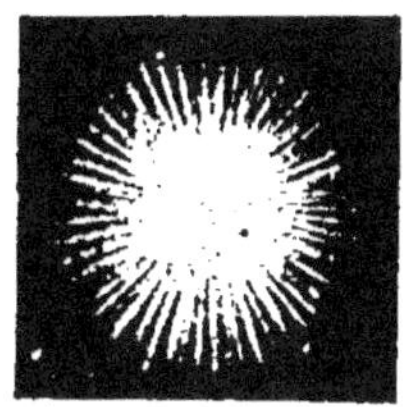

Fig. 4.
Rayonnement de particules de matière dissociée non soumises à des attractions ou à des répulsions.

Si donc nous voulons étudier les équilibres dont sont susceptibles les éléments de matière dissociée nous pouvons remplacer un corps radio-actif par une pointe électrisée en rapport avec un des pôles d'une machine électrique.

Fig. 5.
Attractions de particules de matière dissociée chargée d'électricité positive et négative.

Ces particules sont soumises aux lois des attractions et répulsions qui régissent tous les phénomènes électriques. En utilisant ces lois nous pourrons obtenir à volonté les équilibres les plus variés.

De tels équilibres ne pourront être maintenus qu'un instant. Si nous pouvions les fixer pour toujours, c'est-à-dire de façon à ce qu'ils puissent survivre à la cause génératrice, nous réussirions à créer avec des particules immatérielles quelque chose qui ressemblerait singulièrement à de la matière. La quantité énorme d'énergie condensée dans l'atome montre l'impossibilité de réaliser une telle expérience.

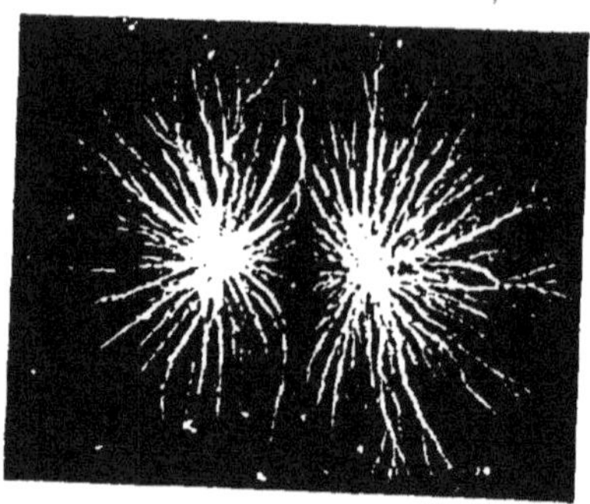

FIG. 6.
Répulsion de particules de matière dissociée émises par deux pointes et se mouvant suivant la direction des lignes de force.

Mais si nous ne pouvons pas réaliser avec des choses immatérielles des équilibres pouvant survivre à la cause qui les a fait naître, nous pouvons au moins les maintenir un temps suffisant pour les photographier et créer ainsi une sorte de matérialisation momentanée.

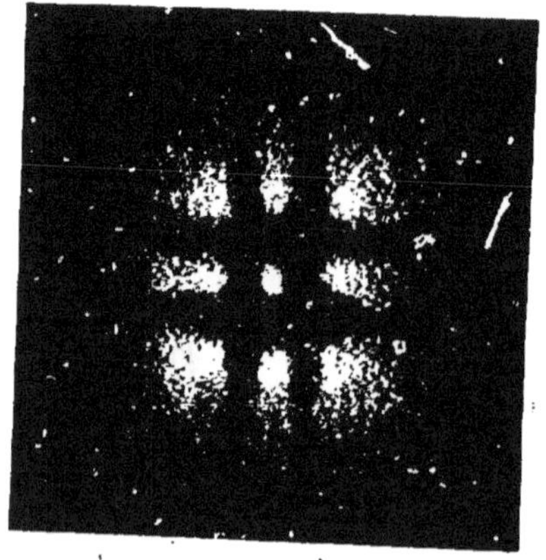

FIG. 7.
Répulsion de particules de matière dissociée émises par plusieurs pointes.

En utilisant uniquement les lois dont nous parlions plus haut, nous avons réussi à grouper les particules de matière dissociée, de façon à donner à leur groupement toutes les formes possibles : lignes droites ou courbes, prismes, cellules, etc., que nous avons fixées ensuite par la photographie.

Dans les figures 8 à 11 nous voyons des figures droites et courbes produites par les répulsions exercées entre particules de matière dissociée ayant

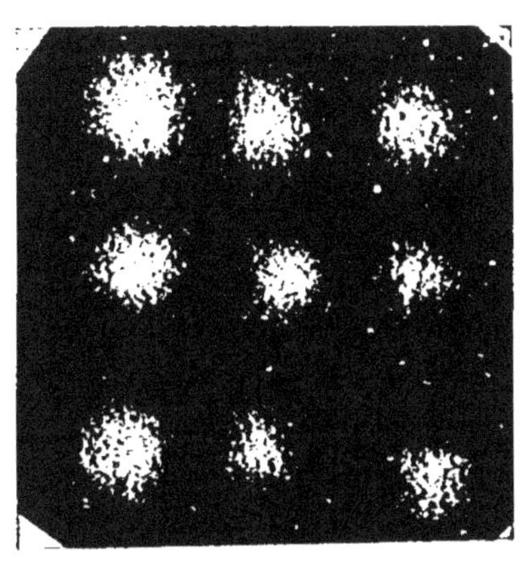

Fig. 8.

Fig. 9.

Fig. 10.

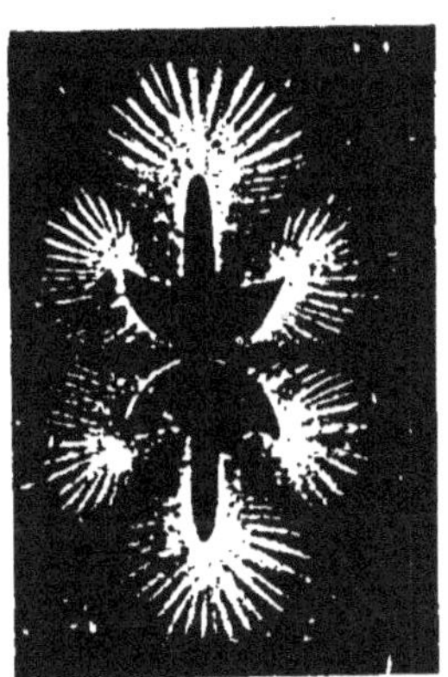

Fig. 11.

Figures diverses obtenues en obligeant les particules de matière dissociée à se mouvoir et à se repousser suivant certaines directions.

des charges électriques de même signe. Dès que ces particules sont suffisamment rapprochées, elles se repoussent et n'arrivent pas à se toucher, comme le montrent les lignes noires qui les séparent, et le raccourcissement considérable du rayonnement du côté où les particules sont en présence. En multipliant les décharges, au moyen d'un système de fines aiguilles, on arrive aux formes régulières des figures 12 à 15.

Les formes polygonales, représentées dans quelques-unes de nos photographies, ne sont pas, bien entendu, la reproduction d'images planes, mais bien de formes possédant trois dimensions, dont la photographie ne peut évidemment donner que la projection. Ce sont donc bien des figures dans l'espace que nous avons obtenues en maintenant momentanément, dans l'équilibre que nous leur imposions, des particules de matière dissociée.

Les particules qui formèrent le modèle des images ici reproduites, ne se composent pas uniquement d'électrons. D'après les idées actuelles, on doit les considérer comme constituées par des atomes électriques entourés d'un cortège de particules matérielles. Elles sont donc formées de ces ions que nous avons étudiés dans un précédent chapitre. Mais le noyau de ces derniers est constitué par ces atomes électriques que produit la dématérialisation de la matière.

Parmi les formes d'équilibre diverses que nous pouvons faire prendre aux particules de matière dissociée, il en est une, la forme globulaire, dont la théorie n'est pas établie encore, car les attractions et répulsions ne suffisent pas à l'expliquer. Il est vraisemblable que les atomes électriques doivent s'y trouver dans un état d'équilibre tourbillonnaire spécial. Cet équilibre, quoique encore momentané, est cependant beaucoup plus stable que dans les expériences précédentes.

L'électricité sous cette forme a été observée pendant plusieurs orages, mais assez rarement pour qu'on se soit cru fondé pendant longtemps à nier son existence. Elle se présente alors sous l'aspect de globes brillants, pouvant atteindre la grosseur d'une tête d'enfant. Ils circulent lentement et finissent par éclater bruyamment, comme un obus, en produisant de grands ravages. L'énergie qui y est enfermée est donc considérable, et j'invoque volontiers cet exemple pour faire comprendre ce que peut être de l'énergie

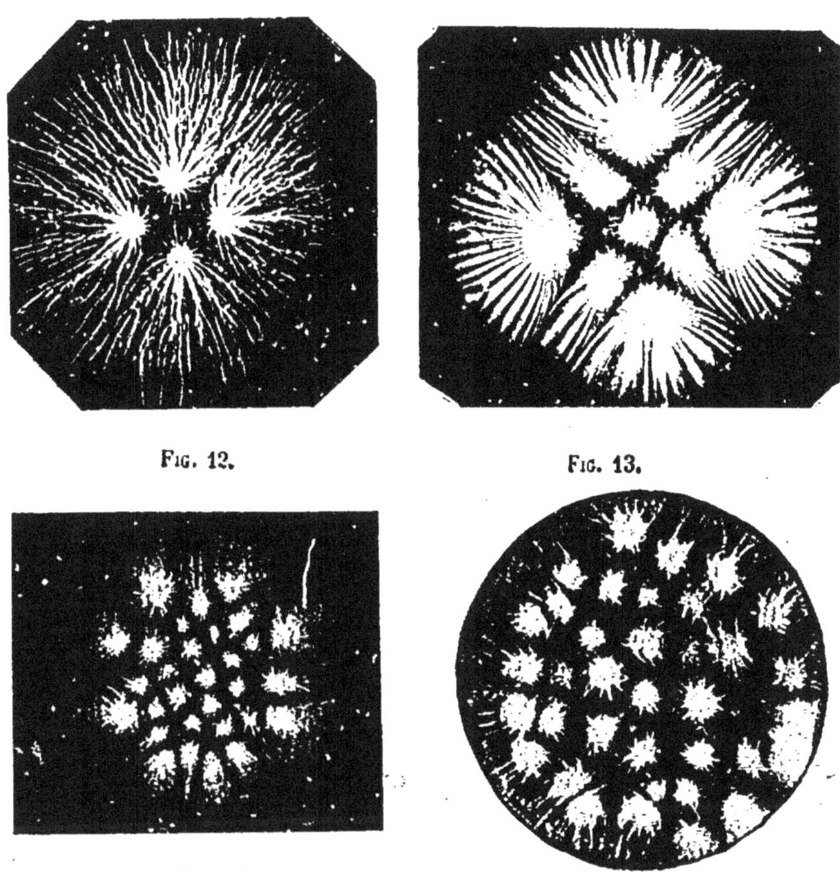

Fig. 12.   Fig. 13.

Fig. 14.   Fig. 15.

Matérialisations apparentes produites dans l'espace en utilisant les répulsions des particules de matière dissociée. — Dans la figure 12, on voit comment se font les répulsions entre particules sorties de quatre pointes électrisées voisines. Dans les figures 13, 14 et 15, on a multiplié le nombre des pointes et on est arrivé finalement à créer dans l'espace des figures dont les photographies représentent les projections et dont quelques-unes rappellent, par leurs formes, les cellules des êtres vivants.

condensée dans un état d'équilibre doué de stabilité, au moins momentanée.

Nous ne pouvons espérer engendrer dans nos

laboratoires des phénomènes d'une telle intensité, mais nous pouvons les reproduire sur une petite échelle.

On obtient de petites sphères lumineuses imitant la foudre globulaire par diverses méthodes. Celle de M. Leduc permet de les former avec une grande facilité. Il suffit de placer sur une plaque photographique, à quelques centimètres l'une de l'autre, deux tiges très fines en relation chacune avec l'un des pôles d'une machine statique. Il sort bientôt de la tige reliée au pôle négatif de petites sphères lumineuses de 1 millimètre environ de diamètre apparent qui se dirigent très lentement vers l'autre tige et s'évanouissent en la touchant.

Mais, avec cette façon d'opérer, on peut toujours supposer l'existence d'une forme particulière d'effluves agissant entre les deux pôles. J'ai donc cherché à obtenir l'electricité en boule avec un seul pôle. J'y ai réussi par un procédé très simple: Une tige d'un demi-centimètre environ de diamètre, terminée par une aiguille, dont on appuie la pointe sur une plaque couverte de gélatiro-bromure d'argent, est reliée au pôle négatif d'une machine de Wimshurst. L'autre pôle est mis à la terre. La machine étant en mouvement, on voit bientôt se détacher de la pointe de l'aiguille une ou plusieurs boules lumineuses qui cheminent lentement et disparaissent brusquement après un parcours de quelques centimètres, en laissant sur la plaque la trace de leur trajet.

Si, au lieu d'employer une grosse tige terminée par une aiguille, on se servait d'une tige fine, on n'obtiendrait pas la formation de sphères lumineuses. Le phénomène semble se passer, — bien que probablement il se produise tout autrement, — comme si l'électricité de la grosse tige s'accumulait à la pointe de l'aiguille à la façon d'une goutte de liquide.

Il est difficile de préciser le rôle du gélatino-bromure de la plaque photographique dans ces expériences. Sa présence facilite le résultat, mais est-elle indispensable ? Quelques auteurs disent avoir obtenu l'électricité en boule avec de simples lames de verre ou de mica, mais je n'ai pas réussi à les produire de cette manière.

Quoi qu'il en soit, les sphères lumineuses formées par un des procédés que j'ai indiqués, jouissent de propriétés très singulières et notamment d'une stabilité considérable. On peut les toucher et les changer de place avec une lame métallique sans les décharger[1]. Un champ magnétique — au moins celui d'intensité assez faible dont je disposais — est sans action sur elles. Si ces sphères ne sont constituées que d'ions agglomérés, ces derniers doivent s'y trouver dans un état très spécial. Leur stabilité ne peut résulter que de mouvements tourbillonnaires extrêmement rapides, analogues à ceux du giroscope qui, on le sait, ne doit son équilibre qu'au mouvement de rotation dont il est animé.

Dans les expériences précédentes, nous avons réalisé avec des particules de matière dissociée ces figures géométriques d'une stabilité momentanée et ne survivant guère à la cause qui les engendrait; mais il est possible de maintenir pour un temps assez long certaines formes du fluide électrique sur une surface et de lui faire prendre la forme de figures géométriques planes à contours arrêtés.

---

1. Dans un cas de foudre globulaire observé à *Autun*, cité dans les *Comptes Rendus de l'Académie des Sciences* du 29 août 1904, M. Roche rapporte que le globe de feu, après avoir parcouru 500 mètres en arrachant les portes et rasant trois gros corps de cheminées, a occasionné une très forte commotion sur la sous-préfecture surmontée d'un paratonnerre. Le narrateur en tire cette conclusion : « Il semble donc que le paratonnerre soit sans action sur la foudre globulaire ». Ce dernier fait est à rapprocher de l'impossibilité constatée dans nos expériences de décharger un globule électrique en le touchant avec un corps métallique.

En parlant des propriétés des gaz ionisés, nous avons qualifié de fluide ionique le fluide que les particules ionisées constituent par leur ensemble. Grâce à son inertie, il est aisé, en suivant la méthode indiquée par M. le professeur de Heen, de le transformer en figures géométriques régulières possédant une certaine fixité. L'expérience est très simple. On prend un grand plateau carré de colophane de 30 à 40 centimètres de côté et on commence par l'électriser en promenant sa surface sur un des pôles d'une machine électrique en mouvement. On expose ensuite plusieurs secondes la face électrisée de ce plateau à quelque distance de deux sources d'ionisation, par exemple deux brûleurs de Bunsen, placés à 5 ou 6 centimètres l'un de l'autre. Les ions partis de ces sources arrivent au contact du plateau, repoussent l'électricité, puis, quand ils sont en présence, s'arrêtent et forment une ligne droite

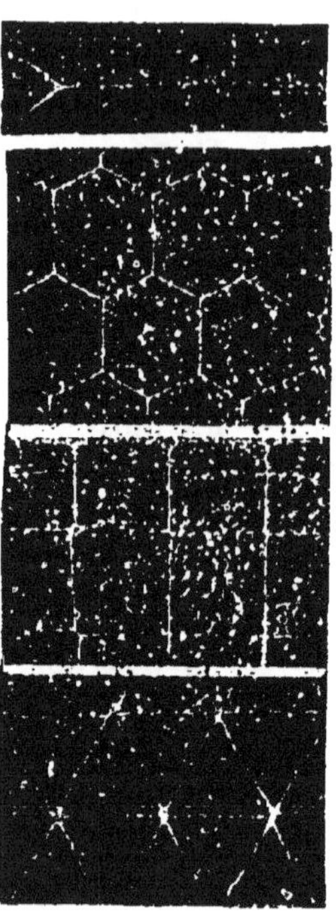

Fig. 16 à 19. — *Photographies de figures géométriques obtenues par le fluide ionique localisé sur des plateaux de colophane.*

(fig. 16). On rend visible cette ligne invisible en saupoudrant le plateau de soufre en poudre avec un tamis. En secouant ensuite légèrement le plateau, il ne reste à sa surface que la ligne droite tracée par le fluide ionique.

Si, au lieu de deux brûleurs, on en dispose un certain nombre formant les sommets de figures géométriques, on obtient sur le plateau des images variées : triangles, hexagones, etc., aussi réguliers que si on les avait tracés avec une règle (fig. 17 à 19). Il est évident qu'avec un gaz ordinaire, nous ne pourrions rien produire de pareil, puisqu'en se diffusant dans l'atmosphère, il s'échapperait hors du plateau.

Dans les diverses expériences précédemment énumérées, nous avons matérialisé, cristallisé en quelque sorte, pour un instant, ce fluide si immatériel en apparence, composé de la réunion des éléments provenant de la dissociation de la matière. Nous pouvons entrevoir maintenant comment, avec des équilibres plus compliqués et surtout avec les forces colossales dont elle dispose, la nature a pu créer ces éléments stables qui constituent les atomes matériels. En évoluant vers l'état de matière, l'éther a dû passer sans doute par des phases intermédiaires d'équilibre analogues à celles indiquées dans ce chapitre et aussi par des formes diverses dont nous ignorons l'histoire.

CHAPITRE VI

Comment, malgré sa stabilité, la matière peut se dissocier.

---

§ 1. — LES CAUSES SUSCEPTIBLES DE MODIFIER LES ÉDIFICES MOLÉCULAIRES ET ATOMIQUES

La première objection qui vient à l'esprit d'un chimiste auquel on expose la théorie de la dissociation de la matière est celle-ci : comment des corps aussi stables que les atomes et qui paraissent résister aux réactions les plus violentes, puisqu'on retrouve toujours leur poids invariable, peuvent-ils se dissocier, soit spontanément, soit sous des influences aussi légères qu'un rayon de lumière à peine capable d'influencer un thermomètre ?

Dire, comme nous le soutenons, que la matière est un réservoir considérable de forces, montre simplement qu'il n'est pas besoin de rechercher au dehors l'origine de l'énergie dépensée pendant la dissociation, mais cela n'explique nullement comment l'énergie intra-atomique condensée sous une forme évidemment très stable peut s'affranchir des liens qui la maintiennent. La doctrine de l'énergie intra-atomique ne fournit donc pas de réponse à la question qui vient d'être posée. Elle ne saurait dire pourquoi l'atome, qui est, au moins en apparence, la plus stable des choses de l'univers, peut, dans certaines conditions, perdre sa stabilité au point de se désagréger facilement.

Si nous voulons découvrir la solution de ce problème, il sera d'abord nécessaire de montrer, par divers exemples que pour produire dans la matière des changements d'équilibre très profonds, ce n'est pas toujours la grandeur de l'effort qui importe, mais bien la qualité de cet effort. Chaque équilibre de la matière n'est sensible qu'à un excitant approprié, et c'est cet excitant qu'il faut trouver pour obtenir un effet cherché. Quand on l'a découvert, on constate aisément que de très faibles causes peuvent modifier facilement l'équilibre des atomes et déterminer, comme l'étincelle sur une masse de poudre, des effets dont l'intensité dépasse beaucoup celle de la cause provocatrice.

Une analogie acoustique bien connue permet de préciser cette différence entre l'intensité et la qualité de l'effort au point de vue des effets produits. Le coup de tonnerre le plus violent, l'explosion la plus bruyante, peuvent être impuissants à faire vibrer un diapason, tandis qu'un son très faible, mais de période convenable, suffira à le mettre en mouvement. Quand un diapason entre en vibration parce que l'on a produit dans son voisinage un son identique à celui qu'il peut rendre, on dit qu'il vibre par résonnance. On sait le rôle joué aujourd'hui aussi bien en acoustique qu'en optique par la résonnance : c'est elle qui explique le mieux les phénomènes d'opacité et de transparence. Elle peut servir, avec tous les faits que je vais citer, à expliquer que des causes infimes puissent produire sur la matière de grandes transformations.

Bien que nos moyens d'observer les variations intérieures des corps soient très insuffisants, des faits, déjà nombreux, prouvent qu'il est facile de changer profondément les équilibres moléculaires et atomiques, quand on sait faire agir sur eux les excitants appropriés. De ces faits je me bornerai à rappeler quelques-uns.

Un simple rayon de lumière, dont l'énergie est pourtant bien faible, modifie en tombant à la surface de corps tels que le sélénium, le sulfure d'argent, l'oxyde de cuivre, le noir de platine, etc., leur résistance électrique dans des proportions considérables.

Plusieurs diélectriques deviennent bi-réfringents quand on les électrise. La boracite, bi-réfringente à la température ordinaire, devient mono-réfringente, lorsqu'elle est chauffée. Certains alliages de fer et de nickel deviennent instantanément magnétiques par la chaleur, et perdent leur magnétisme par le refroidissement. Si un corps transparent placé dans un champ magnétique est traversé par un rayon lumineux, on observe la rotation du plan de polarisation.

Tous ces changements de propriétés physiques impliquent nécessairement des changements d'équilibres moléculaires. Il a suffi de faibles causes pour amener ces changements, parce que les équilibres moléculaires étaient sensibles à ces causes. Des forces très supérieures, mais non appropriées, seraient restées au contraire sans action. Prenons un sel quelconque, du chlorure de potassium par exemple, nous pouvons indéfiniment le broyer, le pulvériser avec les machines les plus puissantes, sans jamais réussir à séparer les molécules dont il se compose. Et pourtant pour dissocier ces molécules, pour séparer ce qu'on nomme les ions, c'est-à-dire le chlore et le potassium, il suffit, d'après les théories modernes sur l'électrolyse, de faire dissoudre le corps dans un liquide de façon que la dissolution soit suffisamment étendue.

Nombreux sont les exemples analogues. Pour écarter les molécules d'une barre d'acier, il faudrait la soumettre à des tractions mécaniques énormes. Il

suffit cependant de l'échauffer légèrement, ne fût-ce
qu'en la touchant avec la main, pour qu'elle s'allonge.
On peut même, comme le faisait Tyndall, rendre l'al-
longement de la barre par le contact de la main visible
à tout un auditoire au moyen d'un levier et d'un
miroir convenablement disposés. Un phénomène
analogue s'observe pour l'eau. Elle est à peu près
incompressible sous la plus forte pression, et cependant il suffit d'abaisser légèrement sa température
pour qu'elle se contracte.

Nous pouvons produire dans un métal des déplacements moléculaires bien plus profonds encore que
ceux déterminés par la chaleur, puisqu'ils impliquent
un changement complet de l'orientation des molécules.
Aucune force mécanique ne saurait produire de telle
transformations. On les obtient pourtant instantanément, en approchant une barre de fer d'un aimant. Toutes
ses molécules changent immédiatement d'orientation.

L'emploi récent de températures élevées que nous
ne pouvions autrefois produire, ainsi que l'intervention des hauts potentiels électriques, qui ont permis
de produire des combinaisons chimiques nouvelles,
devaient naturellement conduire à penser que ce sera
surtout avec l'emploi de ces forces énormes que
certaines transformations seront possibles. Sans doute
on réussit par ces moyens nouveaux à créer certains
équilibres chimiques jadis ignorés, mais, pour modifier l'instable matière il n'est pas besoin de ces efforts
gigantesques. Nous en avons la preuve en voyant
certains rayons lumineux d'une longueur d'onde déterminée, produire instantanément sur diverses substances les réactions chimiques qui engendrent la phosphorescence, et des radiations d'une longueur d'onde
plus courte donner naissance à des réactions inverses
détruisant non moins instantanément cette phosphorescence. Une autre preuve nous en est fournie
quand nous constatons que les ondes hertziennes

produites par les étincelles électriques, transforment à 500 kilomètres de distance la structure moléculaire de limailles métalliques, ou encore quand nous constatons que le voisinage d'un simple aimant change immédiatement, malgré tous les obstacles interposés, l'orientation des molécules d'une barre de fer.

Dans la dissociation de la matière on observe des faits analogues. Des métaux très radio-actifs, sous l'influence de radiations lumineuses d'une certaine longueur d'onde, ne le sont presque pas sous l'influence de radiations de longueur d'onde peu différentes. Les choses semblent se passer ici comme dans le phénomène de la résonnance. On peut, comme je le rappelais précédemment, faire vibrer un diapason ou même une lourde cloche en produisant auprès d'eux une note d'une certaine période vibratoire, alors que les bruits les plus violents peuvent les laisser insensibles.

Lorsque nous connaîtrons mieux les causes capables de dissocier un peu l'agrégat d'énergie condensée dans l'atome, nous arriverons certainement à une dissociation plus complète et nous pourrons l'utiliser pour les besoins de l'industrie.

L'ensemble des faits qui précèdent justifie notre assertion que, pour obtenir des transformations d'équilibre moléculaire profondes, ce n'est pas l'intensité de l'effort qui importe, mais bien sa qualité.

Ces considérations permettent de comprendre que des édifices aussi stables que les atomes puissent se dissocier sous l'influence de causes aussi faibles qu'un rayon de lumière. Si des radiations ultra-violettes invisibles peuvent dissocier les atomes d'un bloc d'acier sur lesquels toutes les forces mécaniques seraient sans action, c'est parce qu'elles constituent un excitant auquel la matière est sensible. Les éléments de la rétine ne sont pas sensibles à cet excitant et c'est pourquoi la lumière ultra-violette, qui

est capable de dissocier l'acier, est sans action sur
l'œil qui ne s'aperçoit même pas de sa présence.

La matière, insensible à des actions considérables
peut donc être, je le répète, sensible à des actions minimes. Sous des influences appropriées, un corps très
stable peut devenir très instable. Nous verrons bientôt
que des traces parfois impondérables de substances
peuvent modifier profondément les équilibres d'autres
corps, et agir, par conséquent comme ces excitants
légers, mais appropriés, auxquels obéit la matière.

§ 2. — MÉCANISME DE LA DISSOCIATION DE LA MATIÈRE.

Dans les idées actuelles sur la constitution des
atomes, chacun d'eux peut être considéré comme un
petit système solaire comprenant une partie centrale
autour de laquelle tournent, avec une immense
vitesse, un millier au moins de particules et quelquefois beaucoup plus. Ces dernières doivent donc posséder une grande énergie cinétique. Qu'une cause
quelconque appropriée vienne à troubler leur trajectoire, ou que leur vitesse de rotation devienne suffisante pour que la force centrifuge, qui en résulte,
dépasse la force d'attraction qui les maintient dans
leur orbite, et les particules périphériques s'échap-
peront dans l'espace en suivant la tangente de la
courbe qu'elles parcourent. Par cette émission elles
donneront naissance aux phénomènes de radio-activité. Telle est, du moins, une des hypothèses que l'on
peut provisoirement formuler.

Lorsqu'on admettait que la radio-activité était une
propriété exceptionnelle n'appartenant qu'à un très
petit nombre de corps tels que l'uranium et le radium,
on croyait — et beaucoup de physiciens croient encore
— que l'instabilité de ces corps était une conséquence
de l'élévation de leur poids atomique. Cette expli-

cation s'évanouit devant le fait, démontré par mes recherches, que ce sont justement les métaux dont le poids atomique est le plus faible, tel que le magnésium et l'aluminium, qui deviennent le plus facilement radio-actifs sous l'influence de la lumière, alors que ce sont, au contraire, les corps possédant un poids atomique élevé, comme l'or, le platine et le plomb, dont la radio-activité est la plus faible. La radio-activité est donc indépendante du poids atomique et probablement due, très souvent, comme je l'expliquerai bientôt, à certaines réactions chimiques de nature inconnue. Deux corps qui ne sont pas radio-actifs le deviennent quelquefois par leur combinaison. Le mercure et l'étain, peuvent être rangés parmi les corps dont la dissociation, sous l'action de la lumière, est la plus faible ; j'ai montré cependant que le mercure devenait extraordinairement radio-actif sous cette même influence dès qu'on lui ajoute des traces d'étain.

Toutes les interprétations qui précèdent ne constituent assurément que des ébauches d'explication. Le mécanisme de la dissociation de la matière nous est inconnu. Mais quel est le phénomène physique dont les causes profondes ne soient pas également inconnues?

§ 3. — LES CAUSES SUSCEPTIBLES DE PRODUIRE LA DISSOCIATION DES CORPS TRÈS RADIO-ACTIFS.

Des causes variées, nous l'avons vu, peuvent produire la dissociation de la matière ordinaire. Mais dans la dissociation des corps spontanémen t très radio-actifs, le radium et le thorium par exemple, aucune cause extérieure ne semble amener le phénomène. Comment dès lors peut-on l'expliquer?

Contrairement aux opinions émises au début des recherches sur la radio-activité, nous avons toujours soutenu que les phénomènes observés avec le radium provenaient de certaines réactions chimiques spéciales, analogues à celles qui se produisent dans la phosphorescence. Ces réactions se passent entre corps dont l'un est en proportion infinitésimale à l'égard de l'autre. Nous n'avons publié ces considérations qu'après avoir découvert des corps devenant radio-actifs dans de telles conditions. Les sels de quinine, par exemple, ne sont pas radio-actifs. En les laissant s'hydrater légèrement après dessication, ils le deviennent et sont phosphorescents pendant toute la durée de l'hydratation. Le mercure et l'étain ne présentent pas de radio-activité sensible sous l'influence de la lumière, mais qu'on ajoute au premier de ces corps une trace du second et aussitôt sa radio-activité devient très intense. Ces expériences nous ont même conduit ensuite à modifier entièrement les propriétés de certains corps simples par addition de quantités minimes de corps étrangers.

La désintégration de la matière implique nécessairement un changement d'équilibre dans la disposition des éléments qui composent un atome. Ce n'est qu'en passant à d'autres formes d'équilibre qu'il peut perdre de son énergie et, par conséquent, rayonner quelque chose.

Les changements dont il est alors le siège diffèrent de ceux que la chimie connaît par ce point fondamental, qu'ils sont intra-atomiques, alors que les réactions habituelles ne touchant qu'à l'architecture des groupements d'atomes, sont extra-atomiques. La chimie ordinaire ne peut que varier la disposition des pierres destinées à bâtir un édifice. Dans la dissociation des atomes, les matériaux mêmes avec lesquels l'édifice est construit sont transformés.

Le mécanisme de cette désagrégation atomique est ignoré, mais il est de toute évidence qu'elle comporte des conditions d'un ordre particulier, très différentes de celles étudiées jusqu'ici par la chimie. Les quantités de matières mises en jeu sont infiniment petites et les énergies libérées extraordinairement grandes, ce qui est le contraire de ce que nous obtenons dans nos réactions ordinaires.

Une autre caractéristique de ces réactions intra-atomiques produisant la radio-activité, c'est qu'elles semblent se passer, comme je le disais plus haut, entre corps dont l'un se trouve en quantité extrêmement petite à l'égard de l'autre. Ces réactions particulières sur lesquelles nous reviendrons dans un autre chapitre s'observent pendant la phosphorescence.

Des corps purs tels que le sulfure de calcium, le sulfure de strontium, etc., ne sont jamais phosphorescents. Ils ne le deviennent qu'après avoir été mélangés à des quantités très petites d'autres corps; ils forment alors des combinaisons mobiles, capables d'être détruites et régénérées avec la plus grande facilité et qui s'accompagnent de phosphorescence ou de disparition de phosphorescence. D'autres réactions nettement définies, telles qu'une légère hydratation, peuvent également produire à la fois de la phosphorescence et de la radio-activité.

Cette conception que la radio-activité aurait pour origine un processus chimique spécial a fini par rallier l'opinion de plusieurs physiciens. Elle a été notamment adoptée et défendue par Rutherford.

« La radio-activité, dit ce dernier, est due à une succession de changements chimiques dans lesquels de nouveaux types de matière radio-active sont formés continuellement. Elle est un processus d'équilibre où le taux de la production de nouvelle radio-activité est balancé par la perte de la radio-activité déjà produite. La radio-activité est maintenue par la continuelle production de nouvelles quantités de matière possédant de la radio-activité temporaire.

« Un corps radio-actif est, par ce fait même, un corps qui se transforme. La radio-activité est l'expression de sa perte incessante. Son changement est nécessairement une désagrégation atomique. Les atomes qui ont perdu quelque chose sont, par ce fait même, de nouveaux atomes [1]. »

---

1. *Philosophical Magazine*, février 1903.

On pourrait considérer comme singulière — et en tout cas comme peu conforme à ce que nous montrent les observations de nos laboratoires — l'existence de réactions chimiques se continuant presque indéfiniment. Mais nous trouvons également dans la phosphorescence des réactions capables de s'effectuer avec une extrême lenteur. J'ai montré par mes expériences sur la luminescence invisible que des corps phosphorescents étaient capables de conserver dans l'obscurité pendant deux ans après leur insolation la propriété de rayonner, d'une façon continue, une lumière invisible capable d'impressionner les plaques photographiques. La réaction chimique pouvant détruire la phosphorescence, continuant à agir durant deux années, on comprend que d'autres réactions, telles que celles susceptibles de produire la radio-activité, puissent se perpétuer pendant beaucoup plus longtemps.

Bien que la quantité d'énergie rayonnée par les atomes pendant leur désagrégation soit très grande, la perte de substance matérielle qui se produit est extrêmement faible, en raison de l'énorme condensation d'énergie contenue dans l'atome. M. Becquerel avait évalué la durée de 1 gramme de radium à 1 milliard d'années. M. Curie se contente de 1 million d'années. Plus modeste encore, M. Rutherford parle seulement de 1 millier d'années et M. Crookes d'une centaine d'années pour la dissociation de un gramme de radium. Ces chiffres, dont les premiers sont tout à fait fantaisistes, se réduisent de plus en plus à mesure que les expériences se précisent. M. Heydweiler[1], d'après des pesées directes, évalue la perte de 5 grammes de radium à $0^{mgr}02$ en vingt-quatre heures. Si la perte se continuait au même taux, ces 5 grammes de radium auraient perdu 1 gramme de leur poids en cent trente-sept ans.

---

1. *Physikalische Zeitschrift*, 15 octobre 1902.

Nous sommes déjà étonnemment loin du milliard d'années supposé par M. Becquerel. Le chiffre de Heydweiler serait même, d'après certaines de nos expériences, trop élevé encore. Il a mis, en masse, dans un tube, le corps sur lequel il opérait, alors que nous avons constaté que la radio-activité d'une même substance augmente considérablement si le corps est étendu sur une grande surface, ce qu'on obtient en laissant dessécher le papier qui a servi à filtrer une solution de cette substance. Nous sommes alors arrivés à cette conclusion que 5 grammes de radium perdent probablement le cinquième de leur poids en vingt ans et par conséquent que 1 gramme durerait cent ans, ce qui est justement le chiffre donné par M. Crookes. En réalité ce seront seulement des expériences répétées qui permettront de trancher la question.

Mais alors même que nous accepterions le chiffre de un millier d'années donné par M. Rutherford pour la durée de l'existence de 1 gramme de radium, il suffirait à prouver que si les corps spontanément radio-actifs, tels que le radium, avaient existé aux époques géologiques, ils se seraient évanouis depuis fort longtemps et par conséquent n'existeraient plus. Et ceci vient encore à l'appui de notre théorie d'après laquelle la radio-activité spontanée rapide, n'est apparue qu'après que les corps ont été engagés dans certaines combinaisons chimiques particulières capables d'atteindre la stabilité de leurs atomes, combinaisons que nous pourrons peut-être arriver à reproduire un jour.

§ 4. — PEUT-ON AFFIRMER AVEC CERTITUDE L'EXISTENCE DU RADIUM ?

Si, la radio-activité est la conséquence de certaines réactions chimiques, il semblerait qu'un corps absolument pur ne saurait être radio-actif. C'est sur cette raison appuyée de diverses expériences que je m'étais fondé pour assurer, il y a plusieurs années, que l'existence du métal le radium était très problématique. En fait, bien que l'opération consistant à séparer un métal de ses combinaisons soit très facile, la séparation du radium n'a jamais pu être effectuée. Ce qu'on obtient aujourd'hui sous le nom de radium n'est en aucune façon un métal, mais du bromure ou du chlorure de ce métal supposé. Je considère comme très probable que si le radium existe et qu'on réussisse à l'isoler, il aura perdu toutes les propriétés qui rendent ses combinaisons si intéressantes.

La préparation des sels de radium permet de pressentir de quelle façon ont pu se former, sans qu'on connaisse leur nature, les combinaisons donnant naissance à la radio-activité.

On sait comment les sels de radium furent découverts. M. Curie ayant constaté que certains minerais d'urane agissaient beaucoup plus sur l'électroscope que l'uranium lui-même, il fut naturellement conduit à tâcher d'isoler la substance à laquelle était due cette activité spéciale.

La propriété de rendre l'air plus ou moins conducteur de l'électricité constatée par l'électroscope étant le seul moyen d'investigation utilisable, ce fut uniquement l'action sur l'électroscope qui servit de guide dans cette recherche. C'est par elle seulement, en effet, qu'on pouvait savoir dans quelle partie des précipités se trouvaient les substances les plus actives. Après avoir dissous le minerai dans des dissolvants divers et précipité les produits contenus dans ces dissolvants par des réactifs appropriés, on recherchait au moyen de l'électroscope les parties les plus actives, on les redissolvait, on les divisait de nouveau par précipitations et on répétait les mêmes manipulations un grand nombre de fois. L'opération fut terminée par des cristallisations fractionnées et on obtint finalement une petite quantité d'un sel très actif. C'est au métal, non isolé encore, du sel ainsi obtenu que fut donné le nom de radium.

Les propriétés chimiques des sels de radium sont identiques à celles des combinaisons du baryum. Ils n'en diffèrent, en dehors de la radio-activité, que par quelques raies spectrales. Le poids atomique supposé du radium, calculé d'après de très petites quantités de sels de radium, a tellement varié suivant les observateurs qu'on ne peut rien en déduire sur l'existence de ce métal.

Sans pouvoir être absolument affirmatif, je crois, je le répète, que l'existence du radium est très contestable. Il est, en tout cas, certain qu'il n'a pu être isolé. J'admettrai beaucoup plus volontiers l'existence d'une combinaison inconnue du baryum capable de donner à ce métal les propriétés radio-actives. Le chlorure de radium radio-actif serait au chlorure de baryum inactif ce qu'est le sulfure de baryum impur mais phosphorescent, au sulfure de baryum pur et pour cette raison non phosphorescent.

Il suffit, comme je l'ai fait remarquer plus haut, de traces de corps étrangers pour donner à certains sulfures, ceux de calcium, de baryum ou de strontium, etc., la propriété merveilleuse de devenir phosphorescents sous l'action de la lumière. Cette propriété nous frappe peu parce que nous la connaissons depuis longtemps. mais en y réfléchissant, il faut bien reconnaître qu'elle est tout aussi singulière que la radio-activité et moins explicable encore.

J'ajouterai qu'en opérant avec des sels de radium peu actifs, c'est-à-dire mélangés encore à des corps étrangers, le rôle des réactions chimiques se montre assez nettement. C'est ainsi, par exemple, que la phosphorescence de ces sels se perd par la chaleur et ne reparaît qu'au bout de quelques jours. L'humidité la détruit entièrement.

Qu'il s'agisse donc de la phosphorescence ordinaire ou des propriétés radio-actives, elles semblent produites par des réactions chimiques, dont ' i nature est encore complètement inconnue.

La théorie qui précède me fut d'un grand secours dans mes recherches. C'est grâce à elle que j'ai été conduit à découvrir la radio-activité qui accompagne certaines réactions chimiques, à trouver des combinaisons capables d'accroître énormément la dissociation d'un corps sous l'influence de la lumière et enfin à modifier, d'une façon fondamentale, les propriétés de certains corps simples.

LIVRE V

LE MONDE INTERMÉDIAIRE ENTRE LA MATIÈRE ET L'ÉTHER

CHAPITRE PREMIER

Propriétés des substances intermédiaires entre la matière et l'éther.

Toutes les substances que nous avons étudiées, comme produits de la dissociation de la matière, se sont présentées avec des caractères visiblement intermédiaires entre ceux de la matière et ceux de l'éther. Elles possèdent parfois des qualités matérielles. Telle l'émanation du thorium et du radium qu'on peut condenser de même qu'un gaz et enfermer dans un tube. Elles présentent également plusieurs qualités des choses immatérielles comme cette même émanation qui, à certaines phases de son évolution, s'évanouit en se transformant en particules électriques.

Il est nécessaire de préciser davantage. Quels sont les caractères permettant d'affirmer qu'une substance n'est plus tout à fait de la matière sans être encore de l'éther et qu'elle constitue quelque chose d'intermédiaire entre ces deux substances?

C'est uniquement si nous voyons la matière perdre un de ses caractères irréductibles, c'est-à-dire un de ceux dont on ne pourrait la priver par aucun moyen, que nous serons autorisés à dire qu'elle a perdu sa qualité de matière.

Nous avons déjà vu que ces caractères irréductibles ne sont pas nombreux, puisqu'on n'a pu en trouver qu'un seul jusqu'ici. Toutes les propriétés habituelles de la matière, la solidité, la forme, la couleur, etc., sont destructibles. Un bloc de rocher peut, par la chaleur, être transformé en vapeur. Une seule propriété, la masse mesurée par le poids, reste invariable à travers toutes les transformations des corps et permet de les suivre et de les retrouver, malgré la fréquence de leurs changements. C'est sur cette invariabilité de la masse que la chimie et la mécanique ont été bâties.

La masse n'est, on le sait, que la mesure de l'inertie, c'est-à-dire de la propriété d'essence inconnue possédée par la matière de résister au mouvement ou aux changements de mouvement. Sa grandeur qui peut être traduite par un poids est une quantité absolument invariable pour un corps donné quelles que soient les conditions où on pourra le placer. On est donc conduit à considérer comme quelque chose de très différent de la matière une substance dont l'inertie et, par conséquent, la masse peut être rendue variable par un moyen quelconque.

Or, c'est justement cette variabilité de la masse, c'est-à-dire de l'inertie, que l'on constate dans les particules électriques émises par les corps radio-actifs pendant leur désagrégation. La variabilité de cette propriété fondamentale nous permettra de dire que les éléments résultant de la dissociation des corps et qui sont d'ailleurs si différents par leurs propriétés générales des substances matérielles, forment une substance intermédiaire entre la matière et l'éther.

Bien avant les théories actuelles sur la structure du fluide électrique que l'on suppose maintenant formé par la réunion d'atomes particuliers, on avait constaté qu'il possède de l'inertie, c'est-à-dire de la résistance au mouvement ou au changement de mouvement ; mais, dans ces derniers temps seulement, on est arrivé à mesurer cette inertie.

Les décharges oscillantes des bouteilles de Leyde furent un des premiers phénomènes qui révélèrent l'inertie du fluide électrique. Ces décharges oscillantes sont comparables aux mouvements que, par suite de son inertie, prend un liquide versé dans un tube en U, avant d'atteindre sa position d'équilibre. C'est également en vertu de l'inertie que se produisent les phénomènes de self-induction.

Tant qu'on n'a pas su mesurer l'inertie des particules électriques, il était permis de la supposer identique à celle de la matière ; dès qu'on a pu calculer leur vitesse d'après l'intensité de la force magnétique nécessaire à les dévier de leur trajectoire, il fut possible de mesurer leur masse. C'est alors qu'on a reconnu qu'elle variait avec la vitesse.

Les premières expériences sur ce sujet sont dues à Kaufmann et Abraham. En observant sur une plaque photographique la déviation, sous l'influence d'un champ magnétique et d'un champ électrique superposés, des particules émises par un corps radioactif, ils ont constaté que le rapport de la charge électrique e, transportée par une particule radioactive, à la masse m de cette particule, varie avec sa vitesse. Comme il n'est pas supposable que, dans ce rapport, ce soit la charge qui change, il est évident que c'est la masse qui varie.

La variation de la masse des particules avec leur

vitesse est d'ailleurs d'accord avec la théorie électro-magnétique de la lumière et avait déjà été signalée par divers auteurs, Larmor entre autre. Cette variation de la masse suffirait à prouver que les substances présentant une telle propriété ne sont plus de la matière. C'est pourquoi Kaufmann déduit de ses obser-

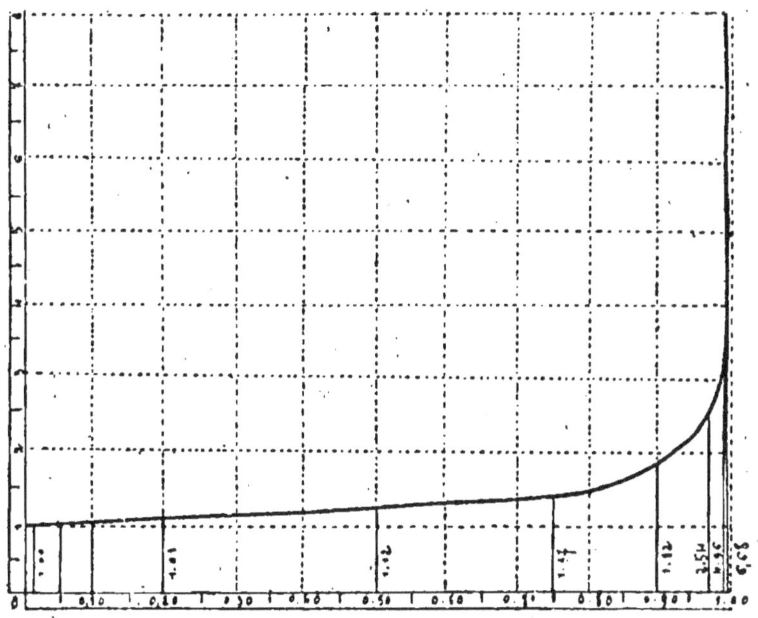

FIG. 20.

Courbe traduisant une des propriétés fondamentales de la substance intermédiaire entre la matière pondérable et l'éther impondérable. — La masse au lieu d'être une grandeur constante, comme celle de la matière, varie avec la vitesse.

vations que l'électron dont se composent certaines émissions radio-actives « n'est autre chose qu'une charge électrique, distribuée sous un volume ou une surface de dimensions très petites ».

En mettant sous forme de courbe l'équation d'Abraham on voit très bien de quelle façon la masse des éléments de matière dissociée varie avec leur vitesse. D'abord constante même pour des vitesses très grandes, elle augmente brusquement et tend très vite à devenir infinie dès qu'elle s'approche de la vitesse de la lumière[1].

Tant que la masse n'a pas atteint une vitesse égale à 20 °/₀ de celle de la lumière, c'est-à-dire ne dépassant pas 60.000 kilomètres par seconde, sa grandeur représentée par 1 à l'origine, reste à peu près constante (1,012). Quand la vitesse est égale à la moitié de celle de la lumière, soit 150.000 kilomètres par seconde, la masse n'est encore accrue que de 1/10 (1,119). Quand la vitesse est égale aux 3/4 de celle de la lumière, l'augmentation de la masse est encore très faible (1,369). Lorsque la vitesse est égale aux 9/10 de celle de la lumière, la masse n'a pas encore tout à fait doublé (1,82); mais

---

1. Max Abraham a donné pour exprimer ces variations l'équation suivante :

$$\mu = \mu_0 \frac{3}{4} \psi (\beta)$$

où μ_0 représente la valeur de la masse électrique pour de petites vitesses, $\beta = \frac{q}{c}$, le rapport de la vitesse q de cette masse à celle c de la lumière et

$$\psi (\beta) = \frac{1}{\beta^2} \left[\frac{1 + \beta^2}{2 \beta} \log \frac{1 + \beta}{1 - \beta} - 1 \right]$$

Dans le but d'obtenir une représentation graphique de la variation de la masse en fonction de sa vitesse, j'ai mis l'équation précédente sous une forme où le rapport $\frac{\mu}{\mu_0}$ apparaisse comme une fonction explicite du rapport $\beta = \frac{q}{c}$: on prend pour abscisses les valeurs du rapport $\beta = x$ et pour ordonnées les valeurs du rapport $\frac{\mu}{\mu_0} = y$.

L'équation de la courbe devient alors :

$$y = \frac{3}{4 x^2} \left[\frac{1 + x^2}{2 x} \log \frac{1 + x}{1 - x} - 1 \right]$$

L'horizontale $y = 1$ correspond à $\frac{\mu}{\mu_0} = 1$ et représente la grandeur constante de la masse mécanique. Pour détacher plus vite la courbe, j'ai adopté une échelle des ordonnées égale à 10 fois celle des abscisses. La réduction trop grande de la courbe nécessitée par le format de ce livre a rendu les nombres peu lisibles. J'ai calculé les chiffres exprimant les variations de la masse en fonction de la vitesse avec 8 décimales. Les plus intéressants sont donnés dans le texte.

dès que la vitesse atteint les 0,999 de celle de la lumière, la masse est sextuplée (6,678).

Nous sommes bien près de la vitesse de la lumière et la masse n'a fait encore que sextupler, mais c'est maintenant que les chiffres déduits de l'équation vont grandir singulièrement. Pour que la masse de l'atome électrique devint 20 fois plus grande (20,49), il faudrait que sa vitesse ne différât de celle de la lumière que d'une fraction de millimètre. Pour que sa masse devint 100 fois plus grande, il faudrait que sa vitesse ne différât de celle de la lumière que d'une fraction de millimètre représentée par une fraction comprenant 58 chiffres. Si enfin la vitesse de l'atome électrique devenait exactement égale à celle de la lumière, sa masse deviendrait théoriquement infinie.

Ces derniers résultats ne sont vérifiables par aucune expérience et ne sont évidemment qu'une extrapolation. Il ne faudrait pas cependant considérer comme absurde *a priori* l'existence d'une substance dont la masse augmenterait dans d'immenses proportions quand sa vitesse déjà très grande ne varierait que d'une faible fraction de millimètre. L'accroissement considérable d'un effet sous l'influence de la variation très petite d'une cause s'observe dans beaucoup de lois physiques traduisibles par des courbes asymptotiques. Les variations immenses de grandeur de l'image d'un objet pour un déplacement très petit de cet objet quand il est très près du foyer principal d'une lentille en fournissent un exemple. Supposons qu'un objet soit placé à 1/10 de millimètre du foyer d'une lentille ayant 10 centimètres de foyer. L'équation générale des lentilles nous montre que son image sera grandie mille fois. Si l'objet est rapproché de 1/100 de millimètre, son image sera théoriquement grandie cent mille fois. Si enfin l'objet est placé au foyer même de la lentille, son image sera théoriquement infinie. Toutes les fois qu'une loi physique peut se traduire par des courbes analogues à la précédente, la moindre variation de la variable entraîne des variations extrêmement considérables de la fonction dans le voisinage de la limite[1].

Laissant de côté ces considérations théoriques et revenant aux données de l'expérience, nous pouvons dire ceci : les particules produites pendant la dissociation de la matière possèdent une propriété qui ressemble à l'inertie et en ceci elles se rapprochent de la matière, mais cette inertie, au lieu d'être une grandeur constante, varie avec la vitesse et, sur ce point, les particules de matière dissociée se différencient nettement des atomes matériels.

L'étude des propriétés de l'inertie de ces éléments entraine, on le voit, à les considérer comme quelque chose qui, sorti de la matière, possède des propriétés un peu voisines, mais cependant notablement différentes de celles des atomes matériels. Représentant une des phases de la dématérialisation de la matière, elles ne peuvent conserver qu'une partie des propriétés de cette dernière.

Nous verrons dans un autre chapitre que le fluide électrique possède également des propriétés intermédiaires entre celles de la matière et celles de l'éther.

Quelques physiciens ont supposé, sans pouvoir, d'ailleurs, en fournir aucune preuve, que l'inertie de la matière est due aux particules électriques dont elle serait composée et par conséquent que toute l'inertie des substances matérielles serait entièrement d'origine électro-magnétique. Rien n'indique qu'on

---

1. Je ferai remarquer en passant, et cette observation explique bien des événements historiques, que ce ne sont pas seulement les phénomènes physiques, mais beaucoup de phénomènes sociaux qui peuvent être également traduits par des courbes jouissant des propriétés que nous venons de dire, et où l'on voit par conséquent les changements très petits d'une cause produire des effets très grands. Cela tient à ce que, quand une cause agit longtemps dans le même sens, ses effets croissent en progression géométrique, alors que la cause ne varie qu'en progression arithmétique. *Les causes sont les logarithmes des effets.*

puisse identifier l'inertie matérielle avec celle des particules de matière dissociée. La masse de ces dernières n'est, en réalité, qu'une masse apparente résultant simplement de son état de corps électrisé en mouvement. Elles paraissent d'ailleurs avoir une masse longitudinale (celle qui mesure l'opposition à l'accélération dans la direction du mouvement), différente de la masse transversale (celle perpendiculaire à la direction du mouvement). De toutes façons, il est évident que les propriétés d'un élément de matière dissociée diffèrent considérablement de celles d'un atome matériel.

Par quoi donc sont constitués ces atomes supposés électriques émis par tous les corps pendant leur dissociation?

La réponse à cette question fournit le lien cherché entre le pondérable et l'impondérable.

Il est impossible, dans l'état actuel de la science, de pouvoir définir une particule dite électrique, mais au moins nous pouvons dire ceci :

Une substance ni solide, ni liquide, ni gazeuse, qui ne pèse pas, qui traverse les obstacles et qui n'a de propriété commune avec la matière qu'une certaine inertie et encore une inertie variant avec la vitesse, se différencie très nettement de la matière. Elle se différencie aussi de l'éther, dont elle ne possède pas les atttributs. Elle forme donc une transition entre les deux.

Ainsi donc les effluves émanés des corps spontanément radio-actifs ou capables de le devenir, sous l'influence des causes si nombreuses que nous avons décrites, forment un lien entre la matière et l'éther.

Et puisque nous savons que ces effluves ne peuvent se produire sans perte définitive de matière, nous sommes fondés à dire que la *dissociation de la matière réalise d'une incontestable façon la transformation du pondérable en impondérable.*

16

Cette transformation, si contraire à toutes les idées que la science nous avait léguées, est cependant un des phénomènes les plus fréquents de la nature. Elle se produit journellement sous nos yeux, mais comme on ne possédait jadis aucun réactif pour la constater, on ne l'avait pas vue.

CHAPITRE II

L'électricité considérée comme une substance demi-matérielle engendrée par la dématérialisation de la matière.

---

§ I. — LES PHÉNOMÈNES RADIO-ACTIFS ET LES PHÉNOMÈNES ÉLECTRIQUES.

En poursuivant nos recherches sur la dissociation de la matière, nous avons été progressivement amenés, par l'enchainement des expériences, à reconnaitre que l'électricité, dont l'origine était si ignorée, représentait un des plus importants produits de la dissociation de la matière et, par conséquent, pouvait être considérée comme une manifestation de l'énergie intra-atomique libérée par la dissociation des atomes.

Nous avons vu dans le chapitre précédent que les particules provenant des corps radio-actifs constituaient une substance dérivée de la matière et possédant des propriétés intermédiaires entre la matière et l'éther. Nous allons voir maintenant que les produits de la dissociation de la matière sont identiques à ceux qui se dégagent des machines électriques de nos laboratoires. Cette généralisation bien établie, l'électricité tout entière, et non pas seulement quelques-unes de ses formes, nous apparaitra comme le lien véritable entre le monde de la matière et celui de l'éther.

Nous savons que les produits de la dissociation de tous les corps sont identiques et diffèrent seulement par la puissance de leur pouvoir de pénétration résultant de leurs différences de vitesse. Nous avons constaté qu'ils se composent : 1° d'ions positifs volumineux à toutes les pressions et comprenant toujours dans leur structure des parties matérielles ; 2° d'ions négatifs formés d'atomes électriques dits électrons, qui peuvent s'entourer dans l'atmosphère de particules neutres matérielles ; 3ᵉ d'électrons dégagés de tout élément matériel et pouvant créer par leur choc, quand leur vitesse est suffisante, des rayons X.

Ces éléments divers sont engendrés par tous les corps qui se dissocient et notamment par les substances spontanément radio-actives. On les retrouve avec des propriétés identiques dans les produits provenant des tubes de Crookes, c'est-à-dire des tubes dans lesquels on envoie des décharges électriques, après y avoir fait le vide. La seule différence existant entre un tube de Crookes en action et un corps radio-actif se dissociant est, comme nous l'avons déjà vu, que le second produit spontanément, c'est-à-dire sous l'influence d'actions inconnues, ce que le premier produit seulement sous l'influence de décharges électriques.

Ainsi donc l'électricité, sous des formes diverses, se retrouve toujours comme produit ultime de la dissociation de la matière quel que soit le procédé employé pour sa dissociation. C'est ce fait d'expérience qui nous a déterminé à rechercher si d'une façon générale l'électricité engendrée par un moyen quelconque, une machine statique par exemple, ne serait pas simplement une des formes de la dissociation de la matière.

Mais si l'analogie entre un tube de Crookes et un corps radio-actif a fini par devenir si évidente qu'elle n'est plus contestée, il était moins facile d'établir l'analogie entre les phénomènes qui se passent dans le même tube et les décharges électriques dans l'air à la pression ordinaire. Ce sont pourtant deux choses identiques, bien que leur aspect diffère. Nous allons le montrer maintenant.

Lorsque deux tiges métalliques en relation avec les pôles d'un générateur d'électricité se trouvent à une petite distance l'un de l'autre, les deux fluides électriques de nom contraire dont elles sont chargées tendent à se recombiner en vertu de leurs attractions. Dès que la tension électrique est devenue suffisante pour surmonter la résistance de l'air, ils se recombinent violemment en produisant de bruyantes étincelles.

L'air, en raison de ses propriétés isolantes, présente une grande résistance au passage de l'électricité, mais si nous supprimons cette résistance en introduisant les deux électrodes dont il vient d'être question dans un ballon où on a fait le vide, les phénomènes seront très différents. Mais en réalité rien n'a été créé dans le tube. Tout ce qu'on y trouve, ions et électrons résidait déjà dans l'électricité qui y fut introduite. Tout au plus peut-il s'y former de nouveaux électrons provenant du choc de ceux venus de la source électrique contre les particules de gaz raréfié que contient encore le tube.

Si les effets obtenus par une décharge dans un tube vide sont fort différents de ceux produits par la même décharge dans un tube plein d'air, c'est que dans le vide, les particules électriques ne sont pas gênées par les molécules d'air entravant leur marche. Dans le vide seul les électrons peuvent prendre la vitesse nécessaire pour produire les rayons X quand ils viennent frapper les parois du tube.

De toutes façons, je le répète, ions et électrons ne se sont pas formés dans le tube vide, ils ont été apportés du dehors. Ce sont des éléments produits

16.

par le générateur de l'électricité. *Ce n'est pas dans le tube de Crookes que la matière se dissocie, elle y est amenée déjà dissociée.*

S'il en est réellement ainsi nous devons retrouver dans les décharges électriques produites dans l'air par une machine électrique, les éléments divers — ions et électrons — dont nous avons constaté l'existence dans l'ampoule de Crookes et que nous savons être engendrés également par les corps radio-actifs.

Etudions donc l'électricité telle qu'elle est fournie par les machines statiques de nos laboratoires. Nous pourrions prendre comme type des générateurs d'électricité le plus simple de tous, un bâton de verre ou de résine frotté donnant de l'électricité sous une tension de 2 à 3.000 volts, mais son emploi serait incommode pour plusieurs expériences. La plupart des machines électriques des laboratoires ne diffèrent d'ailleurs de cet appareil élémentaire que par la plus grande surface que présente le corps frotté et parce qu'il est possible à l'aide de divers artifices de recueillir séparément l'électricité positive et négative à deux extrémités différentes nommées pôles.

Dans ce qui va suivre, nous nous occuperons uniquement de l'électricité produite par les machines électriques à frottement. Celle qu'engendrent les piles et l'induction est identique, mais son étude nous entraînerait trop loin.

L'électricité sortant d'une machine statique possède d'ailleurs au point de vue qui nous occupe un avantage considérable. Son débit est très faible, mais l'électricité en sort sous une tension extrêmement élevée pouvant facilement dépasser 50.000 volts.

C'est précisément cette circonstance qui nous permettra de montrer dans les particules électriques projetées par les pôles isolés d'une machine statique une analogie étroite avec les particules émises par les corps radio-actifs. L'électricité des piles est évidemment identique à celle des machines statiques, mais comme elle n'en sort que sous une tension de quelques volts, elle ne saurait produire les mêmes effets de projection.

Il est probable aussi que le frottement sur lequel les anciennes machines statiques sont fondées constitue un moyen de dissociation de l'atome et, par conséquent, met en jeu l'énergie intra-atomique. Cette dernière n'agit pas sans doute dans la dissociation moléculaire des corps composés sur lesquels les piles sont basées, et c'est vraisemblablement pourquoi l'électricité en sort en quantité très grande, mais sous une tension très faible dépassant à peine 2 volts pour les meilleures piles. Si le débit d'une machine statique pouvait atteindre celui d'une petite pile ordinaire, ce serait un agent excessivement puissant capable de produire un travail industriel énorme. Supposons qu'une machine électrique mue à la main, et donnant de l'électricité sous une tension de 50.000 volts, ait seulement un débit de 2 ampères, c'est-à-dire celui de la plus modeste pile, son rendement représenterait un travail de 100.000 watts, soit 136 chevaux-vapeur par seconde. Etant donné qu'une libération d'énergie considérable résulte de la dissociation d'une très faible quantité de matière, on peut considérer comme possible la future création d'une telle machine, c'est-à-dire d'un appareil fournissant un travail extrêmement supérieur à celui dépensé pour le mettre en mouvement. C'est

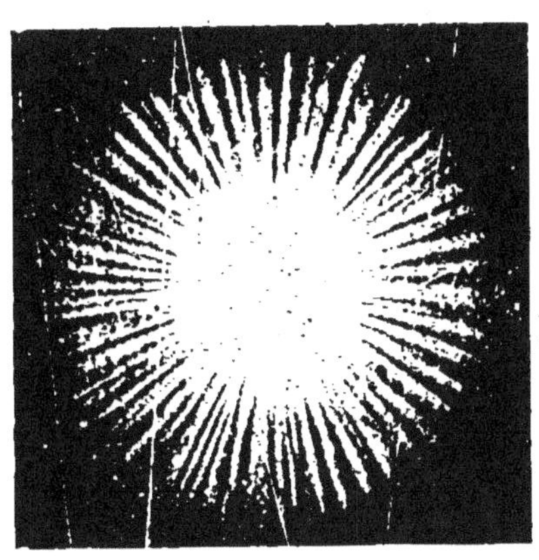

Fig. 21. — *Vue en projection du rayonnement des particules électriques d'un seul pôle.* (Photographie instantanée).

un problème dont l'énoncé eût paru tout à fait absurde; il y a seulement une dizaine d'années. Pour le résoudre, il suffirait de trouver le moyen de mettre la matière dans un état où elle se dissocie facilement ; or, nous verrons qu'un simple rayon de soleil est un agent actif de cette dissociation. Il est probable qu'on en découvrira bien d'autres.

Examinons maintenant notre machine électrique ordinaire en fonction et recherchons ce qui s'en dégage :

Si les tiges terminales formant les pôles sont fort écartées, on perçoit à leur extrémité des gerbes de très petites étincelles nommées aigrettes (fig. 21 et 22) qui se dégagent avec un bruissement caractéristique. Dans la production de ces éléments réside le phénomène fondamental. C'est en examinant leur composition qu'on constate les analogies qui existent entre les produits des corps radio-actifs, des tubes de Crookes et ceux d'une machine électrique.

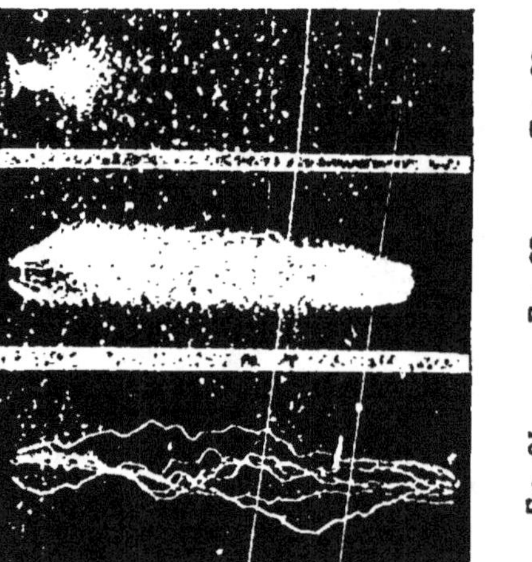

Fig. 22. — *Photographie des aigrettes produites par les particules électriques qu'émet un des pôles d'une machine statique.*

Fig. 23. — *Particules électriques positives et négatives formées aux deux pôles et s'attirant.*

Fig. 24. — *Concentration des particules électriques en un petit nombre de lignes d'où résulte la décharge sous forme d'étincelles.*

Les effets obtenus avec les éléments qui sortent des pôles varient suivant la façon de disposer ces pôles, et c'est ce qu'il importe de rappeler tout d'abord.

Si nous réunissons les deux pôles par un fil de longueur quelconque, dans le circuit duquel nous intercalerons un galvanomètre, la déviation de de l'aiguille aimantée de ce dernier nous révélera la production silencieuse et invisible de ce qu'on appelle un courant électrique. Il est identique à celui qui sillonne nos lignes télégraphiques et est constitué par un fluide formé, d'après les idées actuelles, de la réunion des particules électriques dites électrons que la machine engendre constamment.

Au lieu de relier les pôles par un fil, rapprochons-les un peu, mais en maintenant entre eux cependant une certaine distance. Les éléments électriques de noms contraires s'attirant, les aigrettes dont nous avons déjà constaté l'existence s'allongent considérablement et, avec une machine un peu puissante, on les voit former dans l'obscurité un nuage de particules lumineuses reliant les deux pôles (fig. 23).

Si nous rapprochons un peu plus les pôles, ou si, sans les rapprocher, nous augmentons la tension de l'électricité au moyen d'un condensateur, les attractions entre les particules électriques de noms contraires deviennent beaucoup plus énergiques. Ces particules se condensent alors sur un petit nombre de lignes ou sur une seule ligne, et la recombinaison des deux fluides électriques se fait sous forme de longues étincelles étroites, bruyantes et lumineuses (fig. 24). Ce sont toujours les mêmes éléments que précédemment qui les constituent, car la distance entre les pôles ou l'élévation de la tension sont les seuls facteurs que nous ayons fait varier.

Les divers effets que nous venons de décrire sont naturellement fort différents de ceux observés quand la décharge électrique se fait dans un ballon où l'air a été plus ou moins raréfié. L'absence de l'air produit ces différences, mais ce gaz n'exerce aucune action sur les éléments électriques dégagés par les générateurs d'électricité. En quoi consistent ces éléments ?

§ 2. — COMPOSITION ET PROPRIÉTÉS DES ÉLÉMENTS ÉMIS PAR LES POLES D'UNE MACHINE ÉLECTRIQUE. LEUR ANALOGIE AVEC LES ÉMISSIONS DES CORPS RADIO-ACTIFS.

Pour analyser ces éléments, il faut les étudier avant la recombinaison des particules électriques, c'est-à-dire quand les pôles sont entièrement écartés et produisent les aigrettes signalées plus haut.

Nous retrouverons chez elles les propriétés fondamentales des émissions des corps radio-actifs, notamment celles de rendre l'air conducteur de l'électricité et d'être déviées par un champ magnétique. Du pôle positif de la machine partent des ions positifs. Du pôle négatif partent ces atomes d'électricité pure de grandeur définie nommés électrons, mais contrairement à ce qui se passe dans le vide, ces électrons deviennent immédiatement un centre d'attraction de particules gazeuses et se transforment en ions négatifs identiques à ceux qui se produisent dans l'ionisation des gaz et dans toutes les formes d'ionisation.

Ces émissions d'ions s'accompagnent de phénomènes secondaires, chaleur, lumière, etc., que nous examinerons plus loin. Ils s'accompagnent aussi d'une projection de poussières arrachées au métal des pôles, dont la vitesse peut atteindre, d'après J.-J. Thomson, 1.800 mètres par seconde, c'est-à-dire à peu près le double de celle d'un boulet de canon.

La vitesse de projection des ions dont l'ensemble constitue les aigrettes des pôles d'une machine statique dépend naturellement de la tension électrique. En l'élevant à plusieurs centaines de milliers de volts avec un résonateur de haute fréquence, j'ai pu obliger les particules électriques des aigrettes à traverser visiblement (fig. 25 et 26) et sans aucune déviation des lames de corps isolants de 1/2 millimètre d'épaisseur. C'est une expérience faite autrefois avec la collaboration du Dr Oudin et que j'ai déjà publiée avec photographies à l'appui. On trouvera dans la partie expérimentale de ce livre les indications techniques nécessaires pour la répéter. Elle a peu frappé les physiciens malgré son importance, et bien que ce fût la première fois qu'on eût réussi à faire traverser *visiblement* de la matière par des atômes électriques. En plaçant une lame de verre entre les pôles rapprochés d'une bobine d'induction, on arrive facilement à la percer, comme on le sait depuis longtemps, mais c'est là une simple action mécanique. Les aigrettes, dans notre expérience, traversent les corps sans les altérer, absolument comme le ferait la lumière. Les photographies suffisent à montrer qu'il ne s'agit nullement d'un effet de condensation.

L'émission par les pôles d'une machine électrique d'électrons, bientôt transformés en ions, s'accompagne de phénomènes divers que l'on retrouve dans les corps radio-actifs sous des formes peu différentes.

Pour les étudier, il est préférable de terminer les pôles de la machine par des pointes. On constate alors facilement que *ce qui sort d'une pointe électrisée est identique à ce qui sort d'un corps radio-actif.*

La seule différence réelle est que la pointe ne produit pas de rayons X à la pression ordinaire. Quand on veut observer ces derniers il faut relier la pointe avec un conducteur permettant d'opérer la décharge dans un ballon où on a fait le vide. Dans ce cas, la production des rayons X est assez abondante pour rendre visible sur un écran de platino-cyanure de baryum, le squelette de la main, même en ne se servant que d'un seul pôle.

La non production de rayons X à la pression ordinaire est d'ailleurs conforme à la théorie. Les

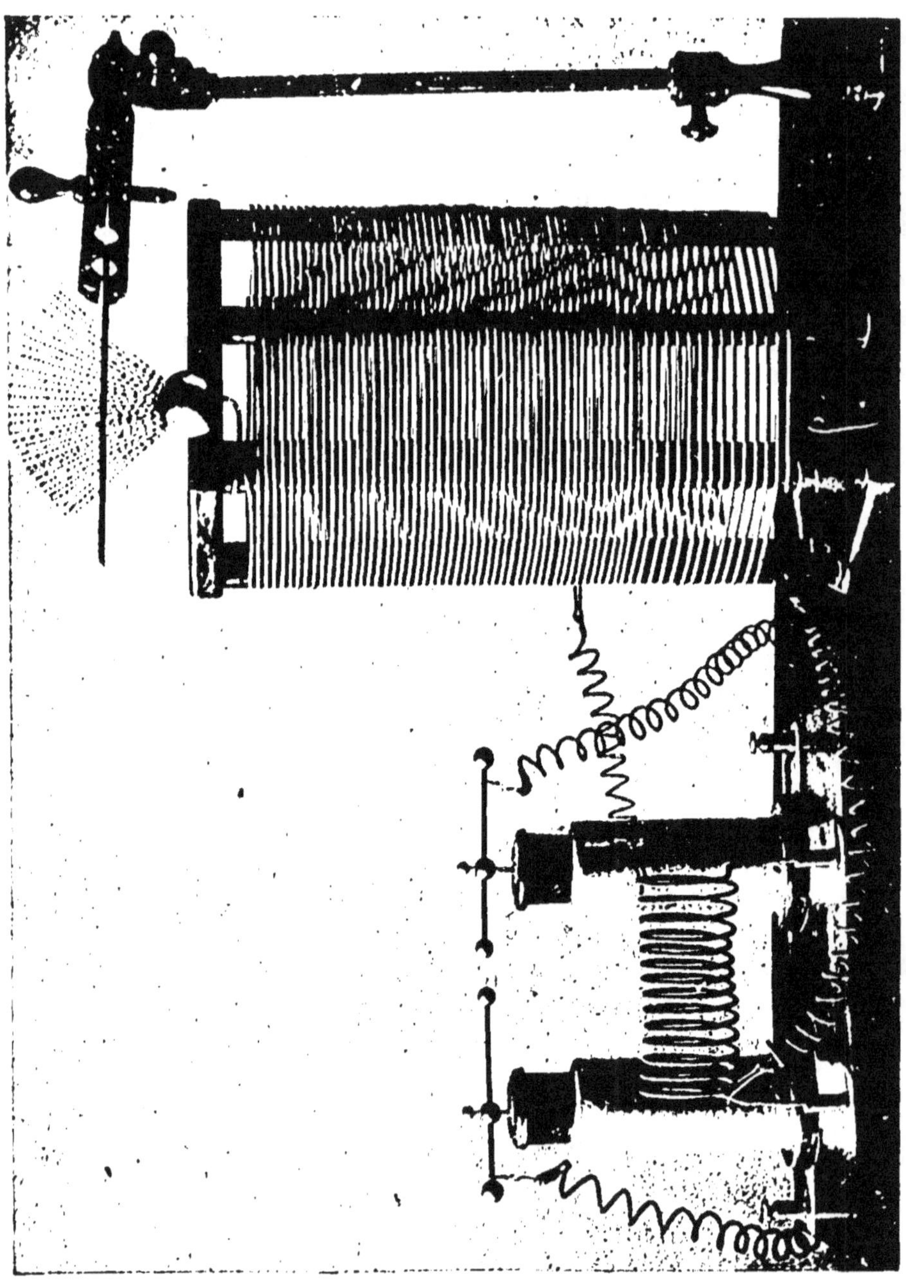

Fig. 25. — Passage visible à travers un obstacle matériel formé d'une lame de verre ou d'ébonite, des effluves produits par la dématérialisation de la matière. On a pointillé les effluves comme ils se montrent à l'œil. La figure suivante représente la photographie du phénomène. Le pointillé a disparu par suite de la nécessité de prolonger la pose photographique.

rayons X ne naissent que par le choc d'électrons possédant une grande vitesse. Or, les électrons formés dans un milieu gazeux à la pression atmosphérique se transformant immédiatement, en ions, par l'adjonction d'un cortège de particules neutres, ne peuvent, par suite de cette surcharge, garder la vitesse nécessaire pour engendrer les rayons X.

En dehors de cette propriété d'engendrer des rayons X que ne possèdent pas, d'ailleurs, tous les corps radioactifs, les particules qui se dégagent d'une pointe électrisée sont tout à fait comparables à celles résultant de la dissociation des atomes de tous les corps.

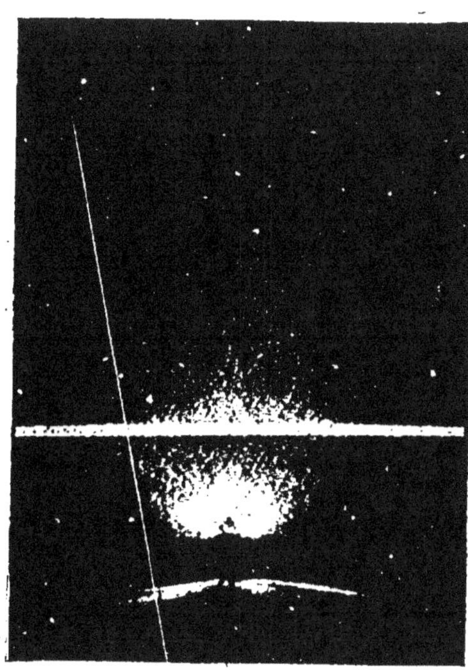

Fig. 26.

Photographie des effluves provenant de la dématérialisation de la matière pendant leur passage à travers un obstacle matériel : lame de verre ou d'ébonite.

Elles rendent, en effet, l'air conducteur de l'électricité ainsi que Branly l'avait montré depuis longtemps et sont, comme l'a prouvé J. J. Thomson, déviées par un champ magnétique.

La projection des particules de matière dissociée, c'est-à-dire des ions, contre les molécules de l'air produit ce qu'on appelle le vent électrique, avec lequel on peut éteindre une lampe, faire fonctionner un tourniquet, etc. Il n'est nullement dû, comme on le répète dans tous les traités de physique, à l'électrisation des particules de l'air, car un gaz ne peut être électrisé par aucun moyen, sauf quand on le décompose. C'est l'énergie cinétique des ions transmise aux molécules de l'air qui cause le déplacement de ces dernières.

Les ions qu'émettent les pointes par lesquelles nous avons terminé les pôles d'une machine électrique peuvent produire des effets de fluorescence très analogues à ceux observés avec le radium. Ils permettent d'imiter les effets du spinthariscope qui rend visible la dissociation de la matière. Il suffit, suivant les indications de M. Leduc, de rapprocher dans l'obscurité, à quelques centimètres d'un écran de platino-cyanure de baryum, une tige terminée par une pointe très fine en relation avec un des pôles, — le pôle positif de préférence, — d'une machine statique, l'autre pôle étant à la terre. Si on observe alors l'écran à la loupe, on constate exactement la même pluie de fines étincelles que, dans le spinthariscope, et la cause en est probablement identique.

Les ions qui sortent des pôles d'une machine statique ne sont pas en général très pénétrants, — pas plus d'ailleurs que les ions α qui forment les 99 % de l'émission du radium. Cependant j'ai pu obtenir des impressions photographiques très nettes à travers une feuille de papier noir en élevant suffisamment la tension électrique (fig. 27). Il suffit de placer l'objet à reproduire, une médaille par exemple, au-dessus d'une plaque photographique posée sur une feuille de métal en relation avec un des pôles, tandis que, au-dessus de la médaille, se trouve une tige communiquant avec l'autre pôle. Quelques petites étincelles suffisent. On ne peut attribuer la reproduction ainsi obtenue à la lumière ultra-violette que la décharge produit, puisque la médaille est séparée de la plaque par une feuille de papier noir et que, dans ces conditions, il est évident qu'aucune lumière visible ou invisible n'arriverait à produire une impression des détails de la médaille. Le phénomène est d'ailleurs très complexe et sa discussion complète entrainerait trop loin. C'est pourquoi je n'y insiste pas.

Les ions émis par les pointes électrisées s'accom-

Fig. 27. — *Impressions produites par les ions issus d'une pointe électrisée à travers une feuille de papier noir.*

pagnent le plus souvent d'émission de lumière, phénomène observé également dans certains corps radio-actifs. Le spectre de cette lumière est singulièrement étendu. Il va, en effet, d'après mes recherches, depuis des ondes hertziennes n'ayant pas plus de 2 ou 3 millimètres de longueur jusqu'à des ondes ultra-violettes dont la longueur est inférieure à $\lambda = 0\,\mu.230$. Si on donnait un centimètre de longueur à un spectre solaire de diffraction, le spectre des pointes électrisées aurait à la même échelle 30 mètres environ de longueur.

La production de lumière ultra-violette dans les spectres d'étincelles électriques est connue et utilisée depuis fort longtemps, mais c'est, je crois, M. Leduc qui l'a signalée pour la première fois dans les aigrettes des pointes.

Il me restait cependant un doute sur son existence. Dans toute la région environnant une pointe électrisée existe un champ électrique intense, capable d'illuminer, à une distance assez grande, un tube de Geissler, et capable peut-être aussi d'illuminer les corps fluorescents. Il fallait donc éliminer son action.

Pour séparer l'action de l'ultra-violet de celle pouvant être due à un champ électrique, j'ai utilisé une grande machine à 12 plateaux du Dr Oudin dont l'action est tellement puissante que les aigrettes produites peuvent, à plusieurs mètres, illuminer un écran de platino-cyanure de baryum ou un tube de Geissler.

La séparation de l'action du champ électrique de celle de la lumière ultra-violette a été faite d'une façon catégorique par l'expérience suivante réalisée avec le concours du Dr Oudin.

On introduit dans une cage de bois enveloppée de gaze métallique, reliée à la terre, — de façon à supprimer toute action électrique, — des tubes de Geissler, et des lames de métal sur lesquelles on a tracé des lettres avec du platino-cyanure de baryum broyé dans une solution de gomme arabique. On constate alors que les tubes de Geissler qui, à côté de la cage, brillent vivement, cessent entièrement d'être lumineux, lorsqu'ils sont placés dans son intérieur, alors, au contraire, que les lettres tracées avec le platino-cyanure mises dans la cage métallique continuent à briller. L'illumination de ces dernières est donc bien due uniquement à la lumière ultra-violette.

Il résulte de ce qui précède que la formation

d'aigrettes électriques s'accompagne d'une production énorme de lumière invisible. Avec un résonateur de haute fréquence, sa quantité est telle que l'illumination du platino-cyanure se produit jusqu'à plus de cinq mètres.

Je n'ai pas à rechercher ici comment agit la lumière ultra-violette sur les corps fluorescents. On admet, depuis Stokes, que la fluorescence provient de la transformation des ondes ultra-violettes invisibles en ondes plus grandes et pour cette raison visibles. Mais je ferai remarquer en passant qu'il serait peut-être plus simple de supposer la fluorescence due à la production — sous l'influence de la lumière ultra-violette, dont l'action ionisante énergique est bien connue — de petites décharges électriques atomiques des corps que leur structure rend susceptibles de fluorescence.

Pour déterminer les limites de l'ultra-violet produit dans les expériences précédentes, j'ai fait usage de divers écrans placés sur le platino-cyanure et dont j'avais préalablement déterminé la transparence au spectrographe dans des recherches antérieures. L'ultra-violet actif, c'est-à-dire capable de produire la fluorescence, s'étend jusqu'à $\lambda = 0\mu,230$ environ.

Mais une pointe électrisée qui se décharge n'est pas seulement une source de lumière ultra-violette, elle émet aussi des ondes hertziennes, ce qu'on ignorait absolument avant mes recherches. J'ai indiqué dans la partie expérimentale de cet ouvrage, les moyens employés pour les révéler. En raison de leur faible longueur qui ne dépasse probablement pas 2 millimètres, elles ne se propagent guère à plus de 40 ou 50 centimètres[1].

---

1. L'onde hertzienne qui accompagne toujours les étincelles électriques n'est plus de l'électricité mais un phénomène vibratoire de l'éther et elle paraît ne différer de la lumière que par la longueur d'onde. Sortie de l'électricité elle peut cependant reprendre la forme électrique ordinaire uand elle vient à toucher un

Cette production d'ondes hertziennes, de lumière visible et de lumière ultra-violette invisible, compagnes constantes de toutes les émissions de particules électriques, doit être retenue, car elle nous fournira plus tard la clef du processus final de la transformation de la matière en vibrations de l'éther, lorsque nous aborderons cette question dans un autre chapitre.

Comme résumé de ce qui précède, nous pouvons dire qu'un corps électrisé par un moyen quelconque, le frottement, notamment, est simplement un corps dont les atomes ont subi un commencement de dissociation. Si les produits de cette dissociation sont émis dans le vide, ils sont identiques à ceux qu'engendrent les substances radio-actives. S'ils sont émis dans l'air, ils possèdent des propriétés qui ne diffèrent de celles des émissions radio-actives qu'en ce que leur vitesse est moindre.

Envisagée à ce point de vue, l'électricité nous apparait comme une des plus importantes phases de la dématérialisation de la matière, et, par conséquent, comme une forme particulière de l'énergie *intra-atomique*. Elle constitue par ses propriétés une substance demi-matérielle intermédiaire entre la matière et l'éther.

---

corps. Elle lui communique alors une charge constatable à l'électroscope et peut produire des étincelles. C'est même sur ce dernier phénomène que Hertz s'est basé pour découvrir l'existence des ondes qui portent son nom.

Il y a entre l'onde hertzienne et l'électricité une différence de même ordre qu'entre la chaleur rayonnante et la chaleur par conduction que l'on confondait autrefois. Ce sont deux phénomènes fort différents puisque l'un se passe dans la matière, l'autre dans l'éther. Ils peuvent cependant se transformer également l'un dans l'autre. Un corps chauffé émet des ondes dans l'éther analogues à celles que produit une pierre lancée dans l'eau. Ces ondes, en frappant une substance matérielle, sont absorbées par elle et se transforment en chaleur. Dès que la subtance matérielle est échauffée elle rayonne aussitôt dans l'éther des ondes calorifiques, de même que l'onde hertzienne en touchant un corps l'électrise et lui donne la faculté d'émettre, à son tour, d'autres ondes hertziennes.

CHAPITRE III

Comparaison des propriétés du fluide électrique et des fluides matériels.

Nous avons fait voir que les particules électriques et le fluide qu'elles forment par leur réunion possèdent une inertie d'une nature spéciale diffèrent de celle de la matière et qui, jointe à d'autres propriétés, permet de considérer l'électricité sous toutes ses formes comme composant un monde intermédiaire entre la matière et l'éther.

Les propriétés de ce monde intermédiaire, nous allons les retrouver encore en comparant les lois de l'écoulement des fluides matériels à celles qui régissent la distribution du fluide électrique.

Les différences entre ces divers fluides sont trop visibles pour qu'il soit nécessaire de les indiquer longuement. Le fluide électrique est d'une mobilité qui lui permet de circuler dans un fil métallique avec la vitesse de la lumière, ce que ne pourrait aucune substance matérielle. Il échappe aux lois de la gravitation, alors que les équilibres des fluides matériels sont régis par ces seules lois, etc.

Les différences sont donc très grandes, mais les analogies le sont également. La plus remarquable est constituée par l'identité des lois qui régissent l'écoulement des fluides matériels et du fluide électrique. Quand on connaît les premières on connaît les secondes.

Cette identité qui a mis assez longtemps à s'établir, est devenue classique aujourd'hui. Les traités les plus élémentaires insistent à chaque page sur l'assimilation qu'on peut établir entre la distribution de l'électricité et celle des liquides. Ils ont soin néanmoins de faire remarquer que cette assimilation est symbolique et ne s'applique pas à tous les cas. En y regardant d'un peu plus près il a fallu cependant reconnaître qu'il ne s'agissait nullement d'une simple assimilation. Dans un travail récent[1], le savant mathématicien Bjerkness a montré qu'il suffit d'employer un certain système d'unités électriques pour que « les formules électriques et magnétiques deviennent *identiques* aux formules hydrodynamiques ».

Quelques exemples mettront de suite en évidence la similitude de ces lois. Pour leur donner plus d'autorité je les emprunte à un travail de Cornu publié il y a quelques années[2].

Il fait d'abord remarquer que la loi fondamentale de l'électricité, celle de Ohm $\left(i = \dfrac{e}{r} \right)$, aurait pu être déduite du mouvement des liquides dans les tuyaux de conduite dont les propriétés étaient connues depuis longtemps des ingénieurs.

Voici d'ailleurs, pour les cas les plus importants, la comparaison des lois régissant ces divers phénomènes. Une des deux colonnes s'applique aux fluides matériels, l'autre au fluide électrique.

Le débit d'un liquide dans l'unité de temps, par un tube de communication, est proportionnel à la différence de niveau et en raison inverse de la résistance du tube.	L'intensité d'un courant dans un fil donné est proportionnelle à la différence de potentiel existant entre les deux extrémités et en raison inverse de la résistance.

---

1. BJERKNESS. *Les actions hydrodynamiques à distance.*
2. CORNU. *Corrélation des phénomènes d'électricité statique et dynamique.*

Dans la chute d'un liquide à travers un tube de communication d'un niveau donné à un autre niveau également fixe, le travail disponible est égal au produit de la quantité de liquide par la différence de niveau.

La hauteur du niveau dans un vase croît proportionnellement à la quantité de liquide versé et en raison inverse de la section du vase.

Deux vases remplis de liquide, mis en communication convenable, sont en équilibre hydrostatique, lorsque leurs niveaux sont les mêmes.

La quantité totale de liquide se partage alors proportionnellement aux capacités des vases.

Dans le passage à travers un fil de l'électricité d'un potentiel donné à un autre potentiel également fixe, le travail disponible des forces électriques est égal au produit de la quantité d'électricité par la différence de potentiel (chute) d'électricité.

Le potentiel électrique d'un conducteur croît proportionnellement à la quantité d'électricité cédée (charge) et en raison inverse de la capacité du conducteur.

Deux conducteurs électrisés mis en communication sont en équilibre électrostatique lorsque leurs potentiels sont les mêmes.

La charge électrique totale se partage alors proportionnellement aux capacités des conducteurs.

Cornu, qui a multiplié ces analogies beaucoup plus que je ne viens de le faire, a soin de rappeler que ce sont là des assimilations d'un usage courant dans la pratique, « une canalisation électrique doit être traitée comme une distribution d'eau : en chaque point du réseau il faut assurer la pression nécessaire au débit ».

Tous les phénomènes précédents observés avec le fluide électrique aussi bien qu'avec les fluides matériels, sont le résultat de perturbations d'équilibre d'un fluide qui obéit à certaines lois pour reprendre son équilibre.

Les perturbations d'équilibre produisant les phénomènes électriques se manifestent lorsque, par un moyen quelconque, le frottement par exemple, on arrive à séparer les deux éléments, positif et négatif, dont on suppose formé le fluide électrique. Le rétablissement de l'équilibre est caractérisé par la recombinaison de ces deux éléments.

Il n'y a, comme je l'ai dit déjà, que les phénomènes résultant de perturbations d'équilibre qui nous soient accessibles. Le fluide électrique neutre, c'est-à-dire le fluide électrique n'ayant subi aucun changement d'équilibre, est une chose dont on peut supposer l'existence, mais qu'aucun réactif ne révèle. Il est cependant naturel de croire qu'il a une existence aussi réelle que celle de l'eau renfermée dans des réservoirs entre lesquels ne se trouve aucune dénivellation susceptible de produire un effet mécanique, révélateur de la présence du liquide. Ce que nous appelons électricité, provient uniquement des phénomènes résultant du déplacement du fluide dit électrique ou de ses éléments.

Nous venons de montrer que l'électricité en mouvement se conduit comme un fluide matériel ; mais pourquoi ces deux substances, évidemment si différentes, obéissent-elles aux mêmes lois ? L'analogie des effets indiquerait-elle l'analogie des causes ?

Nous savons qu'il n'en est rien. La pesanteur est sans action appréciable sur l'électricité, alors qu'elle est l'unique raison des lois de l'écoulement des liquides. Si un liquide passe d'un niveau supérieur à un niveau inférieur, c'est qu'il obéit à la gravitation, ce qui n'est pas du tout le cas de l'électricité. Le potentiel d'une chute d'eau, c'est-à-dire la différence de hauteur entre son point de départ et son point d'arrivée, est dû tout entier à la pesanteur et si de l'eau emmagasinée à une certaine hauteur représente de l'énergie, c'est qu'elle est attirée vers le centre de la terre, attraction à laquelle les parois qui l'emprisonnent l'empêchent seules d'obéir. Quand on laisse le liquide s'écouler en perçant le réservoir, sa chute produit, par suite de l'attraction terrestre, un travail correspondant à celui employé pour l'élever. Arrivé à la surface du sol il ne pourra plus produire de travail.

Si la gravitation qui détermine l'écoulement des liquides est entièrement étrangère aux phénomènes constatés dans la circulation du fluide électrique, quelle est leur cause?

Nous savons que cette cause agit exactement comme la gravitation, mais que, forcément, elle en diffère. Bien que sa nature intime soit inconnue ; nous pouvons la pressentir, puisque l'observation enseigne que le fluide électrique, en vertu de la répulsion réciproque de ses molécules, présente cette espèce de tendance à l'expansion nommée tension. C'est cette tension qui agit comme la gravitation. Et on ne trouvera pas surprenant qu'elle agisse d'une façon identique si on se souvient que tous les modes d'énergie, se présentant sous forme de quantité et de tension, obéissent aux mêmes lois générales.

Nous voyons donc se poursuivre les analogies — tantôt rapprochées, tantôt lointaines — entre les choses matérielles et celles qui ne le sont plus. C'est précisément à la nature intermédiaire de ces dernières entre l'éther et la matière, que sont dues les différences et les ressemblances constatées.

CHAPITRE IV

Les mouvements des particules électriques.
Théorie moderne de l'Électricité.

Nous venons de montrer les analogies du fluide électrique et des fluides matériels et constaté que les lois de leur distribution sont identiques.

Ces analogies deviennent très faibles et même finissent par s'évanouir quand au lieu d'examiner l'électricité à l'état de fluide, on étudie les propriétés des éléments dont ce fluide parait formé. On sait que, d'après les idées actuelles, il se composerait de particules dites électrons.

Cette conception de la structure discontinue, c'est-a-dire granulaire de l'électricité, qui remonte à Faraday et Helmholtz, a trouvé un grand appui dans les découvertes récentes.

Convenablement interprétée, elle nous permettra de rapprocher dans une vue d'ensemble, non seulement les phénomènes dits radio-actifs, mais encore ceux antérieurement connus en électricité et en optique, tels que le courant voltaïque, le magnétisme et la lumière notamment. La plupart de ces phénomènes peuvent être produits par de simples changements d'équilibre et de mouvement des particules électriques, c'est-à-dire par des déplacements d'une même chose. C'est ce que nous allons maintenant montrer.

Au lieu d'envisager un atome électrique ou électron, corps hypothétique, nous le remplacerons, pour la majorité des cas, par une petite sphère métallique électrisée. Cette simple substitution, qui ne modifie pas la théorie, a l'avantage de rendre possible les vérifications expérimentales.

Suivant que cette sphère sera en repos, en mouvement ou arrêtée dans son mouvement, elle pourra, comme nous allons le voir, produire toute la série des phénomènes électriques et lumineux.

Prenons donc notre petite sphère métallique, isolée par un moyen quelconque, et commençons par l'électriser. Rien n'est plus simple, puisqu'il suffit de la mettre en contact avec une substance hétérogène. Deux métaux différents, séparés après s'être touchés, restent comme on le sait chargés d'électricité. L'électrisation par frottement sur lequel les anciennes machines étaient basées ne représente qu'un cas particulier de l'électrisation par contact. Le frottement ne fait, en effet, que multiplier et renouveler les surfaces hétérogènes en présence.

Ceci posé, éloignons un peu notre sphère électrisée du corps avec lequel elle avait été d'abord mise en contact. On constate alors par divers moyens qu'elle lui est reliée pas des lignes dites de force auxquelles J.-J. Thomson attribue une structure fibreuse. Ces lignes tendent à rapprocher les corps entre lesquels elles existent et jouissent de la propriété de se repousser[1]. Faraday les comparait à des ressorts tendus entre les corps. Ce serait l'extrémité de ces ressorts qui constituerait les charges électriques.

Éloignons maintenant à une grande distance notre sphère de la substance qui a servi à l'électriser par

---

(1) Voir des photographies de ces répulsions de lignes de force ou plutôt de particules suivant la direction de lignes de force, fig. 6, p. 152.

18

son contact. Les lignes de force qui reliaient les deux corps restent attachées à chacun d'eux et rayonnent en ligne droite dans l'espace[1]. C'est à leur ensemble qu'on donne le nom de champ de force électro-statique.

Si notre sphère ainsi électrisée et entourée de lignes de force rayonnantes est bien isolée, elle conservera sa charge électrique et pourra produire tous les phénomènes étudiés en électricité statique : attraction des corps légers, production d'étincelles, etc.

Dans cet état de repos, la sphère électrisée ne possède aucune action magnétique comme le prouve son absence d'effet sur une aiguille aimantée. Elle ne peut acquérir cette propriété qu'après avoir été mise en mouvement.

Mettons-la donc en mouvement et admettons que sa vitesse soit uniforme.

Notre sphère électrisée va acquérir par le fait seul de son mouvement toutes les propriétés du courant voltaïque ordinaire, c'est-à-dire du courant qui circule le long des fils télégraphiques. On admet même dans la théorie actuelle qu'il ne peut y avoir d'autre courant que celui produit par le mouvement des électrons.

Mais, puisque notre sphère électrisée en mouvement se conduit comme un courant voltaïque, elle doit en posséder toutes les propriétés, et, par conséquent, l'action magnétique. Elle s'entoure, en effet, par le fait de son mouvement de lignes de force circulaires constituant un champ magnétique. Ces dernières enveloppent la trajectoire du corps électrisé et se superposent à son champ électro-statique composé comme nous l'avons dit de lignes droites rayonnantes.

---

(1) Voir p. 151, fig. 4, une photographie qui représente assez bien les lignes de force d'un corps électrisé au repos.

Ce champ magnétique dont s'entoure un corps électrisé en mouvement n'est pas du tout une simple vue théorique, mais un fait d'expérience révélé par la déviation imprimée à une aiguille aimantée placée dans son voisinage [1]. On montre facilement l'existence de ces lignes circulaires de force qui entourent un courant en lui faisant parcourir une tige métallique rectiligne traversant perpendiculairement à son plan une feuille de carton saupoudrée de limaille de fer. Ces limailles, attirées par le champ magnétique du courant, se disposent en cercles autour de la tige.

Ainsi donc par le fait seul qu'un corps électrisé est en mouvement, il acquiert les propriétés d'un courant électrique et d'un aimant. Cela revient à dire que toute variation d'un champ électrique produit un champ magnétique.

Mais ce n'est pas tout encore. Nous avons supposé que la vitesse de notre sphère électrisée en mouvement était uniforme. Faisons maintenant varier ce mouvement, soit en le ralentissant, soit en l'accélérant. De nouveaux phénomènes très différents des précédents vont apparaître.

Le changement de vitesse du corps électrisé a pour conséquence, par suite de l'inertie des particules électriques, la production des phénomènes dits d'induction, c'est-à-dire la naissance d'une force électrique nouvelle qui se manifeste dans une direction

---

(1) Ce fut Rowland qui dans une expérience, mémorable (origine de toutes les théories actuelles), prouva le premier qu'un corps électrisé en mouvement possède les propriétés d'un courant électrique dirigé dans le sens du mouvement et par conséquent est entouré d'un champ magnétique. Un disque isolant, couvert de secteurs métalliques chargés d'électricité, qu'on met en mouvement dévie une aiguille aimantée placée au-dessous de lui, exactement comme le fait un courant voltaïque ordinaire. Il y a quelques années un élève du laboratoire de M. Lippmann avait cru pouvoir contester cette expérience fondamentale, mais un savant physicien M. Pender l'obligea à reconnaître son erreur en lui montrant qu'il ne réussissait pas à obtenir la déviation prouvant l'existence d'un courant, simplement parce qu'il avait eu la malheureuse idée de recouvrir les secteurs métalliques d'un vernis isolant qui absorbe l'électricité.

perpendiculaire à celle des lignes magnétiques et
par conséquent dans la direction du courant. La
variation d'un champ magnétique a donc pour effet
de produire un champ électrique. C'est sur ce phénomène que beaucoup de machines industrielles produisant de l'électricité sont basées.

Un autre résultat de la superposition de cette force
nouvelle au champ magnétique du corps électrisé
dont on a modifié le mouvement, est l'apparition dans
l'éther de vibrations qui s'y propagent avec la vitesse
de la lumière. Ce sont des ondes de cette sorte
qu'utilise la télégraphie sans fil. Dans la théorie
électro-magnétique de la lumière, acceptée par tous
les physiciens actuels, on admet même que ces vibrations sont la cause unique de la lumière dès qu'elles
sont assez rapides pour être perçues par la rétine.

Dans tout ce qui précède, nous avons supposé que
le corps électrisé en mouvement se déplaçait dans
l'air ou dans un gaz à la pression ordinaire. Si on
l'oblige à se mouvoir dans un milieu très raréfié, de
nouveaux phénomènes fort différents encore des précédents apparaissent. Ce sont les rayons cathodiques
dans lesquels l'atome électrique paraît être entièrement dégagé de tout support matériel, puis les
rayons X engendrés par les chocs de ces atomes
électriques contre un obstacle. Ici, évidemment, nous
ne pouvons plus avoir recours à notre image d'une
sphère métallique électrisée. Il faut considérer uniquement la charge électrique débarrassée de la sphère
matérielle qui la portait.

Ainsi donc, comme nous le disions en commen-
çant, il suffit de modifier le mouvement et l'équilibre de certaines particules pour obtenir tous les
phénomènes électriques et lumineux.

La théorie qui précède est vérifiée, dans la plupart
des cas, par l'expérience. Elle n'est même, en réalité,
qu'une traduction théorique de l'expérience.

En ce qui concerne les phénomènes lumineux cependant elle n'avait reçue, avant les recherches de Zeeman, aucune confirmation expérimentale. C'était par hypothèse seulement qu'on admettait que ce sont les atomes électriques et non la matière qui entre en vibration dans les corps incandescents. On supposait qu'une flamme contient des électrons en mouvement autour d'une position d'équilibre avec une vitesse suffisante pour donner naissance à des ondes électro-magnétiques capables de se propager dans l'éther et de produire sur l'œil la sensation de la lumière quand elles sont assez rapides.

Pour justifier cette hypothèse il fallait pouvoir dévier les électrons des flammes par un champ magnétique puisqu'un corps électrisé en mouvement est déviable par un aimant. C'est cette déviation que Zeeman réussit à produire en faisant agir sur une flamme un électro-aimant puissant. Il constata alors en regardant la flamme au spectroscope que les raies spectrales étaient déviées et dédoublées.

De la distance qui sépare les lignes spectrales ainsi écartées, Zeeman a pu déduire le rapport $\frac{e}{m}$ existant entre la charge électrique e de l'électron dans la flamme et sa masse m. Ce rapport s'est trouvé exactement égal à celui des particules cathodiques de l'ampoule de Crookes. Cette mesure contribue à prouver l'identité d'une flamme ordinaire avec les rayons cathodiques.

On voit le rôle fondamental que jouent dans les idées actuelles les électrons. Pour beaucoup de physiciens ils formeraient l'unique élément du fluide électrique. « Un corps électrisé positivement, dit J. J. Thomson, serait simplement un corps ayant perdu quelques-uns de ses électrons. Le transport de l'électricité d'un point à un autre est réalisé par le transport des électrons de la place où il y a un excès d'électrisation positive à celle où il y a un excès d'électrisation négative ». L'aptitude des éléments à entrer dans les composés chimiques dépendrait de l'aptitude de leurs atomes à acquérir une charge d'électrons. Leur instabilité proviendrait de la perte ou de l'excédent de leurs électrons.

La théorie des électrons permet d'expliquer d'une façon très simple beaucoup de phénomènes, mais laisse subsister bien des incertitudes.

Par quel mécanisme s'opère la propagation si rapide des électrons dans les corps conducteurs, un fil télégraphique par exemple ? Comment se fait-il que les électrons traversent les métaux alors que ces derniers constituent un obstacle absolu aux étincelles électriques les plus violentes ? Pourquoi les électrons qui traversent les métaux ne peuvent-ils traverser un intervalle de 1 millimètre d'espace vide, comme on le constate en rapprochant dans un tube où a été fait le vide complet (vide de Hittorf), deux électrodes en relation avec une bobine d'induction. Alors même que cette dernière donnerait 50 centimètres d'étincelle, c'est-à-dire pourrait traverser 50 centimètres d'air, l'électricité sera impuissante à franchir 1 millimètre de vide[1].

L'électron est devenu aujourd'hui, pour beaucoup de physiciens, une sorte de fétiche universel avec lequel ils croient pouvoir expliquer tous les phénomènes. On lui a transféré les anciennes propriétés de l'atome et plusieurs le considèrent comme l'élément fondamental de la matière qui ne serait ainsi qu'un agrégat d'électrons.

De sa structure intime nous ne pouvons rien dire. Ce n'est pas donner une explication très sûre que d'assurer qu'il est constitué par un tourbillon d'éther

---

(1) En remplaçant les électrodes par de fines aiguilles j'ai pu obtenir quelquefois le passage du courant, mais je ne tire aucune conclusion de l'expérience n'étant pas certain que le vide du tube était complet.

comparable à un gyrostat. Ses dimensions seraient de toutes façons extraordinairement petites, mais peut-on le considérer comme indivisible, ce qui impliquerait qu'il possède une rigidité infinie? Ne serait-il pas lui-même d'une structure aussi compliquée que celle attribuée maintenant à l'atome et ne formerait-il pas, comme ce dernier, un véritable système planétaire? Dans l'infini des mondes, la grandeur et la petitesse n'ont qu'une valeur relative.

Ce qui nous semble le plus vraisemblable dans l'état actuel de nos connaissances, c'est que l'on confond sous le nom d'électricité, des choses extrêmement différentes ayant cet unique caractère commun de produire finalement certains phénomènes électriques. C'est une idée sur laquelle nous sommes revenus déjà plusieurs fois. Nous ne sommes pas plus fondé à qualifier d'électricité tout ce qui produit de l'électricité que nous serions fondé à qualifier de chaleur toutes les causes capables d'engendrer de la chaleur.

LIVRE VI

LE MONDE DU PONDÉRABLE.
NAISSANCE, ÉVOLUTION ET FIN DE LA MATIÈRE.

CHAPITRE PREMIER

Constitution de la Matière. — Les forces qui maintiennent les édifices matériels.

§ I. — LES IDÉES ANCIENNES SUR LA STRUCTURE DES ATOMES

Avant d'exposer les idées actuelles relatives à la constitution de la matière, nous rappellerons brièvement celles dont la science a vécu jusqu'ici.

Suivant des idées qui sont encore classiques, la matière serait composée de petits éléments indivisibles nommés atomes. Comme ils semblent persister à travers toutes les transformations des corps, on admet pour cette raison qu'ils sont indestructibles. Les molécules des corps, dernières particules subsistant avec les propriétés de ces corps, se composeraient d'un petit nombre d'atomes.

Cette notion fondamentale a plus de 2.000 ans d'existence. Le grand poète romain Lucrèce l'a exposée dans les termes suivants, que les livres modernes ne font guère que reproduire.

« Les corps ne sont pas anéantis en disparaissant à nos yeux : la nature forme de nouveaux êtres avec leurs débris et ce n'est que par la mort des uns qu'elle accorde la vie aux autres. *Les éléments sont inaltérables et indestructibles*... Les principes de la matière, les éléments du grand tout sont solides et éternels — nulle action étrangère ne peut les altérer. L'atome est le plus petit corps de la nature... Il représente le dernier terme de la division. Il existe donc dans la nature des corpuscules d'essence immuable... leurs différentes combinaisons changent l'essence des corps. »

Jusqu'à ces dernières années on n'avait ajouté à ce qui précède que quelques hypothèses sur la structure des atomes. Newton les considérait comme des corps durs incapables d'être déformés. W. Thomson, revenant aux idées de Descartes, les supposait constitués par des tourbillons analogues à ceux qu'on peut former en frappant à son extrémité postérieure une boîte rectangulaire pleine de fumée et dont la face antérieure est percée d'un trou. Il en sort des tourbillons de la forme d'un tore composé de filets gazeux tournant autour des méridiens de ce tore. L'ensemble se déplace tout d'une pièce et n'est pas détruit par le contact d'autres tores. Tous ces tourbillons présenteraient des oscillations et des vibrations permanentes dont l'intensité et la fréquence seraient modifiables par diverses influences, telles que celle de la chaleur.

C'est en grande partie sur l'ancienne hypothèse des atomes que fut fondée pendant le dernier siècle la théorie dite atomique. On admet d'abord que tous les corps amenés à l'état gazeux contiennent le même nombre de molécules sous le même volume. Leur poids à volume égal étant supposé proportionnel à celui de leurs atomes, on peut, par une simple pesée du corps en vapeur, connaître ce que l'on appelle son poids moléculaire d'où l'on déduit, par des procédés d'analyse que je n'ai pas à exposer ici, ce qu'on désigne conventionnellement sous le nom de poids atomique. Il est rapporté à celui de l'hydrogène pris pour unité.

Cette théorie atomique, que tous les livres enseignent encore, est un des meilleurs exemples à citer de ces hypothèses scientifiques, que chacun défend sans y croire. Berthelot, la qualifie de « roman ingénieux et subtil[1] », mais comme on n'en possédait pas d'autres et qu'elle facilitait considérablement les calculs, on la gardait avec soin, de même que l'on conservait jadis la théorie de l'émission en optique. Il ne faut pas examiner longtemps les bases des sciences les plus précises en apparence, celles de la mécanique par exemple, pour découvrir qu'elles sont formées le plus souvent d'hypothèses d'une fragilité évidente, bien que d'une utilité certaine. En fait on ne savait absolument rien de la nature des atomes.

§ 2. — LES IDÉES ACTUELLES SUR LA CONSTITUTION DE LA MATIÈRE

Il est très difficile d'exposer les idées actuelles sur la constitution de la matière, car elles sont encore en voie de formation. Nous sommes dans une période d'anarchie où l'on voit s'évanouir les théories anciennes et surgir celles qui serviront à édifier la science de demain.

Les savants, qui suivent dans les Revues et les Mémoires scientifiques publiés à l'étranger les expériences et les discussions auxquelles sont attachés les noms des plus éminents physiciens, assistent à un curieux spectacle. Ils voient fondre jour après jour des conceptions scientifiques fondamentales qui semblaient assez solidement établies pour rester éternelles. C'est une véritable révolution qui s'accomplit.

Les interprétations découlant des faits récemment

---

1. Berthelot. *La Synthèse chimique*, 1876, p. 164.

.découverts, bouleversent entièrement les bases mêmes de la physique et de la chimie et semblent appelées à renouveler toutes nos conceptions de l'univers. Notre enseignement supérieur officiel est trop exclusivement occupé en France à faire réciter les manuels préparant aux examens et trop hostile aux idées générales pour se préoccuper de ce prodigieux mouvement. La philosophie nouvelle des sciences en voie de naître ne l'intéresse pas.

La révolution scientifique qui s'accomplit semble rapide, mais cette rapidité est beaucoup plus apparente que réelle. La transformation des idées présentes sur la constitution de la matière qui semble s'être effectuée en quelques années fut préparée, en réalité, par un siècle de recherches.

Les idées scientifiques ne changent qu'avec une extrême lenteur. Lorsqu'elles paraissent se modifier brusquement, on constate toujours que cette transformation est la conséquence d'une évolution souterraine ayant demandé de longues années pour s'accomplir.

Cinq découvertes fondamentales forment la base sur laquelle s'édifièrent lentement les idées nouvelles relatives à la constitution de la matière. Ce sont : 1° les faits révélés par l'étude de la dissociation électrolytique ; 2° la découverte des rayons cathodiques ; 3° celle des rayons X ; 4° celle des corps dits radio-actifs comme l'uranium et le radium ; 5° la démonstration que la radio-activité n'appartient pas uniquement à certains corps, et constitue une propriété générale de la matière.

La plus ancienne de ces découvertes, puisque, en réalité, elle remonte à Davy, c'est-à-dire au commencement du dernier siècle, est celle de la dissociation des composés chimiques par un courant électrique. Divers physiciens, Faraday notamment, complétèrent plus tard son étude. Elle a conduit progressivement à la théorie de l'électricité atomique et à l'influence prépondérante que jouent les éléments électriques dans les réactions chimiques et les propriétés des corps.

La seconde des découvertes mentionnées plus haut, celle des rayons cathodiques, fit entrevoir qu'il pourrait bien exister un état de la matière différent de ceux déjà connus; mais cette idée resta sans influence jusqu'au jour où Roentgen, regardant de plus près les tubes de Crookes, que les physiciens maniaient depuis vingt ans sans y rien voir, remarqua qu'il en sortait des rayons particuliers, absolument différents de tout ce que l'on connaissait, auxquels il donna le nom de rayons X. Une chose imprévue, entièrement nouvelle, ne présentant d'analogie d'aucune sorte avec les phénomènes connus, faisait ainsi irruption dans la science.

La découverte de la radio-activité de l'uranium, puis du radium, et enfin celle de la radio-activité universelle de la matière suivit de très près celle des rayons X. On ne vit pas, d'abord, le lien qui rattachait tous ces phénomènes de si dissemblable apparence. Il fut établi par mes recherches qu'ils ne formaient qu'une seule chose.

Bien avant ces dernières découvertes, on savait fort bien que l'électricité joue un rôle essentiel dans les réactions chimiques, mais on la croyait simplement superposée aux molécules matérielles. Par la découverte de l'électrolyse, Faraday avait montré que les molécules des corps composés portent une charge d'électricité neutre de grandeur définie et constante qui se dissocie en ions positifs et en ions négatifs, quand les solutions des sels métalliques sont traversées par un courant électrique.

Les molécules des corps furent alors considérées comme composées de deux éléments, une particule matérielle, puis une charge électrique qui lui serait combinée ou superposée.

Les idées le plus généralement admises avant les découvertes récentes sont bien exprimées dans le passage suivant d'un travail publié, il y a quelques années, par M. Nernst, professeur de chimie à l'Université de Gœttingen.

« Les ions sont une sorte de combinaison chimique entre les éléments ou radicaux et les charges électriques... la combinaison entre la matière et l'électricité est soumise aux mêmes lois que les combinaisons entre matières différentes : lois des proportions définies ; lois des proportions multiples... Si nous admettons que le fluide électrique est continu, les lois de l'électro-chimie semblent inexplicables ; si, au contraire, nous supposons que la quantité d'électricité se compose de particules de grandeur invariable, les lois précitées en seront évidemment une conséquence. *Dans la théorie chimique de l'électricité, en plus des éléments connus, il y en aurait deux autres : l'électron positif et l'électron négatif.* »

Dans cette phase d'évolution des idées, l'électron positif et l'électron négatif étaient simplement deux substances à ajouter à la liste des corps simples et capables de se combiner avec eux. L'ancienne idée de l'atome matériel persistait toujours.

Dans la période d'évolution actuelle, on tend à aller beaucoup plus loin. Après s'être demandé si ce support matériel de l'électron était vraiment nécessaire, plusieurs physiciens sont arrivés à la conclusion qu'il ne l'était pas du tout. Ils le rejettent entièrement et considèrent l'atome uniquement constitué par un agrégat de particules électriques sans d'autres éléments. Ces particules pourraient se dissocier en ions positifs et en ions négatifs, suivant le mécanisme précédemment exposé.

C'était un pas énorme, et il s'en faut de beaucoup que tous les physiciens l'aient franchi.

Une grande incertitude règne encore dans leurs idées et leur langage. Pour la plupart, le support matériel reste nécessaire, et les particules électriques, c'est-à-dire les électrons, sont mêlés ou superposés aux atomes matériels. Ces électrons, toujours d'après eux, circuleraient à travers les corps conducteurs, tels que les métaux, avec une vitesse de l'ordre de celle de la lumière, par un mécanisme d'ailleurs totalement inconnu.

Pour les partisans de la structure exclusivement électrique de la matière, l'atome se composerait uniquement de tourbillons électriques. Autour d'un petit nombre d'éléments positifs tourneraient avec une extrême vitesse des électrons négatifs, dont le nombre ne serait pas inférieur à un millier et souvent très supérieur. Leur ensemble formerait un atome qui serait ainsi une sorte de système solaire en miniature. « L'atome de matière, écrit Larmor, se compose d'électrons et de rien d'autre ».

Sous sa forme habituelle l'atome serait électriquement neutre. Il deviendrait positif ou négatif seulement lorsqu'on le dépouillerait d'électrons de noms contraires, comme on le fait dans l'électrolyse. Toutes les réactions chimiques seraient dues à des pertes ou à des gains d'électrons.

Si, au lieu d'être en mouvement rapide dans l'atome les électrons étaient en repos ils se précipiteraient les uns sur les autres, mais la vitesse dont ils sont animés fait que leur force centrifuge fait équilibre à leurs attractions réciproques. Quand la vitesse de rotation est réduite par une cause quelconque, telle qu'une perte d'énergie cinétique due à la radiation des électrons dans l'éther, l'attraction peut l'emporter et les électrons tendent à se réunir ; si c'est, au contraire, la force centrifuge qui l'emporte, ils s'échappent dans l'espace, comme on le constate dans les phénomènes radio-actifs.

L'atome, et par conséquent la matière, n'est donc en équilibre stable que grâce aux mouvements des éléments qui la composent. On peut comparer ces éléments à une toupie, qui lutte contre la pesanteur tant que l'énergie cinétique due à sa rotation dépasse une certaine valeur. Si elle descend au-dessous de cette valeur, l'instrument perd son équilibre et tombe sur le sol.

Les mouvements des éléments atomiques sont bien autrement compliqués encore que ceux qui viennent d'être supposés. Non seulement ils sont dans la dépendance les uns des autres, mais encore ils sont reliés à l'éther par leurs lignes de force et ne semblent être en réalité que des noyaux de condensation dans l'éther.

Tel est, dans ses grandes lignes, l'état actuel des idées en voie de formation sur la constitution des atomes dont la matière est formée. Ces idées peuvent se concilier très bien avec celles que je me suis efforcé d'établir dans cet ouvrage et d'après lesquelles l'atome serait un réservoir colossal d'énergie condensée sous la forme déjà expliquée.

Quel que soit l'avenir de ces théories on peut déjà dire avec certitude que l'ancien atome des chimistes, jadis estimé si simple, est d'une extrême complication. Il apparaît de plus en plus comme une sorte de système sidéral comprenant un ou plusieurs soleils et des planètes gravitant autour de lui avec une immense vitesse. De l'architecture de ce système dérivent les propriétés des divers atomes, mais leurs éléments fondamentaux semblent identiques.

§ 3. — GRANDEUR DES ÉLÉMENTS DONT SE COMPOSE LA MATIÈRE.

Les molécules des corps et, à plus forte raison, les atomes, ont une petitesse extrême. Les plus infimes microbes sont d'énormes colosses auprès des éléments primitifs de la matière.

Des considérations diverses ont permis d'évaluer leurs grandeurs. Elles conduisent à des chiffres qui ne disent plus rien à l'esprit parce que les nombres infiniment petits sont aussi difficiles à se représenter que les nombres infiniment grands.

C'est grâce à l'extrême petitesse des éléments dont sont formés les atomes que la matière, en se dissociant, peut émettre d'une façon permanente et sans perdre sensiblement de son poids, une véritable poussière de particules.

Nous avons parlé, dans un précédent chapitre, des millions de corpuscules par seconde que peut émettre durant des siècles 1 gramme d'un corps radio-actif. De tels chiffres provoquent toujours une certaine défiance, parce que nous n'arrivons pas à nous représenter l'extraordinaire petitesse des éléments de la matière. Cette défiance disparaît quand on constate que des substances très ordinaires sont susceptibles, sans subir aucune dissociation, d'être pendant des années le siège d'une émission de particules abondantes, faciles à constater par l'odorat, sans que cette émission soit appréciable aux plus sensibles balances.

M. Berthelot s'est livré sur ce sujet à d'intéressantes recherches[1]. Il a essayé de déterminer la perte de poids que subissent des corps très odorants bien que fort peu volatils. L'odorat est d'une sensibilité infiniment supérieure à celle de la balance, puisque, pour certaines substances telles que l'iodoforme, la présence de 1 centième de millionième de milligramme peut, suivant M. Berthelot, être facilement révélée.

Ses recherches ont été faites avec ce corps et il est arrivé à la conclusion que 1 gramme d'iodoforme perd seulement 1 centième de milligramme de son poids en une année, c'est-à-dire 1 milligramme en cent ans, bien qu'émettant sans cesse un flot de particules odorantes dans toutes les directions. M. Berthelot ajoute

---

1. *Comptes Rendus de l'Académie des Sciences*, 21 mai 1901.

que si, au lieu d'iodoforme, on s'était servi de musc, les poids perdus auraient été beaucoup plus petits « mille fois plus peut-être », ce qui ferait 100.000 ans pour la perte de 1 milligramme.

Le même savant fait remarquer dans un travail postérieur « qu'il n'est presque aucun corps métallique ou autre qui ne manifeste, surtout par friction, des odeurs propres », ce qui revient à dire que tous les corps s'évaporent lentement.

Ces expériences nous donnent une idée de l'immensité du nombre de particules que peut contenir une minime quantité de matière[1].

D'après des expériences diverses dont les auteurs les plus récents Rutherford, Thomson, etc., ont accepté les résultats, 1 millimètre cube d'hydrogène contiendrait 36 millions de milliards de molécules. C'est un chiffre dont on ne peut comprendre la grandeur qu'en le transformant en unités faciles à interpréter. On aura une idée de son énormité en recherchant quelle serait la dimension d'un réservoir nécessaire pour contenir un nombre égal de grains de sable cubiques ayant chacun 1 millimètre de côté. Ces 36 millions de milliards de grains de sable ne pourraient être enfermés que dans un réservoir parallélipipédique dont la base aurait 100 mètres sur chacune de ses faces et une hauteur de 3.600 mètres. Il faudrait rendre ce dernier chiffre

---

1. Des considérations diverses antérieures, d'ailleurs, aux théories actuelles avaient conduit depuis longtemps à donner aux molécules des corps une extrême petitesse. On a calculé qu'il fallait 6 à 700 millions de bactéries pour faire le poids de 1 milligramme. Certaines de ces bactéries donnent naissance en 24 heures à 16 millions d'individus. Le professeur Mackendrick fait remarquer qu'un germe organique contient nécessairement un nombre immense de molécules puisqu'il doit renfermer les caractéristiques héréditaires d'une longue série d'ancêtres. Il cite des spores ayant 1/20.000ᵉ de millimètre au-dessous desquels il y en a probablement que nous ne voyons pas comme le prouverait l'action de solutions filtrées où le microscope ne découvre rien. Suivant Wismann un corpuscule du sang dont la dimension est d'environ 7 millièmes de millimètre, contiendrait 3 milliards 625 millions de particules. La tête d'un spermatozoïde suffisante pour la fécondation d'un œuf et ayant un diamètre de 1/20ᵉ de millimètre, contiendrait 25 milliards de « molécules organiques » composées chacune de plusieurs atomes.

19.

1.000 fois plus grand encore si on voulait représenter la quantité de particules que pourrait donner 1 millimètre cube d'hydrogène par la dissociation de ses atomes.

§ 4. — LES FORCES QUI MAINTIENNENT LES ÉDIFICES MOLÉCULAIRES.

Nous avons vu que la matière est constituée par la réunion d'éléments de structure très compliquée nommés molécules et atomes. On est obligé d'admettre que ces éléments ne se touchent pas, car, autrement, les corps ne pourraient ni se dilater, ni se contracter, ni changer d'état. Il a fallu également supposer ces particules animées de mouvements giratoires permanents. Les variations de ces mouvements peuvent seuls expliquer, en effet, les absorptions et les dépenses d'énergie qui se constatent dans l'édification et la destruction des composés chimiques.

Nous devons donc nous représenter un corps quelconque, un bloc d'acier ou un fragment rigide de rocher, comme composé d'éléments isolés en mouvement ne se touchant jamais. Les atomes dont chaque molécule est formée contiennent eux-mêmes des milliers d'éléments décrivant autour d'un ou plusieurs centres des courbes aussi régulières que celles des astres.

Quelles sont les forces qui maintiennent en présence les particules dont est formée la matière et l'empêchent de tomber en poussière?

L'existence de ces forces est évidente, mais leur nature reste totalement inconnue. Les noms de cohésion et d'affinité par lesquels on les désigne ne nous apprennent rien. L'observation révèle seulement que les éléments de la matière exercent des attractions et des répulsions. Nous pouvons cependant ajouter à cette brève constatation que l'atome étant un énorme réservoir de forces, on peut admettre, comme je l'ai fait remarquer déjà dans un autre chapitre, que la cohésion et l'affinité sont des manifestations de l'énergie intra-atomique.

La stabilité des édifices moléculaires reliés par la cohésion est généralement assez grande. Elle ne l'est cependant pas assez pour que la chimie ne puisse la modifier ou la détruire par divers moyens, la chaleur notamment, c'est pourquoi il est possible de liquéfier les corps, les réduire en vapeurs et les décomposer. La stabilité des édifices atomiques, dont les molécules sont formées, est au contraire si grande qu'on se croyait fondé à déclarer, après des expériences séculaires, l'atome inaltérable et indestructible.

La cohésion qui maintient les éléments des corps en présence, se manifeste par des actions attractives et répulsives exercées par les molécules les unes sur les autres.

La grandeur des forces produisant la cohésion se mesure par l'effort que nous sommes obligés de produire pour déformer un corps. Il reprend son état primitif quand on cesse d'agir sur lui, ce qui prouve l'existence au sein de la matière de forces attractives. Il résiste, quand on tente de le comprimer, ce qui montre l'existence de forces de répulsion lorsque les molécules se rapprochent au delà d'une certaine limite.

Les attractions et répulsions par lesquelles se manifestent la cohésion sont intenses, mais leur rayon d'activité est extrêmement restreint. Elles n'exercent aucune action à distance, comme le fait, par exemple, la gravitation. Il suffit pour les annuler d'écarter suffisamment les molécules des corps par la chaleur. La force de cohésion étant abolie, le corps le plus rigide est aussitôt transformé en liquide ou en vapeur.

En dehors des attractions et répulsions qui s'exercent entre les particules d'un même corps, il en est d'autres se produisant entre les particules de corps différents et qui varient suivant ces corps. On les désigne sous le terme général d'affinité. Ce sont elles qui déterminent la plupart des réactions chimiques.

Les attractions et répulsions résultant de l'affinité engagent les atomes dans des combinaisons nouvelles ou permettent de les séparer de ces combinaisons. Les réactions chimiques ne sont que des destructions et des rétablissements d'équilibre dus aux affinités des corps en présence. On sait, par les effets des explosifs, la puissance des actions que l'affinité peut produire quand certains équilibres sont troublés.

C'est de la façon dont l'énergie d'affinité groupe les atomes que résultent les édifices moléculaires. Ils peuvent être très instables et alors le moindre excitant, un choc ou même le frottement d'une barbe de plume, suffisent à les détruire. Tels le fulminate de mercure, l'iodure d'azote et divers explosifs. L'édifice peut être, au contraire, si solide qu'il est difficilement destructible. Tels ces sels organiques d'arsenic, comme le cacodylate de soude, où la molécule est si stable qu'aucun réactif ne peut révéler la présence de la quantité pourtant énorme d'atomes d'arsenic qu'elle contient. L'eau régale, l'acide nitrique fumant, l'acide chromique sont sans action sur l'édifice moléculaire : c'est une forteresse solidement construite.

§ 5. — LES ATTRACTIONS ET RÉPULSIONS DES MOLÉCULES MATÉRIELLES ISOLÉES ET LES FORMES D'ÉQUILIBRE QUI EN RÉSULTENT.

Les énergies d'affinité et de cohésion se manifestent donc par des attractions et des répulsions. Nous avons déjà vu que c'est par ces deux formes de mouvement, — qu'il s'agisse de particules matérielles ou électriques, — que se traduisent généralement les phénomènes ; c'est pourquoi leur étude a toujours tenu dans la science une place prépondérante. Beaucoup de physiciens ramènent encore les phénomènes de l'univers à l'étude d'attractions et de répulsions de molécules soumises aux lois de la mécanique. « Tous les phénomènes terrestres, disait Laplace, dépendent des attractions moléculaires, comme les phénomènes célestes dépendent de la gravitation universelle ».

Il paraît probable aujourd'hui que les choses de la nature sont plus compliquées. Si les attractions et répulsions semblent jouer un si grand rôle, c'est que de tous les effets que les forces peuvent produire, ces mouvements nous sont le plus facilement accessibles.

Les équilibres déterminés par les attractions et répulsions naissant au sein des corps solides, sont très difficilement discernables, mais nous pouvons les rendre visibles en isolant leurs particules. Le moyen est facile puisqu'il n'y a qu'à dissoudre les corps dans un liquide convenable. Les molécules sont alors à peu près aussi libres que si le corps était transformé en gaz et on observe facilement les effets des attractions et des répulsions mutuelles. On sait, d'ailleurs, que les molécules d'un corps dissous se meuvent au sein du dissolvant en y développant la même pression que si elles étaient gazéifiées dans le même espace.

Ces attractions exercées par les molécules en liberté sont d'une observation journalière. A elles sont dues les formes que prend la goutte de liquide restant attachée à l'extrémité d'une baguette de verre. Elles sont l'origine de ce qu'on a nommé la tension superficielle des liquides, tension en vertu de laquelle une surface se comporte comme si elle était formée d'une membrane tendue.

Toutes les attractions et répulsions ne peuvent s'exercer qu'à une certaine distance. On donne, comme on le sait, le nom de champ de force à l'espace dans lequel elles s'exercent et celui de lignes de force aux directions suivant lesquelles se produisent les effets attractifs et répulsifs.

C'est dans les phénomènes dits osmotiques que se manifestent le mieux les attractions et répulsions moléculaires. Lorsque au-dessus d'une solution aqueuse de certains sels, du sulfate de cuivre, par exemple, on verse lentement de l'eau, on remarque, par la simple différence de couleur, que les liquides

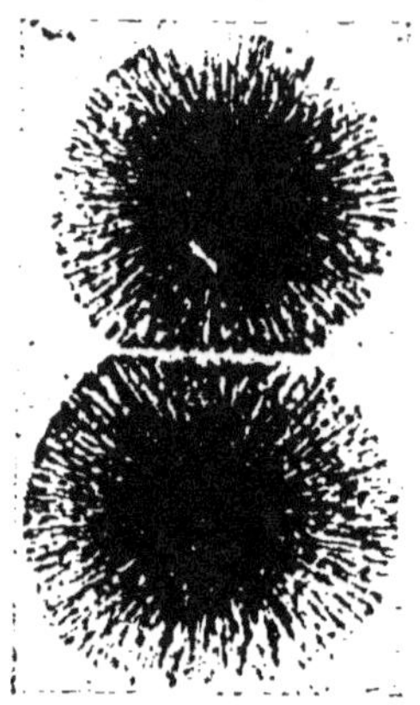

Fig. 28.   Fig. 29.

Répulsions et attractions de molécules au sein d'un liquide[1].

sont d'abord séparés, mais bientôt on voit les molécules du sel dissous se diffuser dans le liquide qui les surmonte. Il existe donc en elles une force leur permettant de vaincre la pesanteur. Cette force de diffusion est la conséquence de l'attraction réciproque des particules de l'eau et du sel dissous. On lui a donné le nom de pression ou de tension osmotique.

Toutes les substances jouissant de la propriété de se dissoudre dans un liquide attirent leur dissolvant

---

1. Les photographies 28 à 32 ont été exécutées par M. le professeur Stéphane Leduc.

et inversement sont attirées par lui. De la chaux mise dans un vase attire rapidement la vapeur d'eau de l'atmosphère et augmente de volume au point de briser le vase.

Les attractions osmotiques sont très énergiques. Dans les cellules des plantes, elles peuvent faire équilibre à des pressions de 160 atmosphères, et même beaucoup plus, d'après certains auteurs. Elles sont rarement inférieures à une dizaine d'atmosphères.

Bien que la grandeur de la pression osmotique soit considérable, puisque 342 gr. de sucre dissous dans un litre d'eau, exercent une pression de 22 atmosphères, cette pression ne se manifeste pas sur les parois du vase, parce que le dissolvant oppose de la résistance au mouvement des

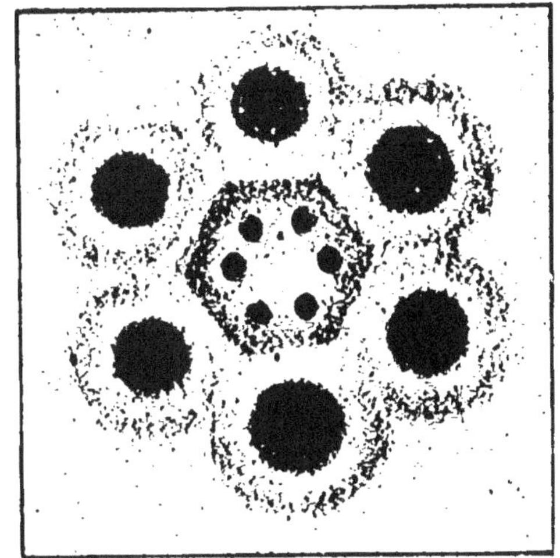

Fig. 30.

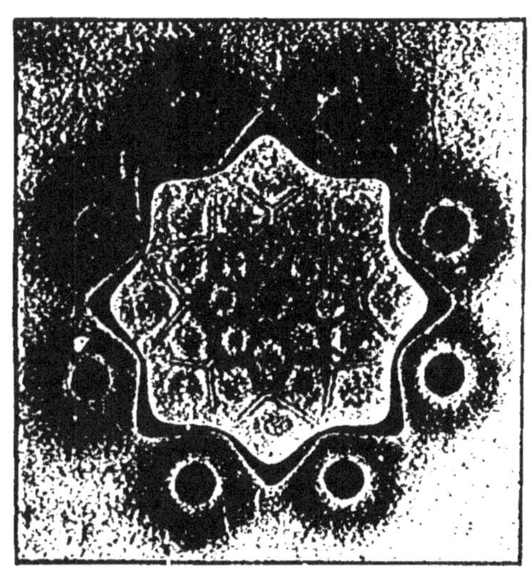

Fig. 31.

Fig. 30 et 31 : *Photographies de cellules artificielles résultant des attractions et répulsions moléculaires au sein d'un liquide.*

molécules. Pour la mesurer, il faut séparer les corps
en présence par une cloison imperméable à l'un
d'eux. De telles cloisons sont dites, pour cette raison,
semi-perméables. Il serait plus correct peut-être de
dire : inégalement perméables. Chez les cellules des
plantes, la cloison est formée par leurs parois.

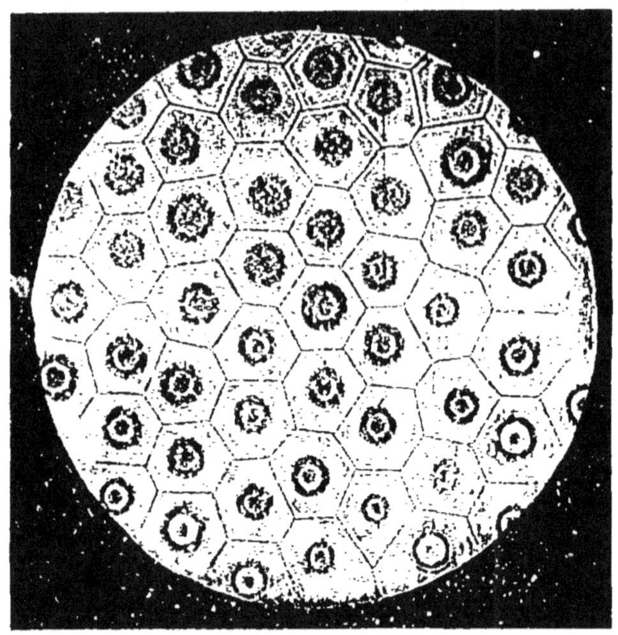

Fig. 32.

Photographie de cellules artificielles obtenues par diffusion.

Dans les phénomènes osmotiques, il y a toujours
production de deux courants en sens inverse dits
d'exosmose ou d'endosmose, dont l'un peut primer
l'autre.

Ces simples attractions et répulsions moléculaires,
agissant au sein des liquides, régissent un grand
nombre de phénomènes vitaux et sont, peut-être,
une des causes les plus importantes de la formation des êtres vivants. « La pression osmotique,

dit Van't Hoff, est un facteur fondamental dans les diverses fonctions vitales des animaux et des végétaux. D'après Vriès, c'est elle qui règle la croissance des plantes; selon Massart, elle gouverne la vie des germes pathogènes. »

Les molécules qui existent au sein d'un liquide pouvant s'attirer ou se repousser à distance, sont nécessairement entourées d'un champ de force, c'est-à-dire d'une région dans laquelle s'exerce leur action.

En utilisant les attractions et répulsions des molécules en liberté dans un liquide, M. Leduc a r´ıssi à créer des formes géométriques tout à fait analogues à celles des cellules des êtres vivants. Suivant les mélanges employés, il a pu mettre en présence des particules qui s'attirent ou se repoussent, comme les atomes électriques. En étendant sur une plaque de verre une solution de nitrate de potasse sur laquelle on verse, à deux centimètres l'une de l'autre, deux gouttes d'encre de Chine, on obtient deux pôles dont les lignes de force se repoussent. Pour obtenir deux pôles de nom contraire et dont, par conséquent, les lignes de force s'attirent, on place dans une solution étendue du sel indiqué plus haut, un cristal de nitrate de potasse et à 2 centimètres une goutte de sang défibriné. En réunissant plusieurs gouttes, pouvant produire des pôles de même nom, on obtient des polyèdres ayant l'aspect des cellules des êtres vivants (fig. 32). Si, enfin, on fait cristalliser un sel dans une solution colloïdale, de la gélatine, par exemple, le champ de force de cristallisation, pouvant agir en sens inverse des attractions osmotiques, la forme du cristal se trouve changée. Ces recherches jettent une vive lumière sur l'origine des phénomènes vitaux fondamentaux.

Les données qui précèdent sur la constitution de la matière peuvent se résumer ainsi : dès qu'on a pu

soulever le voile des apparences, la matière, si inerte
d'aspect, s'est montrée d'une organisation extrêmement compliquée et possédant une vie intense. Son
élément primitif, l'atome, est un système solaire en
miniature composé de particules tournant les unes
autour des autres sans se toucher et poursuivant
incessamment leur course éternelle sous l'influence
des forces qui les dirigent. Si ces forces cessaient
d'agir un seul instant, le monde et tous ses habitants
seraient instantanément réduits en une invisible
poussière.

A ces équilibres prodigieusement compliqués de la
vie intra-atomique se superposent, par suite de l'association des atomes, d'autres équilibres qui les com-
pliquent encore. Des lois mystérieuses uniquement
connues par quelques-uns de leurs effets, interviennent
pour édifier avec les atomes les édifices matériels dont
les mondes sont formés. Relativement très simples
dans le règne minéral, ces édifices se sont compliqués graduellement, comme nous allons le montrer
maintenant, et ont fini, après de lentes accumulations d'âges, par engendrer ces associations chimiques extrêmement mobiles qui constituent les
êtres vivants.

CHAPITRE II

Mobilité et sensibilité de la Matière. Variations des équilibres matériels sous l'influence des milieux.

§ I — MOBILITÉ ET SENSIBILITÉ DE LA MATIÈRE.

Nous sommes actuellement à cette phase de l'histoire des atomes où, sous l'influence de causes ignorées, dont nous ne pouvons que constater les effets, ils ont fini par former les divers composés constituant notre globe et les êtres vivants. La matière est née et va persister pendant une longue succession d'âges.

Elle persiste avec des caractères divers dont le plus net en apparence est la stabilité de ses éléments. Ils servent à construire des édifices chimiques dont la forme varie facilement, mais dont la masse reste pratiquement invariable à travers tous les changements.

Ces édifices chimiques, formés par les combinaisons atomiques, semblent très fixes, mais ils sont, en réalité, d'une mobilité très grande. Les moindres variations de milieu — température, pression, etc. — modifient instantanément les mouvements des éléments constitutifs de la matière.

C'est qu'en effet un corps aussi rigide en apparence qu'un bloc d'acier, représente simplement un état d'équilibre entre son énergie intérieure et les énergies extérieures, chaleur, pression, etc., qui l'entourent. La matière cède à l'influence de ces dernières comme un fil élastique obéit aux tractions exercées sur lui mais reprend sa forme dès que la traction a cessé, si elle n'a pas été trop considérable.

La mobilité des éléments de la matière est un de ses caractères les plus faciles à constater, puisqu'il suffit d'approcher la main du réservoir d'un thermomètre pour voir la colonne liquide se déplacer aussitôt. Ses molécules se sont donc écartées sous l'influence d'une légère chaleur. Quand nous approchons la main d'un bloc de métal, les mouvements de ses éléments se modifient également, mais d'une façon si faible pour nos sens qu'ils ne les perçoivent pas et c'est pourquoi la matière nous apparaît comme très peu mobile.

La croyance générale à sa stabilité semble confirmée d'ailleurs par l'observation, que pour faire subir à un corps des modifications considérables, par exemple pour le fondre ou le réduire en vapeur, il faut des moyens très puissants.

Des méthodes d'investigation suffisamment précises montrent, au contraire, que non seulement la matière est d'une mobilité extrême, mais encore douée d'une sensibilité inconsciente dont la sensibilité consciente d'aucun être vivant ne saurait approcher.

Les physiologistes mesurent comme on le sait, la sensibilité d'un être par le degré d'excitation nécessaire pour obtenir de lui une réaction. On le considère comme fort sensible lorsqu'il réagit sous des excitants très faibles. En appliquant à la matière brute un procédé d'investigation analogue, on constate que la substance la plus rigide et la moins sensible en

apparence, est au contraire d'une sensibilité invraisemblable. La matière du bolomètre, constitué en
dernière analyse par un mince fil de platine, est tellement sensible qu'elle réagit — par une variation de
conductibilité électrique — quand elle est frappée
par un rayon de lumière d'une intensité assez faible
pour ne produire qu'une élévation de température de
un cent-millionième de degré.

Avec les progrès des moyens d'étude, cette extrême
sensibilité de la matière se manifeste de plus en
plus. M. H. Steele a constaté qu'il suffit de toucher
légèrement du doigt un fil de fer pour qu'il devienne
aussitôt le siège d'un courant électrique. On sait qu'à
des centaines de kilomètres les ondes hertziennes
modifient profondément l'état des métaux qu'elles
atteignent puisqu'elles changent dans d'énormes
proportions leur conductibilité électrique. C'est, sur
ce phénomène que la télégraphie sans fil est
basée.

L'extraordinaire sensibilité de la matière qui a
permis de créer le bolomètre et la télégraphie sans
fil, est utilisée dans d'autres instruments d'un emploi
industriel ; tel, par exemple, le télégraphone de
Poulsen, qui permet de conserver et de reproduire la
parole par les changements de magnétisme provo-
qués à la surface d'un ruban d'acier se déroulant
entre les pôles d'un électro-aimant aux bornes duquel
est relié un microphone. Quand on parle devant la
membrane de ce dernier, les très minimes fluctua-
tions du courant dans le circuit microphonique occa-
sionnent dans les molécules du ruban d'acier des
variations de magnétisme dont le métal garde la trace.
Ce sont elles qui permettront de reproduire à volonté
la parole en faisant repasser le même ruban entre les
pôles d'un électro-aimant inséré dans le circuit d'un
téléphone.

Cette sensibilité de la matière, si contraire à ce que

l'observation vulgaire semblait indiquer, devient de plus en plus familière aux physiciens ; c'est pourquoi une expression comme celle-ci : « la vie de la matière », dénuée de sens, il y a seulement vingt-cinq ans, est devenue d'un usage courant. L'étude de la matière brute révèle de plus en plus chez elle, en effet, des propriétés semblant jadis l'apanage exclusif des êtres vivants. En se basant sur ce fait que « le signe le plus général et le plus délicat de la vie est la réponse électrique », M. Bose a prouvé que cette réponse électrique « considérée généralement comme l'effet d'une force vitale inconnue » existe dans la matière. Et il montre par des expériences ingénieuses « la fatigue » des métaux et sa disparition après le repos, l'action des excitants, des déprimants et des poisons sur ces mêmes métaux.

Il ne faut pas trop s'étonner de rencontrer dans la matière des propriétés qui paraissaient appartenir uniquement aux êtres vivants, et il serait inutile d'y chercher une explication simpliste du mystère si impénétré encore de la vie. Les analogies constatées tiennent vraisemblablement à ce que la nature ne varie pas beaucoup ses procédés et construit tous les êtres, du minéral jusqu'à l'homme, avec des matériaux semblables et doués, par conséquent, de propriétés communes. Elle applique toujours ce principe fondamental de la moindre action, qui suffirait à lui seul à établir les équations fondamentales de la mécanique. Il consiste, comme on le sait, dans cet énoncé si simple et d'une portée si profonde : parmi tous les chemins conduisant d'une situation à une autre, une molécule matérielle sollicitée par une force ne peut prendre qu'une seule direction, celle qui demande le moindre effort. On s'apercevra probablement un jour que ce principe n'est pas applicable seulement à la mécanique, mais aussi à la biologie. Il est peut-être la cause secrète de ces lois de

continuité observées dans beaucoup de phénomènes.

§ 2. — VARIATION DES ÉQUILIBRES MATÉRIELS
SOUS L'INFLUENCE DES MILIEUX

La matière est donc, comme tous les êtres, dans
l'étroite dépendance du milieu et modifiée par les
moindres changements de ce milieu. Si ces changements ne dépassent pas certaines limites, la vitesse
et l'amplitude du mouvement des molécules matérielles sont modifiées sans que la position relative de
ces molécules soit changée. Si ces limites sont dépas-
sées les équilibres matériels sont détruits ou transformés. La plupart des réactions chimiques nous font
assister à de telles transformations.

Mais de toutes façons la matière est si mobile et si
sensible que les changements les plus insignifiants de
milieu, par exemple une élévation ou un abaissement
de température de un millionième de degré, se traduisent par des modifications que les instruments
permettent de constater.

La matière, telle que nous la connaissons ne représente, comme il a été déjà dit, qu'un état d'équilibre,
une relation entre les forces intérieures qu'elle recèle
et les forces externes pouvant agir sur elles. Les
secondes ne sont pas modifiables sans que les premières changent également, de même qu'on ne peut
toucher à l'un des plateaux d'une balance équilibrée
sans faire osciller l'autre.

On peut donc dire, employant le langage mathématique, que les propriétés de la matière sont une
fonction de plusieurs variables, la température et la
pression notamment.

Ces diverses influences sont susceptibles d'agir
séparément, mais elles peuvent aussi combiner leurs

actions. C'est ainsi qu'il existe une température, — variable pour chaque corps, — dite critique, au-dessus de laquelle ce corps ne peut exister à l'état liquide. Il passe alors immédiatement à l'état gazeux et y demeure, quelle que soit la pression exercée sur lui. Si on chauffe de l'eau dans un tube fermé, il arrive un moment où, brusquement, elle se transforme totalement en un gaz tellement invisible que le tube semble absolument vide. Pendant longtemps, beaucoup de gaz n'ont pu être liquéfiés, précisément parce qu'on ignorait que l'action de la pression est entièrement nulle si la température du gaz n'a pas été d'abord abaissée au-dessous de son point critique. L'acide carbonique se liquéfie très facilement par la pression à une température inférieure à 31 degrés. Au-dessus de cette température aucune pression ne pourrait l'amener à l'état liquide.

Il faut donc considérer la matière comme une chose très mobile, en équilibre très instable et ne pouvant être conçue indépendante de son milieu. Elle ne possède aucune propriété indépendante en dehors de son inertie d'où résulte la constance de sa masse. Cette propriété est absolument la seule qu'aucun changement de milieu, pression, température, etc., puisse changer. Si on dépouillait la matière de son inertie, on ne voit pas comment il serait possible de définir une chose aussi changeante.

Malgré l'extrême mobilité de la matière, le monde paraît cependant très stable. Il l'est, en effet, mais simplement parce que dans sa phase actuelle d'évolution le milieu qui l'enveloppe varie dans des limites assez restreintes. La constance apparente des propriétés de la matière résulte uniquement de la constance actuelle du milieu où elle est plongée.

Cette notion d'influence du milieu, un peu négligée des anciens chimistes, a fini par prendre une grande

importance, depuis qu'il a été prouvé que beaucoup
de réactions sont placées sous sa dépendance
et varient en sens très différents, suivant des écarts
parfois extrêmement faibles de température et de
pression. Quand les écarts sont considérables, on
voit se transformer entièrement ou devenir impossibles beaucoup de réactions. Si on ne pouvait examiner les corps qu'à certaines températures, on
les considérerait comme fort différents des mêmes
corps observés aux températures ordinaires. A la
température de l'air liquide, le phosphore perd sa
violente affinité pour l'oxygène et est sans action
sur lui ; l'acide sulfurique, si actif habituellement sur
le papier de tournesol, ne le rougit plus. A une température élevée, nous voyons naître, au contraire,
des affinités inexistantes à la température ordinaire.
L'azote et le carbone qui ne se combinent avec aucun
corps aux températures peu élevées, se combinent
facilement avec plusieurs à la température de 3.000°
et forment des corps autrefois inconnus, le carbure
de calcium, par exemple. L'oxygène, sans action
sur le diamant, a une si énergique affinité pour ce
corps à une haute température, qu'il se combine avec
lui en devenant incandescent. Le magnésium a une
affinité assez faible pour l'oxygène, mais à une
température suffisamment haute, son affinité pour
lui devient telle que, plongé dans une atmosphère
d'acide carbonique, il le décompose, s'empare de
son oxygène et continue à brûler lorsqu'on l'a
allumé.

Ainsi donc les éléments de la matière sont en mouvement incessant : un bloc de plomb, un rocher, une
chaîne de montagnes n'ont qu'une immobilité apparente. Ils subissent toutes les variations du milieu et
modifient constamment leurs équilibres pour s'y
adapter. La nature ne connaît pas le repos. S'il se
trouve quelque part, ce n'est ni dans le monde que

nous habitons, ni dans les êtres vivant à sa surface. Il n'est pas davantage dans la mort, qui ne fait que substituer à certains équilibres momentanés d'atomes d'autres équilibres dont la durée sera aussi éphémère.

CHAPITRE III

Les aspects divers de la matière. État gazeux, liquide, solide et cristallin.

Suivant les forces extérieures auxquelles elle est soumise, la matière revêt trois états qu'on a nommés : solide, liquide et gazeux. Les recherches les plus récentes ont nettement prouvé qu'il n'existe d'ailleurs entre eux aucune séparation profonde. La continuité des états liquides et gazeux a été mise en évidence par les études de Van der Waals. La continuité des états liquides et solides par divers expérimentateurs. Sous une pression suffisante les solides se conduisent comme des liquides, leurs molécules glissent les unes sur les autres et un métal solide finit par couler comme un liquide. « Les lois de l'hydrostatique et de l'hydrodynamique, dit Spring, sont applicables aux solides soumis à de fortes pressions ».

Cette propriété des corps les plus durs de se comporter ainsi que des liquides sous certaines pressions a été utilisée par l'industrie en Amérique pour fabriquer des outils avec des blocs d'aciers soumis à une compression suffisante et sans qu'il soit besoin d'élever la température. Ce métal peut cependant être considéré comme le type des substances peu malléables.

L'état cristallin lui-même ne peut établir une séparation très nette entre les états solides et liquides. Il existe, comme Lehman l'a montré, des cristaux demi-liquides ; j'ai moi-même trouvé le moyen d'en préparer très facilement[1]. Nous avons vu ailleurs que des liquides, tout en restant liquides, peuvent prendre des formes géométriques voisines de l'état cristallin et dont certains procédés optiques permettent de montrer l'existence.

D'une façon générale, cependant, l'état cristallin constitue, comme nous allons le voir, un stade très particulier de la matière qui lui donne une individualité et la rapproche à certains points de vue des êtres vivants.

§ 2. — L'ÉTAT CRISTALLIN DE LA MATIÈRE. VIE DES CRISTAUX.

Parmi les forces inconnues, dont nous ne saisissons l'existence que par quelques-uns de leurs effets, se trouvent celles qui obligent les molécules des corps à prendre les formes géométriques rigoureuses portant le nom de cristaux.

Tous les corps solides tendent vers la forme cristalline. Les équilibres géométriques dont ces formes résultent donnent une sorte d'individualité aux molécules de la matière. Elle les individualise au même titre que l'être vivant individualise, en les incorporant à lui-même, les éléments empruntés à son milieu.

Cette expression d'individualisation de la matière

----

1. Simplement en maintenant quelques minutes, avec une longue pince, une lame de magnésium dans du mercure en ébullition. Par le refroidissement le mélange se prend en lames cristallines dont les cristaux ont la consistance du beurre pendant l'été et se déforment par conséquent sous la pression du doigt

donnée à sa transformation en corps géométriques n'a rien d'excessif. L'être minéral est caractérisé par sa forme cristalline comme l'être vivant est caractérisé par sa forme anatomique. Le cristal subit en outre, comme l'animal ou la plante, une évolution progressive avant d'atteindre sa forme définitive. Comme l'animal ou la plante encore, le cristal mutilé sait

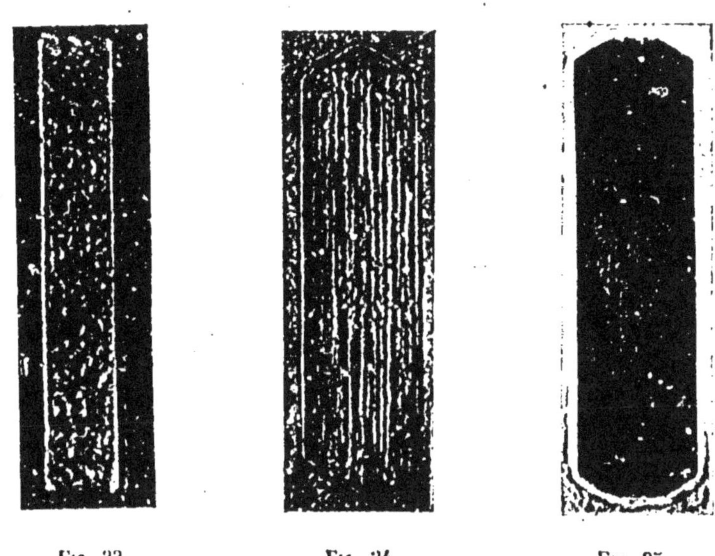

Fig. 33.   Fig. 34.   Fig. 35.

Les trois phases de formation successives d'un cristal, d'après les photographies du professeur Schrön.

réparer sa mutilation. Le cristal est en réalité la dernière étape d'une forme particulière de la vie.

Parmi les faits pouvant servir de soutien à ces considérations, il faut surtout citer les belles expériences du professeur Schrön sur la succession des transformations qui amènent les molécules matérielles à revêtir la forme cristalline. Les trois principales sont : 1° une phase granuleuse ; 2° une phase fibreuse ; 3° une phase homogène. Elles sont représentées par les trois photographies reproduites ici et que je dois à l'obligeance de ce savant. Dans la solution qui va cristalliser se forment d'abord des globules au sein desquels apparaissent bientôt des granulations (fig. 33). Ces granulations s'allongent, prennent un aspect fibreux (fig. 34) auquel succède plus tard l'état homogène (fig. 35) qui constitue la forme définitive du cristal. Alors l'être cristal a terminé son cycle.

Ces lois de la formation des cristaux sont générales et s'observent aussi bien pour les cristaux de substances minérales que pour ceux qui, selon Schrön, accompagnent les micro-organismes. Parmi les sécrétions de chaque microbe apparaîtraient toujours, d'après lui, des cristaux caractéristiques de chaque espèce microbienne.

Ces observations montrent que pendant sa période précristalline, c'est-à-dire durant sa jeunesse, le futur cristal se conduit comme un être vivant. Il représente un tissu en évolution. C'est un être organisé subissant une série de transformations dont le terme est la forme cristalline, comme le chêne est le terme de l'évolution du gland. Le cristal serait donc la phase ultime de certains équilibres de la matière ne pouvant s'élever à des formes de vie supérieure.

Les recherches exécutées dans des voies diverses viennent confirmer les conclusions précédentes. C'est ainsi que M. Cartaud a constaté que les métaux polis, puis attaqués par l'acide picrique en solution dans l'acétone, montrent « un réseau cellulaire microscopique complètement fermé ».

« Cellules et cristaux présentent entre eux, dit-il, une évidente filiation : les plages de même orientation cristalline offrent le caractère de posséder une maille cellulaire de forme et de disposition spécifiques, ce qui permet d'envisager un cristal comme un agrégat de cellules semblables et semblablement disposées ». La structure cellulaire serait donc une phase embryonnaire et la structure cristalline une forme adulte.

Loin d'être un état exceptionnel, la forme cristalline est en réalité celle vers laquelle tendent tous les corps et qu'ils atteignent dès que se réalisent certaines conditions de milieu. Les sels dissous dans une solution qui s'évapore, un métal fondu qui se refroidit, tendent toujours à prendre la forme cristalline, et si on considère, comme on le fait aujourd'hui, que les solutions présentent d'étroites analogies avec les gaz, on pourrait dire que les deux formes les plus habituelles de la matière sont la forme gazeuse et la forme cristalline.

Il n'y a guère dans la nature que le cristal qui possède véritablement une forme stable et définie. Un être vivant ordinaire est, au contraire, quelque chose d'extrêmement mobile, de toujours changeant, qui ne continue à vivre qu'à la condition de mourir et de se régénérer sans cesse. Sa forme ne paraît bien définie que parce que nos sens perçoivent seulement des fragments des choses. L'œil n'est pas fait pour tout voir. Il trie dans l'océan des formes ce qui lui est accessible et croit que cette limite artificielle est une limite véritable. Ce que nous connaissons d'un être vivant n'est qu'une partie de sa forme réelle. Il est entouré des vapeurs qu'il exhale, des radiations de grande longueur d'onde qu'il émet constamment par suite de sa température. Si nos yeux pouvaient tout voir, un être vivant nous apparaîtrait comme un nuage aux changeants contours[1].

D'où vient le cristal qui apparaît dans une solution? Quel est le point de départ des transformations que subissent les molécules de cette solution avant de devenir un cristal?

---

1. Notre œil n'est pas sensible aux radiations infra-rouges que les êtres vivants rayonnent sans cesse, mais supposons un être dont l'œil — tel que l'est peut-être celui des animaux nocturnes — soit organisé de façon à ne percevoir que les radiations de grande longueur d'onde et non celles du reste du spectre qui pour nous sont la lumière. A cet être ainsi organisé un animal apparaîtrait sous la forme d'un nuage aux contours indécis rendu visible par la réflexion des radiations infra-rouges sur la vapeur d'eau qui l'enveloppe.

L'observation démontre que tous les êtres vivants, de la bactérie jusqu'à l'homme, dérivent toujours d'un être antérieur. En serait-il de même pour le cristal? Dérive-t-il, lui aussi, par filiation, d'un être antérieur ou naît-il spontanément?

Il paraît bien prouvé aujourd'hui, surtout depuis les recherches d'Oswald, que ces deux modes de génération existent pour les cristaux. Dans certaines conditions déterminées de milieu, c'est-à-dire de pression, de concentration des solutions, etc., les liquides ne peuvent cristalliser que quand ils ont préalablement reçu un germe cristallin. Les cristaux qui se forment peuvent alors, suivant l'expression de Dastre dans son beau livre *la Vie et la Mort*, être considérés comme la postérité d'un cristal antérieur absolument comme les bactéries développées dans une solution représentent la postérité des bactéries qu'on y a d'abord introduites.

Il existe cependant d'autres conditions de milieu dans lesquelles la cristallisation spontanée s'observe sans aucune introduction préalable de germes. Ces conditions diverses étant connues et susceptibles d'être produites à volonté, on peut placer une solution dans les conditions qui lui permettent de cristalliser spontanément ou dans celles où elle ne cristallisera qu'après l'introduction de germes convenables. Il est donc permis de dire que les cristaux présentent deux modes de reproduction très distincts : la génération spontanée et la génération par filiation.

Cette faculté de la génération spontanée, possible pour l'être cristal est impossible, comme on le sait, pour l'être vivant. Ce dernier ne se reproduit que par filiation et jamais spontanément. Cependant, il faut bien admettre qu'avant de naître par filiation, les premières cellules des temps géologiques ont dû naître sans parents. Nous ignorons les conditions qui permirent à la matière de s'organiser spontanément pour la première fois, mais rien n'indique que nous les ignorerons toujours.

Nous voyons donc s'accentuer cette notion que le cristal forme un être intermédiaire entre la matière brute et la matière vivante placé plus près de la seconde que de la première. Il possède en commun avec les êtres vivants les qualités que nous avons mentionnées et en particulier quelque chose ressemblant singulièrement à une vie ancestrale. Les germes cristallins que nous introduisons dans une solution pour la faire cristalliser semblent indiquer toute une série de vies antérieures. Ils rappellent les germes des êtres vivants, c'est-à-dire les spermatozoïdes qui résument l'ensemble des formes successives de la vie d'une race et contiennent, malgré leur petitesse, tous les détails des transformations successives que présentera l'être vivant avant d'arriver à l'état adulte.

Tous les faits de cet ordre appartiennent à la catégorie de ces phénomènes inexpliqués dont la nature est pleine, et qui se multiplient dès qu'on pénètre dans les régions inexplorées. La complication des choses semble grandir à mesure qu'on les étudie davantage.

CHAPITRE IV

L'unité de composition des corps simples

§ I. — LES DIVERS CORPS SIMPLES SONT-ILS COMPOSÉS D'UN MÊME ÉLÉMENT ?

Lorsqu'on soumet à certaines opérations chimiques les composés divers existant dans la nature, on arrive à les séparer en éléments qu'aucune réaction ne peut décomposer davantage. Ces éléments irréductibles sont qualifiés de corps simples ou éléments chimiques. De leur combinaison est formé notre globe et les êtres qui l'habitent.

L'idée que tous les corps supposés simples dériveraient d'un élément unique à divers états de condensation ou de combinaison vient si naturellement à l'esprit qu'elle fut émise dès que la chimie se constitua. Après avoir été abandonnée, faute de preuves, elle renait depuis que les expériences récentes sur la dissociation de la matière ont paru montrer que les produits résultant de la dissociation des divers corps sont formés des mêmes éléments.

Des faits anciennement connus indiquaient déjà que les atomes des corps les plus différents possèdent certaines propriétés communes. Les plus importantes sont l'identité de la chaleur spécifique et de la charge électrique quand, au lieu d'opérer sur des poids semblables de matière, on opère sur des quantités proportionnelles aux poids atomiques.

Chacun sait que la chaleur spécifique des corps, c'est-à-dire la quantité de chaleur, exprimée en calories, qu'il faut leur communiquer pour élever leur température d'un même nombre de degrés, varie beaucoup suivant les corps. C'est ainsi qu'avec la quantité de chaleur nécessaire pour élever un kilogramme d'eau de 3°, on peut élever de 97° la température de un kilogramme de mercure. Mais si au lieu de comparer des poids égaux des diverses substances on compare des quantités proportionnelles à leurs poids atomiques, on constate que tous les corps éprouvent le même échauffement par la même quantité de chaleur.

On constate également par l'électrolyse qu'ils portent une charge électrique identique pour un même poids atomique.

A ces faits, anciennement connus, se joignent ceux résultant des recherches récentes exposées dans cet ouvrage, qui montrent que, par la dissociation de la matière, on retire des corps les plus différents des produits semblables. On peut donc admettre comme infiniment probable, que tous les corps sont formés d'un même élément.

Mais, alors même que la démonstration de cette unité de composition serait complète, elle ne présenterait qu'un intérêt pratique assez faible. Par l'analyse chimique, on retrouve les mêmes éléments dans un tableau de Rembrandt ou dans l'enseigne d'un marchand de vins; on constate également que le corps d'un chien et celui d'un homme ont la même composition. De telles constatations ne nous disent absolument rien de la structure des corps analysés. En ce qui concerne les atomes, ce que nous désirerions connaître ce sont les lois architecturales, qui ont permis de créer avec des matériaux semblables des édifices complètement différents. Que les atomes du chlore, du diamant et du zinc soient composés d'un même élément, rien n'est plus vraisemblable, mais comment cet élément peut-il donner aux atomes des divers corps des propriétés si différentes? Voilà ce qui est ignoré, à un point tel qu'on ne peut même pas formuler sur ce sujet la moindre hypothèse.

Quelle que soit la nature des équilibres existant entre les éléments des atomes des divers corps simples, il est certain que ces équilibres possèdent, malgré leur mobilité, une stabilité très grande puisque, après les réactions chimiques les plus violentes, les corps simples se retrouvent toujours inaltérés. Toutes les transformations que l'on fait subir à une quantité donnée d'un élément quelconque ne modifient ni sa nature ni son poids. C'est même pour cette raison, que les atomes avaient été considérés jusqu'ici comme indestructibles.

Cette indestructibilité apparente a toujours donné une grande force à la croyance dans l'invariabilité des espèces chimiques. Nous allons voir cependant qu'en regardant les choses d'un peu plus près, cet argument perd beaucoup de sa valeur, puisque, même sans invoquer le phénomène de la dissociation de la matière, nous constaterons que les mêmes corps peuvent subir en réalité des transformations très profondes de leurs propriétés ressemblant singulièrement parfois à de véritables transmutations.

§ 2. — LES CORPS SIMPLES PEUVENT-ILS ÊTRE CONSIDÉRÉS COMME DES ÉLÉMENTS D'UNE FIXITÉ INVARIABLE?

Aux débuts de la chimie les méthodes d'analyse manquaient un peu de sensibilité, et les procédés d'investigation physique, tels que la spectroscopie, étaient ignorés. On ne pouvait donc séparer, et par conséquent connaître, que des corps ayant des propriétés bien tranchées. Ces corps étaient visiblement trop différents pour qu'on pût les rapprocher. C'est ainsi que naquit la doctrine, analogue à celle alors admise en biologie, que les espèces chimiques étaient, comme les espèces vivantes, invariables.

Après un demi-siècle d'observations patientes, les biologistes ont fini par renoncer à leur idée d'invariabilité des espèces, mais les chimistes la défendent encore.

Les faits découverts ont cependant montré qu'il existe entre les espèces chimiques, tout comme entre les espèces vivantes, des transitions incontestables. Il a fallu reconnaître qu'un assez grand nombre de corps simples ne présentent pas du tout des propriétés nettement tranchées permettant de les séparer facilement. Il en existe au contraire beaucoup, qui sont tellement voisins les uns des autres, c'est-à-dire qui possèdent des propriétés tellement analogues, qu'aucune réaction chimique ne permet de les différencier. C'est même pour cette raison qu'ils furent pendant longtemps ignorés. Près du quart des corps simples connus, c'est-à-dire une quinzaine environ, se ressemblent par leurs caractères chimiques, au point que, sans l'emploi de certaines méthodes d'investigation physique (raies spectrales, conductibilité électrique, chaleur spécifique, etc., etc.), on ne les aurait jamais séparés. Ces corps sont les métaux dont les oxydes forment ce qu'on appelle les *terres rares*. « Ils ne se distinguent, écrivent MM. Wyrouboff et Verneuil, à deux ou trois exceptions près, que par leurs propriétés physiques et se trouvent chimiquement identiques. Ils le sont à ce point qu'aucune réaction n'arrive jusqu'ici à les séparer et qu'on est réduit, pour les obtenir à l'état plus ou moins pur, au procédé empirique et grossier du fractionnement ».

D'autres faits, récemment découverts, montrent que les espèces chimiques les plus caractérisées, tels que les métaux ordinaires, présentent des variétés nombreuses. Il existe probablement autour de chaque élément toute une série de variétés présentant des caractères communs, mais possédant cependant des propriétés assez caractéristiques pour qu'on puisse les différencier, ainsi que cela s'observe pour les espèces vivantes. L'argent, comme nous le verrons bientôt, n'est pas un métal unique. Il existe au moins cinq ou six espèces d'argent constituant des corps simples différents. De même pour le fer et probablement aussi pour tous les autres métaux.

L'ancienne chimie avait bien noté l'existence de corps semblant identiques par leur nature, quoique différents par leurs propriétés. Elle appelait allotropiques ces états différents d'un même corps. Si elle ne les considérait pas comme des corps simples indépendants, c'est qu'au moyen de divers réactifs, on pouvait toujours les ramener à un état commun. Le phosphore rouge diffère complètement du phosphore blanc, et le diamant ne diffère pas moins du charbon ; mais le phosphore blanc ou le phosphore rouge peuvent donner un même composé : l'acide phosphorique. Avec du charbon ou du diamant, on peut faire également un même composé : l'acide carbonique.

Sans ces propriétés communes, on n'eût jamais songé à rapprocher des corps aussi profondément dissemblables que le charbon et le diamant, le phosphore blanc et le phosphore rouge. Le phosphore blanc est un des corps les plus avides d'oxygène et le phosphore rouge un des moins avides. Le phosphore blanc fond à 44°, alors que le rouge ne fond à aucune température et se réduit en vapeur sans passer par l'état liquide. Le premier est un des corps les plus toxiques que l'on connaisse, alors que le second est des plus inoffensifs. Des différences aussi accentuées existent entre le charbon et le diamant.

Tant que les états allotropiques n'ont été observés que sur un très petit nombre de corps, on pouvait les considérer comme des exceptions, mais des méthodes d'investigation plus sensibles ont prouvé que ce que l'on considérait comme exceptionnel constituait, au contraire, une loi très générale. Le savant astronome Deslandres, admet que les grandes différences qu'on peut observer dans les spectres de beaucoup de corps, le carbone et l'azote par exemple, suivant la température à laquelle ils se produisent, sont dus à des états allotropiques de ces corps[1].

Sans qu'il soit besoin d'invoquer les indications fournies par l'analyse spectrale on constate facilement que les corps les plus usuels, les mieux définis en apparence, tels que le fer et l'argent, présentent de nombreux états allotropiques, permettant de les considérer certainement comme des espèces différentes d'un même genre. On connait déjà une demi-douzaine d'espèces différentes de fer et d'argent, ayant des caractères nettement tranchés, bien que possédant certaines réactions communes qui, autrefois, les faisaient confondre. Il est probable qu'avec des méthodes d'observation nouvelles, le nombre de

---

1. *Comptes rendus de l'Académie des Sciences*, 14 septembre 1903.

ces espèces se multipliera beaucoup. Les recherches récentes sur les métaux colloïdaux, dont nous parlerons dans un autre chapitre, montrent même que certaines espèces métalliques sont capables d'être modifiées au point de perdre la totalité des propriétés du métal dont elles dérivent, et de se rapprocher davantage des substances organisées que des métaux.

Mais, sans même envisager ces cas extrêmes des métaux colloïdaux et en ne considérant que les corps les plus communs, préparés par les méthodes absolument classiques, il a fallu reconnaître comme nous allons le voir, que le même métal pouvait se présenter sous des formes impossibles à confondre.

On sait que la chaleur absorbée ou dégagée par les divers corps simples, dans leurs combinaisons, est une quantité constante, représentée par des chiffres précis, et qui constitue un de leurs caractères essentiels. Ces chiffres, jadis considérés comme invariables pour chaque corps, avaient servi à fonder une science spéciale : la thermo-chimie.

Dès que les formes allotropiques des métaux ont été connues, on a repris ces chiffres, et il a fallu reconnaître que, suivant le mode de préparation du métal, ils pouvaient être vingt fois plus forts ou plus faibles que les chiffres trouvés pour le même corps préparé par des méthodes différentes. On ne peut donc même pas dire, d'un grand nombre des chiffres publiés jusqu'ici, qu'ils soient grossièrement approximatifs.

C'est M. Berthelot lui-même, un des fondateurs de la thermo-chimie, qui a contribué à cette constatation [1]. Il est bien probable que, s'il l'avait faite trente ans plus tôt, la thermo-chimie ne serait pas née.

Au point de vue défendu par nous, de la variabi-

---

1. Voici d'ailleurs pour l'argent, d'après les *Comptes Rendus* du 4 février 1901, les nombres obtenus par M. Berthelot, suivant l'espèce de métal employée. Les

lité des espèces chimiques, ces résultats sont du plus haut intérêt. Au point de vue des idées jadis régnantes et sur lesquelles la thermo-chimie fut fondée, ils sont nettement désastreux. M. Berthelot le fait pressentir dans les considérations suivantes :

« De telles inégalités d'énergie étant ainsi établies par l'expérience, il est clair que l'on ne saurait appliquer avec certitude aux métaux ordinaires, ni plus généralement aux éléments, dans la discussion de leurs réactions, les valeurs thermo-chimiques obtenues en partant d'états différents.

« Les états de l'argent que j'ai étudiés, sauf un, ne répondent pas au chiffre de $+ 7$ cal. pour la chaleur de formation de l'oxyde Ag^2O qui figure dans les traités de thermo-chimie.

« Dans le cas de l'argent, la différence thermo-chimique des états de cet élément peut s'élever, pour un atome d'argent, à 2 calories, ce qui fait, pour la formation d'oxyde, avec 2 atomes d'argent (Ag^2O) un écart de $+ 4$ calories. »

Les chiffres donnés dans les livres seraient donc, pour le cas précédent, erronés de près de 50 %. L'auteur se demande ensuite s'il n'en serait pas de même pour le fer qui présente tant de formes allotropiques. L'observation est évidemment applicable, non seulement au fer, mais à tous les autres corps. Et alors, que reste-t-il de tous les chiffres de la thermo-chimie présentés jadis comme si absolus ?

Il en restera probablement bien peu de chose, car alors même qu'on partirait de métaux préparés de la même façon, on ne serait jamais sûr de partir d'un même corps, puisque sa simple température de dessi-

---

chiffres représentent la chaleur de dissolution d'un même poids du corps dans le mercure :

1° Argent battu en feuilles minces : $+ 2$ cal. 03 ;

2° Argent produit par la transformation du métal précédent chauffé 20 heures à 500-550° dans un courant d'oxygène : $+ 0$ cal. 47 ;

3° Argent cristallisé en aiguilles, obtenu par électrolyse de l'azotate d'argent dissous dans 10 parties d'eau : $+ 0$ cal. 10 ;

4° Argent précipité de son azotate par le cuivre ; lavé et séché d'une part à la température ordinaire : $+ 1$ cal. 10 ;

5° Argent précédent desséché à 120° : $+ 0$ cal. 76 ;

6° Argent précédent chauffé au rouge sombre : $+ 0$ cal. 08.

cation permet de faire varier sa chaleur de combinaison et qu'il suffit de changer très peu son état physique pour changer ses propriétés thermiques. Faraday avait remarqué il y a longtemps, que de l'argent déposé sur une lame de verre, par voie chimique, a un grand pouvoir réflecteur et une très faible transparence. Si on porte de 250 à 300° la lame de verre l'argent perd la plus grande partie de son pouvoir réflecteur et acquiert une forte transparence. Faraday en concluait que l'argent, dans ces deux cas, devait représenter des formes très différentes. Ce sont des prévisions que l'expérience a entièrement confirmées.

A l'époque où furent établis les chiffres de la thermo-chimie, les chimistes ne pouvaient pas raisonner autrement qu'ils l'ont fait, puisqu'ils ne savaient alors différencier les corps que par des réactions incapables de mettre en évidence certaines dissemblances pourtant fondamentales. De l'argent, d'origine quelconque, traité par de l'acide nitrique, donnait invariablement du nitrate d'argent de même composition centésimale, et on pouvait toujours en retirer la même quantité d'argent métallique. Comment aurait-on pu, dès lors, soupçonner qu'il existait, en réalité, des métaux divers, quoique présentant le même aspect connus sous le nom d'argent?

Nous le savons aujourd'hui, parce que nos méthodes d'investigation se sont perfectionnées. Quand elles le seront davantage, il est probable, comme je le disais plus haut, que le nombre des espèces chimiques dérivées d'un même corps se multipliera encore.

Les faits précédemment exposés mettent en évidence cette loi générale importante, que les corps simples ne se composent pas du tout d'éléments fixes de structure invariable, mais bien d'éléments qu'on peut faire varier dans des limites assez étendues. Chaque corps simple représente seulement un type d'où dérivent des variétés très différentes. En adoptant pour la classification des métaux celle des espèces vivantes, on pourrait dire qu'un métal, comme l'argent ou le fer, constitue un genre comprenant plusieurs espèces. Toutes les espèces d'un même genre, le genre fer et le genre argent, par exemple, se différencient nettement, bien que possédant des caractères communs. Et si nous considérons que dans le monde minéral les espèces sont assez facilement modifiables, puisque, par exemple, l'espèce phosphore blanc peut devenir l'espèce phosphore rouge, ou que l'espèce argent, capable de dégager beaucoup de calories par ses combinaisons, peut devenir une espèce qui en dégage moins, il est permis d'affirmer que les espèces chimiques sont bien plus aisément transformables que les espèces animales. On ne saurait s'en étonner, puisque l'organisation des secondes est bien autrement compliquée que celle des premières.

Ainsi donc les espèces chimiques sont susceptibles de variabilité. Nous savons, d'autre part, que, soumis à certaines actions appropriées, les atomes peuvent subir un commencement de dissociation. La variabilité des corps simples est-elle limitée ? Peut-on espérer, au contraire, réussir à transformer un corps simple entièrement ? C'est le problème que nous examinerons maintenant.

CHAPITRE V

La variabilité des espèces chimiques.

§ I — LA VARIABILITÉ DES CORPS SIMPLES.

« Il est bien rare, écrivait il y a plus de soixante ans le célèbre chimiste Dumas, qu'on parvienne à saisir les lois d'une classe de phénomènes, en étudiant ceux où l'action se présente avec la plus haute intensité. C'est ordinairement le contraire que l'on observe et c'est presque toujours par l'analyse patiente d'un phénomène faible ou lent qu'on parvient à trouver les lois de ceux qui échappaient d'abord à cette analyse. »

L'histoire entière des sciences confirme cette vue. C'est en examinant attentivement les oscillations d'une lampe suspendue que Galilée découvrit la plus importante des lois de la mécanique. C'est en étudiant longuement l'ombre d'un cheveu que Fresnel édifia les théories qui transformèrent l'optique. C'est en analysant avec des appareils rudimentaires de minuscules phénomènes électriques que Volta, Ampère et Faraday firent surgir du néant une science qui devait bientôt constituer un des plus importants facteurs de notre civilisation.

« Il est certain que dans l'avenir comme dans le passé, écrit M. Lucien Poincaré, les découvertes les plus profondes, celles qui viendront subitement révéler des régions entièrement inconnues, ouvrir des horizons tout à fait nouveaux, seront faites par quelques chercheurs de génie qui poursuivront dans la méditation solitaire leur labeur obstiné et qui, pour vérifier leurs conceptions les plus hardies, ne demanderont sans doute que les moyens expérimentaux les plus simples et les moins coûteux. »

De telles considérations devraient toujours être présentes à l'esprit des chercheurs indépendants, lorsqu'ils se voient arrêtés par l'insuffisance de leurs ressources et l'indifférence ou l'hostilité qui accueille le plus souvent leurs travaux. Il n'existe peut-être pas un phénomène physique qui, étudié avec patience sous tous ses aspects, ne finisse par révéler, grâce à des moyens d'investigation très simples, des faits complètement imprévus. C'est ainsi que l'étude attentive des effluves engendrés par la lumière sur le morceau de métal qu'elle vient frapper, a été l'origine de toutes les recherches consignées dans cet ouvrage et nous a conduit finalement à montrer le peu de fondement du dogme séculaire de l'indestructibilité de la matière.

Le grand intérêt de telles recherches, lorsqu'elles sont poursuivies opiniâtrement, c'est qu'on voit sans cesse apparaître des faits inconnus et qu'on ne sait jamais dans quelle région ignorée on sera conduit. Je l'ai constaté plus d'une fois pendant les nombreuses années consacrées à mes expériences. Faites dans un tout autre but elles m'ont amené à étudier expérimentalement la question de la variabilité des espèces chimiques, et, si j'ai donné les explications précédentes, c'est un peu pour m'excuser d'avoir traité un sujet qui semble au premier abord en dehors du cadre de mes recherches.

Au point de vue philosophique, le problème de la variabilité des espèces chimiques est du même ordre que celui de la variabilité des espèces vivantes qui a pendant si longtemps agité la science. Niée énergiquement d'abord, cette variabilité des espèces vivantes organisées a fini par être admise. Le principal argument qui l'a fait accepter est l'étendue des variations qu'on peut faire subir aux êtres bien qu'on n'ait jamais réussi encore à obtenir expérimentalement la transformation d'une seule espèce.

Si donc nous réussissons à obtenir des variations très grandes de quelques espèces chimiques, la possibilité de leur transformation pourra être admise pour des raisons du même ordre que celles qui ont semblé probantes aux biologistes.

Cette variabilité des espèces chimiques, mise en évidence dans le chapitre précédent par la simple discussion de faits déjà connus, demandait à être discutée d'abord pour préparer le lecteur à l'interprétation des expériences que nous allons exposer maintenant.

Pour obtenir la transformation de certains corps nous n'aurons recours à aucun moyen énergique, tels que les températures élevées, les hauts potentiels électriques, etc. Nous avons déjà montré que la matière, très résistante à des agents fort puissants, est sensible, au contraire, à des excitants légers, à la condition qu'ils soient appropriés. C'est précisément pour cette raison qu'elle peut, malgré sa stabilité, se dissocier sous l'influence de causes aussi légères qu'un faible rayon de lumière.

J'ai déjà signalé, le rôle tout à fait considérable que jouent des traces de substance étrangère ajoutées à certains corps. Son importance m'apparut dès que je vis des propriétés aussi curieuses que la phosphorescence, aussi capitales que la radio-activité, se produire sous l'influence de tels mélanges.

Si des phénomènes aussi importants peuvent être créés par des moyens d'une telle simplicité, ne

pouvait-on parvenir, en procédant d'une façon analogue, à modifier toutes les propriétés fondamentales
de certains éléments ?

Par propriétés fondamentales d'un élément nous
comprenons celles en apparence irréductibles sur
lesquelles les chimistes s'appuient pour les classer. C'est ainsi, que la propriété de l'aluminium
de ne pas décomposer l'eau à froid et de ne pas
s'oxyder à la température ordinaire constitue une des
caractéristiques fondamentales de ce métal. Si on
l'oblige à s'oxyder à froid et à décomposer l'eau, en
lui ajoutant simplement des traces de certains corps,
on sera évidemment autorisé à dire qu'on a modifié
ses propriétés fondamentales.

Ces expériences étant accessoires pour nous,
puisqu'elles sortaient de l'ensemble de nos recherches, nous les avons fait porter seulement sur trois
métaux, l'aluminium, le magnésium et le mercure.
Comme elles nécessitent, bien que très simples,
certaines explications techniques, nous renvoyons leur
description détaillée à la partie purement expérimentale de cet ouvrage. On y verra que, en mettant les
deux premiers de ces métaux en présence de traces
de diverses substances, par exemple, d'eau distillée
ayant servi à laver un flacon vide dans lequel s'était
trouvé précédemment du mercure, il nous a été possible de modifier leurs caractères au point que, si on
les classait d'après leurs propriétés nouvelles, il faudrait changer leur place dans les classifications. Ces
métaux habituellement sans action sur l'eau la décom-
posent violemment, l'aluminium s'oxyde instantanément à l'air, en se recouvrant de houppes épaisses
qu'on voit grandir sous les yeux et qui donnent à un
miroir d'aluminium poli l'aspect d'une prairie.

Plusieurs hypothèses ont été émises pour expliquer
ces faits lorsqu'ils furent présentés en mon nom à
l'Académie des Sciences. M. Berthelot fit remarquer que

les métaux en présence pouvaient former des couples
électriques qui seraient l'origine des phénomènes
constatés, et que ce ne seraient pas dès lors les
propriétés des métaux qu'on observait, mais celles de
leurs couples. C'est là, évidemment, une explication
fort insuffisante, bien que dans les théories actuelles
on considère un peu tous les corps comme de véritables piles formées par la combinaison d'ions positifs et négatifs séparables par divers moyens.

D'autres savants comparèrent les métaux ainsi
transformés à des alliages qui, d'après certaines idées
actuelles, seraient constitués par des combinaisons
en proportions définies, dissoutes dans un excédent
de l'un des métaux en présence. Mais dans les alliages,
les changements obtenus : dureté, fusibilité, etc., sont
surtout d'ordre physique, et dans aucun d'eux on
n'observe de transformations chimiques analogues à
celles que nous avons obtenues.

En étendant ces recherches, on trouvera certainement un grand nombre de faits du même ordre. La
chimie en possède déjà un certain nombre. Il n'est
pas, je l'ai dit, de corps plus dissemblables peut-être
que le phosphore blanc et le phosphore rouge. Par
certaines de leurs propriétés chimiques fondamentales, leur oxydabilité entre autres, ils diffèrent
presque autant l'un de l'autre que le sodium se distingue
du fer. Cependant il suffit d'ajouter au phosphore
blanc des traces d'iode ou de sélénium pour le transformer en phosphore rouge.

Les exemples du fer et de l'acier, du fer pur et du
fer ordinaire, ne sont pas moins typiques. Chacun
sait que l'acier, si dissemblable du fer par sa dureté
et son aspect, n'en diffère chimiquement que par la
présence de quelques millièmes de carbone. On sait
aussi que les propriétés du fer pur sont absolument
différentes de celles du fer ordinaire. Ce dernier, en
effet, ne s'oxyde pas dans l'air sec. Le fer pur obtenu,

en réduisant par l'hydrogène à chaud du sesquioxyde de fer, est tellement oxydable au contraire qu'il prend spontanément feu à l'air, d'où le nom de fer pyrophorique qu'on lui a donné.

On pourrait même, en présence de tels faits, se demander si les propriétés classiques de plusieurs métaux usuels ne seraient pas uniquement dues à l'influence d'une quantité infinitésimale d'autres corps, dont la présence nous échappe souvent, et que nous qualifions d'impuretés lorsque l'analyse nous les révèle. Nous verrons que les plus importants composés de la chimie organique, les diastases, perdent toutes leurs propriétés dès qu'on les dépouille des traces de certains métaux dont l'existence n'était pas autrefois soupçonnée.

Les faits mis en évidence par nos recherches et tous ceux du même ordre que nous en avons rapprochés semblent donc bien prouver que les atomes des corps simples n'ont pas l'invariabilité qu'on leur supposait.

Admettre qu'ils ne sont pas invariables, c'est dire qu'on pourra arriver à les transformer, et revenir à ce vieux problème de la transmutation des corps, qui a tant occupé les alchimistes du moyen âge, et que la science moderne avait fini par juger aussi indigne de ses recherches que la quadrature du cercle ou le mouvement perpétuel. Considéré comme chimérique pendant longtemps, il renaît aujourd'hui sous des formes variées, et préoccupe les plus éminents chimistes.

« La grande découverte moderne qu'il y aurait à réaliser aujourd'hui, écrivait il y a quelques années M. Moissan, ne serait donc pas d'accroître d'une unité le nombre de nos éléments, mais au contraire de le diminuer en passant d'une façon méthodique d'un corps simple à un autre corps simple... Arriverons-nous enfin à cette transformation des corps simples

les uns dans les autres qui jouerait en chimie un rôle aussi important que l'idée de combustion saisie par l'esprit pénétrant de Lavoisier?... De grandes questions restent à résoudre. Et cette chimie minérale, que l'on croyait épuisée, n'est encore qu'à son aurore. »

En réalité, avec la théorie actuelle sur la dissociation électrolytique, les chimistes sont obligés d'admettre comme choses très courantes des transmutations tout aussi singulières que celles rêvées par les alchimistes, puisqu'il suffirait de dissoudre un sel dans l'eau pour transformer entièrement ses atomes.

On sait que, suivant cette théorie déjà ancienne mais très développée il y a quelques années par Arrhénius, dans une solution aqueuse d'un sel, le chlorure de potassium, par exemple, les atomes du chlore et du potassium se sépareraient et resteraient en présence au sein du liquide. Le chlorure de potassium serait dissocié par le fait seul de sa dissolution en chlore et en potassium.

Mais, comme le potassium est un métal qui ne peut séjourner dans l'eau sans la décomposer avec violence, ni se trouver en présence du chlore sans se combiner énergiquement avec lui, il faut bien admettre que le chlore et le potassium de cette solution jouissent de propriétés nouvelles sans analogie avec les propriétés ordinaires de ces corps. Il en résulte que leurs atomes ont été transformés entièrement. On le reconnaît, d'ailleurs, puisqu'on interprète le phénomène en disant que les différences constatées tiennent à ce que dans la solution les atomes chlore et les atomes potassium sont formés d'ions porteurs de charges électriques de nom contraire neutralisés dans le chlore et dans le potassium ordinaires. Il existerait donc deux espèces de potassium très différentes, le potassium des laboratoires, jouissant de toutes les propriétés que nous lui connaissons, et le potassium ionisé sans parenté aucune avec le premier. De même pour le chlore.

Cette théorie a été acceptée parce qu'elle facilite les calculs, mais il est évident qu'elle conduirait à considérer l'atome comme la chose la plus facile à transformer, puisqu'il suffirait de dissoudre un corps dans l'eau pour obtenir une transformation radicale de ses éléments caractéristiques.

Plusieurs chimistes étaient allés d'ailleurs assez loin dans cette voie. H. Sainte-Claire Deville déclarait à ses élèves qu'il ne croyait pas à la persistance des éléments dans les composés. W. Ostwald, professeur de chimie à l'Université de Leipzig, affirme également que les éléments ne sauraient subsister dans les combinaisons chimiques. « Il est, suivant lui, contraire à toute évidence d'admettre que la matière subissant une réaction chimique ne disparaisse pas pour faire place à une autre douée de propriétés différentes. » De l'oxyde de fer, par exemple, ne contiendrait nullement du fer et de l'oxygène. Lorsqu'on fait agir l'oxygène sur le fer, on opère une transformation complète de l'oxygène et du fer, et si de l'oxyde ainsi formé on retire ensuite de l'oxygène et du fer, ce n'est qu'en opérant une transformation inverse. « N'est-ce pas un non-sens, écrit M. Ostwald, que de prétendre qu'une substance définie existe encore sans plus posséder aucune de ses propriétés? En fait, cette hypothèse de pure forme n'a qu'un but, mettre d'accord les faits généraux de la chimie avec la notion tout à fait arbitraire d'une matière inaltérable. »

Il paraît bien résulter de ce qui précède que les équilibres des éléments constituant les atomes peuvent être modifiés facilement, mais il est incontestable aussi qu'ils ont une tendance invincible à retourner à certaines formes d'équilibre spéciales à chacun d'eux puisque, après toutes les modifications possibles, ils peuvent toujours revenir à leur forme primitive d'équilibre. On peut donc dire que dans l'état actuel de la science, la variabilité des espèces chimiquer est prouvée, mais qu'avec les moyens dont nous disposons elle n'est réalisable que dans certaines limites.

§ 2. — LA VARIABILITÉ DES CORPS COMPOSÉS.

Ce que nous venons de dire de la variabilité des corps simples et des moyens qui permettent de l'obtenir, s'applique également aux espèces chimiques composées. Il existe aujourd'hui une très importante industrie, celle des lampes à incandescence, fondée justement sur le principe de la transformation de certaines propriétés des corps composés en présence de faibles quantités d'autres corps.

Lorsqu'on imbibe les manchons de ces lampes d'oxyde de thorium pur, ils ne deviennent pas lumineux quand on les chauffe, ou le deviennent très peu, mais si l'on additionne l'oxyde de thorium de 1 pour cent d'oxyde de cérium, ce mélange donne au manchon la luminosité éclatante que tout le monde connait. Avec l'augmentation ou la diminution de la quantité d'oxyde de cérium ajouté à celui de thorium l'incandescence diminue aussitôt. C'était là un phénomène fort imprévu, et c'est pourquoi la création de ce mode d'éclairage à demandé de très longues recherches.

Mais c'est peut-être dans les phénomènes chimiques qui se passent au sein des êtres vivants que le même principe se vérifie le plus fréquemment. Diverses diastases perdent entièrement leurs propriétés si on les dépouille des traces de substances minérales qu'elles contiennent, le manganèse notamment. Il est probable que des corps comme l'arsenic, qu'on retire maintenant à doses infinitésimales de beaucoup de tissus, exercent une influence importante que l'ancienne chimie ne soupçonnait pas.

C'est probablement à ces actions exercées par la présence de corps en quantité très faible que sont dues les différences observées entre des composés considérés autrefois comme identiques et qui varieraient au contraire suivant leur origine. Jadis les principes bien définis, tels que le sucre, la chlorophylle, l'hémoglobine, la nicotine, les essences, etc., étaient considérés comme identiques, quel que fut l'être vivant dont ils provenaient.

Armand Gautier a établi que c'était une erreur : « quoique restant toujours de même famille chimique, ces principes, lorsqu'on les isole et les étudie de près, se sont, d'une race végétale à l'autre, modifiés par isomérisation, substitution, oxydation ; *ils sont devenus en somme d'autres espèces chimiques définies...* Il en est de même chez l'animal. Il n'y a pas une hémoglobine, mais des hémoglobines, chacune propre à chaque espèce ».

Tout en constatant ces différences entre corps semblables de diverses origines, Armand Gautier n'en donne pas les causes. C'est par analogie que j'ai supposé les différences reconnues produites par des traces de certaines matières et par la variation de leur quantité. J'ai déjà fait remarquer que les ferments organiques perdent leurs propriétés dès qu'on les dépouille de la petite proportion de matières métalliques qu'ils contiennent toujours. L'hémoglobine, qui paraît agir comme ferment catalytique, contient des quantités de fer, très variables suivant les espèces animales.

Ce principe de la tranformation des propriétés d'une substance par l'addition d'une très petite quantité d'autres corps a donc, comme on le voit, une importance générale[1]. Ce n'est cependant que l'énoncé d'observations empiriques dont les causes secrètes restent toujours cachées. Les combinaisons particulières ainsi formées et sur lesquelles nous reviendrons dans un prochain chapitre, échappent absolument aux lois fondamentales de la chimie.

Les applications diverses que j'ai faites de ce principe m'ont prouvé qu'il sera fécond et trouvera son application non seulement en chimie et en physiologie mais encore en thérapeutique.

Je base cette dernière assertion sur des études que j'ai entreprises, il y a plusieurs années, relativement aux propriétés tout à fait nouvelles que prend la caféine associée dans certaines conditions à de très faibles doses de théobromine (alcaloïde n'agissant sur l'organisme qu'à très haute dose quand il est isolé). D'après des expériences faites sur un grand nombre de sujets avec des appareils enregistreurs et dont plusieurs ont été répétées dans un des laboratoires de la Sorbonne par M. le professeur Charles Henry, la caféine théobromée serait le plus énergique des excitants musculaires connus. Des observations faites sur un certain nombre d'artistes et d'écrivains

---

1. L'intérêt de ces considérations n'a pas échappé à tous les chimistes. J'en trouve la preuve dans une note de M. Duboin, professeur de chimie à la Faculté des Sciences de Grenoble, publiée dans la *Revue scientifique* du 2 janvier 1904, et dont j'extrais le passage suivant :

« La lecture des derniers mémoires de Gustave Le Bon m'a conduit à une théorie nouvelle de la constitution des corps présentant plusieurs états allotropiques.

« Je crois que des trois variétés connues du phosphore : phosphore blanc, phosphore rouge, phosphore violet, une seule serait un corps simple, les deux autres étant des combinaisons de celle-là avec un élément à poids atomique extrêmement faible, analogue aux particules émanées des corps radio-actifs.

« Lorsque l'oxygène oxyde lentement le phosphore blanc, il lui enlèverait cet élément et se combinerait avec lui pour donner l'ozone, qui serait ainsi une combinaison d'oxygène et de cet élément inconnu.

« C'est là sans doute une hypothèse, mais si des expériences la confirmaient, ce serait une incursion dans ce domaine de la chimie sans balance, dont Gustave Le Bon a le premier fait entrevoir l'étendue. »

m'ont prouvé également sa puissance singulière sur l'activité intellectuelle.

Les expériences sur la variabilité des espèces chimiques composées n'ont pas évidemment la même importance que celles relatives à la variabilité des corps simples puisque la chimie savait depuis longtemps modifier par des réactions diverses les corps composés. Si je les ai relatées, c'est pour montrer que le principe de la méthode permettant de faire varier les propriétés des corps simples est applicable à beaucoup de corps composés et pour faire pressentir ses conséquences. Dans l'ancienne chimie minérale, les corps composés quelconques, le nitrate d'argent par exemple, étaient considérés comme des substances très définies formées par la combinaison de certains éléments en proportion rigoureusement constante. Il n'en est rien probablement. La loi des proportions définies n'est sans doute qu'une loi approchée comme la loi de Mariotte et ne doit son exactitude apparente qu'à l'insuffisance de nos moyens d'observation.

En ce qui concerne la variabilité des corps simples il faut faire remarquer qu'une raison très sérieuse, déduite de nos recherches, s'opposera sans doute toujours à ce que l'atome puisse subir des transformations d'équilibre complètes. Nous avons fait voir qu'il est un colossal réservoir d'énergie. Il semble donc probable que pour le transformer entièrement il faudrait mettre en jeu des quantités d'énergie très supérieures à celles dont nous disposons.

Mais l'expérience prouve que, sans pouvoir définitivement détruire les équilibres atomiques, il nous est permis de les modifier. Nous savons aussi que, par des moyens très simples, nous pouvons provoquer la dissociation de la matière et par conséquent libérer une partie de son énergie. Si donc il nous est impossible d'ajouter assez d'énergie à l'atome pour le transformer, nous pouvons au moins espérer arriver à le dépouiller d'une partie de son énergie, c'est-à-dire lui faire descendre une série qu'il ne saurait remonter dans l'échelle de ses états successifs. L'atome, dépouillé d'une certaine quantité d'énergie, ne pourrait plus être ce qu'il était avant de l'avoir perdue. C'est alors qu'apparaîtrait sans doute une véritable transmutation.

En rapprochant les faits précédemment exposés nous arrivons à cette conclusion, que la matière à laquelle nos expériences avaient déjà ôté l'immortalité n'a pas davantage la fixité qu'on lui supposait. Il en résulte que toutes les idées encore régnantes sur l'invariabilité des espèces chimiques paraissent condamnées à disparaître.

Quand on voit combien sont profondes les transformations dites allotropiques, les transformations des corps dans les solutions électrolytiques, les transformations complètes de plusieurs métaux en présence de faibles quantités de certaines substances, la facilité avec laquelle les corps se dissocient et se réduisent aux mêmes éléments, on est nécessairement conduit à renoncer aux idées classiques et à formuler le principe suivant :

Les espèces chimiques, pas plus que les espèces vivantes, ne sont invariables.

CHAPITRE VI

Les équilibres chimiques des éléments matériels.

Les divers éléments peuvent en se combinant
donner naissance à des corps de complexité croissante, depuis les minéraux qui constituent notre
globe jusqu'aux composés formant les tissus des êtres
vivants.

Depuis longtemps la chimie étudie ces combinaisons. On pourrait donc supposer que nous allons
pénétrer maintenant dans un domaine très connu.
On n'y séjourne pas longtemps sans reconnaître qu'il
constitue au contraire un monde rempli de parties
totalement ignorées.

Le règne minéral étant le seul qui fût accessible
aux anciennes méthodes chimiques, c'est par lui naturellement que les études ont commencé. Elles étaient
relativement faciles, et c'est pourquoi la chimie a semblé d'abord une science simple et précise.

Les substances minérales sont, en effet, formées
généralement par les combinaisons d'un très petit
nombre d'éléments : oxygène, hydrogène, soufre, etc.
Ces combinaisons possèdent une composition constante
et représentent des édifices moléculaires d'une struc-

ture peu complexe. C'est seulement quand on arrive aux composés élaborés dans les tissus des êtres vivants que les phénomènes deviennent difficiles à interpréter. Les édifices moléculaires possèdent alors une complication excessive et une instabilité très grande nécessitée par la rapide production d'énergie que demande l'entretien de la vie. L'édifice élémentaire du monde minéral, ne comprenant que quelques pierres, est devenu une ville. La structure des substances organisées arrive parfois à se compliquer tellement que le plus souvent elle nous échappe entièrement.

Mais si simples en apparence que paraissent les édifices minéraux, il s'en faut de beaucoup que nous discernions la nature des équilibres capables de leur donner naissance. Ce sont uniquement les effets produits par ces équilibres qui nous sont accessibles. Il nous est impossible de savoir en quoi un atome de soufre diffère d'un atome d'oxygène ou de tout autre atome, et impossible également de comprendre la cause des différences de propriété des composés formés par leurs combinaisons. Tout ce qu'il est possible de dire, c'est que la position relative des atomes semble déterminer les propriétés des corps, bien plus que les attributs supposés inhérents à ces atomes. Il n'y a guère de propriétés des éléments que l'on ne parvienne à transformer en modifiant la structure des édifices moléculaires dans lesquels ils sont engagés. Quelles sont les propriétés du rigide diamant qu'on retrouve dans l'acide carbonique gazeux résultant de la combinaison du diamant avec l'oxygène? Quelles sont les propriétés du chlore suffocant, du sodium altérable, qu'on rencontre dans le sel marin formé par leur association? Le cacodyle et l'arsenic sont des corps très toxiques, la potasse est un corps fort caustique; tandis que le cacodylate de potasse, qui renferme 42 % d'arsenic, est un corps nullement caustique et tout à fait inoffensif.

Les propriétés des éléments sont donc susceptibles d'être entièrement transformées par le changement de position des atomes qui entrent dans leur structure. En chimie, comme en architecture, la forme de l'édifice a une importance beaucoup plus grande que celle des matériaux qui le constituent.

C'est principalement dans les corps isomères, c'est-à-dire possédant une composition centésimale identique, bien que manifestant des propriétés différentes que se montre l'importance de la structure des édifices moléculaires. Dans les corps isomères dits métamères, il y a non seulement même composition centésimale, mais souvent le même nombre d'atomes par molécule. L'identité est complète en apparence, mais les différences de propriétés montrent qu'elle ne saurait l'être.

Dans les corps dits polymères, la composition centésimale reste également identique, mais le poids moléculaire varie, soit par condensation, ε par dédoublement des molécules. Telle est du moins l'explication. Si nous pouvions créer des éléments polymères des métaux que nous connaissons, nous arriverions probablement à créer des corps nouveaux, tout comme en polymérisant l'acétylène, simplement en le chauffant, nous le transformons en benzine. Par le fait seul que trois molécules d'acétylène C^2H^2 se sont unies à elles-mêmes, elles ont formé un corps entièrement différent: le tri-acétylène ou benzine $3(C^2H^2) = C^6H^6$.

Tant que la chimie n'eut qu'à manier les combinaisons très simples du monde minéral, l'eau, les acides, les sels minéraux, etc., dont la composition lui était bien connue, elle a réussi, en faisant varier méthodiquement leur composition, à transformer leurs propriétés et à créer des corps nouveaux à volonté.

Si on prend, par exemple, une combinaison peu

compliquée, le gaz des marais ou formène, composé de carbone et d'hydrogène (CH^4), on peut, en rempla-plaçant successivement un atome d'hydrogène par un atome de chlore, obtenir des produits très divers, tels que le formène monochloré ou chlorure de méthyle ($CH^3 Cl$), le formène bichloré ($CH^2 Cl^2$), le formène trichloré ou chloroforme ($CHCl^3$). Si on enlève à combinaison son dernier atome d'hydrogène, elle devient le perchlorure de carbone (CCl^4).

Toutes ces réactions, étant très simples, peuvent s'exprimer par des formules également très simples. Si la chimie en était restée à cette phase, elle aurait pu être considérée comme une science parfaitement constituée. L'étude des équilibres chimiques des substances organisées est venue montrer l'insuffisance des anciennes notions.

§ 2. — LES ÉQUILIBRES CHIMIQUES DES SUBSTANCES ORGANISÉES.

Dès que la chimie a dépassé les limites du monde minéral pour pénétrer dans l'étude du monde organisé, les phénomènes sont devenus de plus en plus compliqués. On constata facilement l'existence d'équilibres indépendants de la composition centésimale des corps, et que par conséquent les formules habituelles ne pouvaient traduire, à moins de donner la même formule à des corps très dissemblables. Il fallut donc renoncer aux anciennes méthodes et recourir à des figures géométriques pour représenter approximativement les structures qui se révélaient. On supposa d'abord — contre toute vraisemblance d'ailleurs — que les atomes se disposaient sur un plan suivant des lignes géométriques dont le type était l'hexagone. Puis, on finit par comprendre qu'ils étaient forcément disposés suivant les trois dimensions de l'espace et on arriva alors à les représenter par des figures solides dont le type est le tétraèdre. Ainsi est née la stéréo-chimie qui, sans rien nous dire assurément de l'inaccessible architecture des atomes, a permis de synthétiser certains faits connus et d'en trouver d'autres.

Ces structures schématiques, sans aucune parenté avec la réalité, finirent cependant par se montrer elles-mêmes très insuffisantes. On fut alors conduit à supposer que les éléments des corps ne sont pas en équilibre statique, mais en équilibre dynamique. D'où, une nouvelle chimie en voie d'organisation que l'on pourrait nommer la *chimie cinématique*. Dans ses formules, les atomes sont représentés par de petits cercles, autour desquels on trace une flèche indiquant le sens supposé de leur rotation. L'idée que les atomes et leurs éléments composants sont en perpétuel mouvement dans les corps est bien conforme aux notions que nous avons exposées, mais traduire par des figures des mouvements aussi compliqués est évidemment au-dessus de nos ressources.

Ce qui ressort de plus net des conceptions actuelles, c'est que les composés chimiques apparaissent de plus en plus comme des équilibres mobiles, variables avec les conditions extérieures, telles que la température et la pression auxquelles ils sont soumis.

Les réactions indiquées par les équations chimiques ne doivent leur apparente rigueur qu'à ce que les conditions de milieu où elles se réalisent ne varient pas notablement. Quand elles se modifient beaucoup, les réactions changent aussitôt et les équations habituelles ne sont plus applicables. Ce qu'on appelle, en chimie, la loi des phases, est née de cette constatation. Une combinaison chimique quelconque doit être toujours considérée comme un état d'équilibre entre les forces extérieures qui entourent un corps et les forces intérieures que ce corps contient.

Tant que la chimie n'a eu qu'à étudier des composés minéraux ou organiques très simples, des lois élémentaires ont pu suffire, mais une étude plus approfondie a montré qu'il existe des substances pour lesquelles aucune des lois connues de la chimie ne pouvait être appliquée. Or ces substances sont justement celles qui jouent le rôle prépondérant dans les phénomènes de la vie.

Un être vivant est constitué par un ensemble de composés chimiques provenant de la combinaison d'un très petit nombre d'éléments associés de façon à composer des édifices moléculaires d'une mobilité très grande. Cette mobilité, nécessaire pour la production rapide d'une grande quantité d'énergie, est une des conditions mêmes de l'existence. La vie est liée à la construction et à la destruction incessante d'édifices moléculaires très compliqués et très instables. La mort est caractérisée, au contraire, par le retour à des édifices moléculaires peu compliqués d'une stabilité d'équilibre très grande.

Un grand nombre des composés chimiques, dont l'ensemble constitue un être vivant, possèdent une structure et des propriétés auxquelles aucune des lois de l'ancienne chimie ne sont applicables. On y trouve toute une série de corps : diastases, toxines, antitoxines, alexines, etc., dont l'existence n'a été révélée le plus souvent que par des caractères physiologiques. Aucune formule ne peut traduire leur composition. Nulle théorie n'explique leurs propriétés. Ils tiennent sous leur dépendance la plupart des phénomènes de la vie et possèdent ce caractère mystérieux de produire des effets très grands sans changer de composition apparente et par leur simple présence. C'est ainsi que le protoplasma, c'est-à-dire la substance fondamentale des cellules, ne semble jamais changer, bien que, par sa présence, il détermine les réactions chimiques les plus compliquées, notamment celles qui ont pour résultat de transformer les corps contenant de l'énergie à bas potentiel en d'autres corps dont le potentiel est élevé.

La plante sait fabriquer avec des composés peu compliqués, tels que l'eau et l'acide carbonique des édifices moléculaires oxydables très compliqués, chargés d'énergie. Avec l'énergie à faible tension qui l'entoure, elle fabrique donc de l'énergie à haute tension. Elle bande le ressort que d'autres êtres débanderont pour utiliser sa force.

Les édifices chimiques, que savent fabriquer d'humbles cellules, comprennent, non seulement les opérations les plus savantes de nos laboratoires : éthérification, oxydation, réduction, polymérisation, etc., etc., mais beaucoup d'autres bien plus savantes encore, que nous ne saurions imiter. Par des moyens que nous ne soupçonnons pas, les cellules vitales savent construire ces composés compliqués et variés : albuminoïdes, cellulose, graisses, amidon, etc., nécessaires à l'entretien de la vie. Elles savent décomposer les corps les plus stables, comme le chlorure de sodium, extraire l'azote des sels ammoniacaux, le phosphore des phosphates, etc.

Toutes ces opérations si précises, si admirablement adaptées à un but, sont dirigées par des forces dont nous n'avons aucune idée, et qui se conduisent exactement comme si elles possédaient une clairvoyance très supérieure à la raison. Ce qu'elles accomplissent à chaque instant de notre existence est très au-dessus de ce que peut réaliser la science la plus avancée.

Un être vivant est un agrégat de vies cellulaires. Tant que nous ne pourrons pas comprendre les phénomènes qui se passent au sein d'une cellule isolée et que nous n'aurons pas découvert les forces qui les dirigent il sera bien inutile de bâtir des systèmes philosophiques pour expliquer la vie. La chimie a réalisé au moins ce progrès de nous montrer que nous nous trouvions devant un monde de réactions totalement inconnues. Aux anciennes certitudes d'une science trop jeune elle a fini par substituer les incertitudes dont est toujours chargée une science plus avancée. Il ne faut pas trop les montrer pourtant, car la longueur du chemin à parcourir paralyserait nos efforts. Heureusement, ceux qui débutent dans ces études ne voient pas combien elles sont peu avancées et bien souvent leurs maîtres ne le voient pas davantage. Il ne manque pas de formules savantes pour cacher nos ignorances.

Quel rôle peut jouer l'énergie intra-atomique dans les réactions si inconnues encore qui se passent au sein des cellules ? C'est ce que nous allons rechercher maintenant.

CHAPITRE VII

La chimie intra-atomique
et les équilibres ignorés de la matière.

---

§ 1. — LA CHIMIE INTRA-ATOMIQUE.

Nous venons de montrer sommairement l'existence
de réactions chimiques révélant des équilibres de la
matière complètement ignorés. Sans prétendre pouvoir déterminer la nature de ces équilibres ne serait-
il pas déjà possible de pressentir un peu leurs origines?
Il semble extrêmement probable qu'un grand nombre
des réactions inexplicables dont nous avons parlé, au
lieu d'atteindre seulement les édifices moléculaires,
atteignent, également, les édifices atomiques et mettent en jeu les forces considérables dont nous avons
prouvé l'existence dans leur sein. La chimie ordinaire
sait déplacer les matériaux dont les composés sont
formés, mais elle n'avait pas songé jusqu'ici à toucher
à ces matériaux, qu'elle considérait comme indestructibles.

Quelle que soit l'interprétation que l'on veuille
donner aux faits dont l'exposé va suivre, il est certain
qu'ils prouvent l'existence d'équilibres de la matière
qu'aucune des anciennes théories de la chimie ne
pourrait expliquer.

On y voit des actions considérables produites par

des réactions si faibles, que nos balances ne les aper-
çoivent pas, des phénomènes qu'aucune des doctrines
chimiques n'auraient pu prévoir et qui sont le plus
souvent en contradiction avec elles. Nous sommes
au seuil d'une science nouvelle où les réactifs usuels
et la balance ne peuvent être d'aucun secours, puisqu'il s'agit de réactions dont les effets sont énormes,
bien qu'il n'y ait que des quantités infiniment petites
de matière mises en jeu.

Les phénomènes fondamentaux révélant la dissociation des atomes, ayant été étudiés ailleurs, il serait
inutile d'y revenir à présent. Les faits que nous allons
énumérer prouvent, suivant nous, que cette dissociation joue un rôle important dans beaucoup de phénomènes inexpliqués jusqu'ici.

Ces faits ne sauraient être classés d'une façon
méthodique, puisqu'il s'agit d'une science qui n'est pas
encore née. Nous nous bornerons donc à les décrire
dans une suite de paragraphes, sans essayer de les
présenter avec un ordre que leur caractère fragmen-
taire ne comporte pas.

§ 2. — LES MÉTAUX COLLOÏDAUX.

Un des meilleurs types des substances, échappant
aux lois ordinaires de la chimie, est représenté par
les métaux colloïdaux. Le moyen employé pour les
préparer suffirait à indiquer à lui seul, à défaut de leurs
propriétés toutes spéciales, que l'atome doit y être
partiellement dissocié.

Nous avons vu que des pôles métalliques d'une machine statique en mouvement sortent des électrons et
des ions, résultant de la dissociation de la matière.
Au lieu d'une machine statique, prenons, uniquement
pour la commodité de l'expérience, une bobine d'induction et terminons ses pôles par des tiges formées

du métal à dissocier, de l'or ou du platine, par exemple, que nous plongerons dans de l'eau distillée. En faisant éclater des étincelles entre les deux tiges, suivant la méthode décrite par Bredig, on voit se former un nuage autour des électrodes. Au bout d'un certain temps, le liquide se colore et contient, en plus de particules métalliques arrachées des électrodes et faciles à séparer par filtration, quelque chose d'inconnu provenant de la dissociation du métal. C'est à cette chose inconnue qu'on donne le nom de métal colloïdal[1]. Si on prolonge l'opération, le métal colloïdal ne se forme plus, comme si le liquide était saturé.

Les propriétés des métaux à l'état colloïdal sont absolument différentes de celles du corps dont elles émanent. A la dose prodigieusement faible de 1/300ᵉ de milligramme par litre, le métal colloïdal exerce déjà les actions très énergiques que nous indiquerons plus loin.

Le liquide où se trouve le métal colloïdal est coloré, mais il est impossible d'en rien séparer par filtration, ni d'y apercevoir au microscope aucune particule en suspension, ce qui montre que ces particules, si elles existent, sont inférieures aux longueurs d'onde de la lumière.

La théorie des ions étant applicable à la plupart des phénomènes, on l'a naturellement appliquée aux colloïdes. Une solution colloïdale est considérée aujourd'hui comme contenant des granules porteurs de charges électriques, les unes positives, les autres négatives.

Quoiqu'il en soit de cette théorie un peu simpliste, il est évident qu'un métal colloïdal n'a gardé aucune

---

1. Il existe des méthodes chimiques pour préparer les métaux, l'argent notamment, à l'état dit colloïdal, mais il n'est pas du tout démontré qu'ils soient identiques aux corps obtenus avec l'étincelle électrique, suivant la méthode que je viens d'indiquer.

des propriétés du même métal à l'état ordinaire. Ses atomes ont probablement subi un commencement de dissociation et c'est justement pour cette raison qu'ils ne possèdent plus aucune de leurs anciennes propriétés. Du platine ou de l'or colloïdal ne sont plus certainement ni de l'or, ni du platine, bien que fabriqués avec ces métaux.

Les propriétés des métaux colloïdaux sont, en effet, sans aucune analogie avec celles d'un sel du même métal en solution. Par certaines de leurs actions, ils se rapprochent beaucoup plus des composés organiques, les oxydases notamment, que des sels minéraux. Ils présentent les plus grandes analogies avec les toxines et les ferments, d'où le nom de ferments inorganiques qu'on leur donne quelquefois. Le platine colloïdal décompose l'eau oxygénée comme le font certains ferments du sang ; il transforme l'alcool par oxydation en acide acétique comme le fait le *mycoderma aceti*. L'iridium colloïdal décompose le formiate de chaux en carbonate de chaux, acide carbonique et hydrogène à l'instar de certaines bactéries. Chose plus curieuse encore, les corps qui, de même que l'acide prussique, l'iode, etc., empoisonnent les ferments organiques, paralysent ou détruisent de la même façon l'action des métaux colloïdaux.

Les propriétés si spéciales et si énergiques de ces métaux devaient conduire à étudier leur action sur l'organisme. Elle est très intense. C'est à leur présence dans diverses eaux minérales que M. le professeur Garrigou attribue plusieurs propriétés de ces eaux, celle d'enrayer des phénomènes d'intoxication par exemple. M. Robin a employé les métaux colloïdaux en injectant à des malades 5 à 10 centimètres cubes d'une solution contenant 10 milligrammes de métal par litre contre diverses affections : fièvre typhoïde et pneumonie notamment. Le résultat a été l'accroissement considérable des échanges organiques et de l'oxydation des produits d'élimination révélée par une surproduction d'urée et d'acide urique. Ces solutions étant malheureusement très rapidement altérables, leur utilisation pratique est fort difficile.

Il n'y a, on le voit, aucune parenté ni rapprochée ni lointaine entre les métaux colloïdaux et ceux d'où ils dérivent. Aucune réaction chimique ne saurait expliquer les propriétés qu'ils possèdent. Leur mode de préparation autorise à supposer qu'ils contiennent, comme je l'ai dit plus haut, des éléments de matière dissociée. Je n'ai constaté cependant chez eux aucun phénomène de radio-activité mais on comprend que si ces phénomènes se produisent pendant la dissociation de la matière, il n'y a aucune raison pour qu'ils apparaissent quand la matière est déjà dissociée.

En dehors des métaux, beaucoup de substances peuvent exister à l'état dit colloïdal et on tend aujourd'hui à faire jouer à cette forme inconnue des équilibres matériels un rôle prépondérant en physiologie. Le protoplasma, par exemple, ne serait qu'un mélange de substances colloïdales, ce qui, d'ailleurs, ne nous éclaire nullement sur ses merveilleuses propriétés.

§ 3. — LES DIASTASES, LES ENZYMES, LES TOXINES ET LES ACTIONS DE PRÉSENCE.

Des métaux colloïdaux obtenus par la dissociation de divers corps simples, il faut rapprocher les composés classés sous le nom de diastases, toxines, enzymes, etc., dont les réactions sont très voisines de celles des métaux colloïdaux. Leur constitution chimique est profondément ignorée. Ils agissent presque exclusivement par leur présence et sont parfois d'une toxicité extrême à des doses presque impondérables. Suivant Armand Gautier 2 gouttes de toxine tétanique contenant 99 °/₀ d'eau et 1°/₀ seulement de corps actif, — ce qui représente à peine 1 milligramme, — suffisent à tuer un cheval [1]. Un gramme de ce corps suffirait, dit-il, à tuer 75.000 hommes. De pareilles énergies font songer à celles que peuvent manifester de très faibles dissociations atomiques.

A l'époque où l'on croyait que les bactéries constituaient l'agent actif des intoxications, il était possible d'expliquer par leur multiplication rapide l'intensité des effets observés, mais on sait maintenant que les toxines restent aussi actives après avoir été séparées par filtration des bactéries. La substance vivante dite levure de bière transforme la glucose en alcool et acide carbonique, mais, après avoir tué cette levure en la chauffant à une certaine température, on peut en extraire un corps dépourvu de toute organisation appelé zymase aussi apte à produire la fermentation que la levure vivante elle-même. Les phénomènes attribués il y a quelques années à des micro-organismes sont donc dus à des substances chimiques non vivantes fabriquées par eux.

Le rôle des divers corps dont je viens de parler est, je l'ai fait remarquer déjà, tout à fait prépondérant dans les phénomènes de la vie. La chimie s'est montrée complètement impuissante à expliquer leur structure aussi bien que leur action. Le plus souvent ce sont seulement des réactions physiologiques qui révèlent leur existence et permettent de les isoler. Tout ce qu'on sait d'eux, c'est qu'ils perdent leurs propriétés si on les dépouille des quantités infini-

---

1. Des traces insignifiantes de diverses substances suffisent à paralyser l'action des diastases. Ce sont des poisons qui ont leurs poisons. Elles résistent à certains réactifs énergiques et sont influencées par des traces de corps qui semblent bien inoffensifs. Des produits aussi violents que l'acide prussique, le sublimé et le nitrate d'argent, sont sans action sur le venin de cobra, alors que des traces d'un sel alcalin l'empêchent d'agir.

ment petites de matières minérales qu'ils contiennent sous une forme qu'on suppose voisin de l'état colloïdal.

La plupart des corps précédents : métaux colloïdaux, diastases, ferments, etc., possèdent la propriété, très inexpliquée encore, de n'agir — du moins en apparence — que par leur présence. Ils n'apparaissent pas dans les produits des réactions qu'ils provoquent.

Ces actions de présence dites aussi catalytiques ont été observées en chimie depuis fort longtemps ; on savait, par exemple, que l'oxygène et l'acide sulfureux sans action l'un sur l'autre s'unissent pour former de l'acide sulfurique en présence du noir de platine, sans que ce dernier intervienne dans la réaction ; que le nitrate d'ammonium habituellement inaltérable donne un dégagement continu d'azote en présence du même noir de platine. Ce dernier corps ne se combine pas avec l'oxygène mais il peut en absorber 800 fois son volume. On suppose — mais ce n'est évidemment qu'une hypothèse — qu'il agit généralement en empruntant l'oxygène à l'air pour le porter sur les corps avec lesquels il est en contact.

Parmi les corps dont on pourrait dire à la rigueur qu'ils n'agissent que par leur présence, se trouve la vapeur d'eau, qui, à dose extrêmement petite, joue un grand rôle dans diverses réactions. De l'acétylène parfaitement desséché est sans action sur l'hydrure de potassium, mais, en présence d'une trace d'humidité, les deux corps réagissent l'un sur l'autre avec une telle violence que le mélange devient incandescent.

L'acide carbonique bien desséché est également sans action sur le même hydrure de potassium ; en présence d'une faible quantité de vapeur d'eau il produit un formiate. De même pour beaucoup d'autres corps, le gaz ammoniac et le gaz chlorhydrique, par exemple, qui se combinent habituellement en donnant d'épaisses fumées blanches, mais ne se combinent plus dès qu'ils ont été soigneusement desséchés. On se rappelle que j'ai constaté qu'en ajoutant à des sels de quinine desséchés des traces de vapeurs d'eau, ils deviennent phosphorescents et radio-actifs.

Bien que les actions catalytiques soient anciennement connues, c'est depuis quelques années seulement qu'on a constaté qu'elles jouaient un rôle prépondérant dans la chimie des êtres vivants. On admet maintenant que les diastases et les ferments divers dont le rôle est si capital, n'agissent que par leur présence.

En examinant de près le rôle des corps agissant par leur simple présence, on constate qu'ils se comportent comme si de l'énergie était transportée du corps catalyseur au corps catalysé. Ce fait ne peut guère s'expliquer, croyons-nous, que si le corps catalyseur subit un commencement de dissociation atomique. Nous savons que, en raison de l'énorme vitesse dont sont animées les particules de la matière pendant sa dissociation, des quantités considérables d'énergie peuvent être produites par la dissociation d'une quantité de matière tellement impondérable qu'elle échappe à toute pesée. *Les corps catalyseurs seraient donc simplement des libérateurs d'énergie.*

S'il en est réellement ainsi nous devrons constater que le corps catalyseur finit à la longue par subir une certaine altération. Or c'est justement ce qui se vérifie par l'observation. Le noir de platine et les métaux colloïdaux finissent par s'user, c'est-à-dire qu'à force de servir ils perdent une grande partie de leur action catalysante.

§ 4. — LES ÉQUILIBRES CHIMIQUES OSCILLANTS

Toutes les réactions précédemment indiquées sont, nous le répétons, inexplicables avec les idées actuelles. Elles sont même contraires aux lois les plus importantes de la chimie, telles que celle des proportions définies et celle des proportions multiples. Nous voyons, en effet, des corps se transformer sous l'influence de doses impondérables de certaines substances, d'autres provoquer des réactions intenses par leur simple présence, etc.

L'étude de l'ancienne chimie laissait dans l'esprit la notion de produits très stables, de composition bien définie et constante, ne pouvant être modifiés que par des moyens violents, tels que des températures élevées. Plus tard est née la notion de composés moins fixes, capables d'éprouver toute une série de modifications en rapport avec les variations de milieu, température et pression, qu'ils subissent. Dans ces dernières années on a vu se dessiner de plus en plus, cette notion qu'un corps quelconque représente simplement un état d'équilibre entre les éléments intérieurs dont il est formé et les éléments extérieurs qui agissent sur lui. Si cette relation n'apparaît pas nettement pour certains corps, c'est qu'ils sont constitués de façon à ce que leurs équilibres se maintiennent sans changements apparents dans des limites de variation de milieu assez grandes. L'eau, peut rester liquide pour des variations de température comprises entre 0° et 100° et la plupart des métaux ne paraissent pas changer d'état pour des écarts plus considérables encore.

Il est nécessaire maintenant d'aller plus loin et d'admettre qu'en dehors des seuls facteurs envisagés par la chimie jusqu'ici : masse, pression et température, il en est d'autres où interviendraient les éléments résultant de la dissociation des atomes. Ces éléments seraient capables par leur influence de donner aux corps des équilibres d'une mobilité telle que ces équilibres pourraient se détruire ou se régénérer dans un temps très court sous des influences extérieures très légères.

Cette succession de changements s'accompagnerait de la libération d'une certaine quantité de l'énergie intra-atomique que la matière contient. Les actions de présence d'une si grande importance dans les phénomènes de la vie trouveraient peut-être dans cette théorie une explication.

Ce sont nos études sur la phosphorescence qui nous ont conduit à cette hypothèse. On se rappelle que les corps purs, sulfures divers, phosphates de chaux, etc., ne sont jamais phosphorescents et ne le deviennent que chauffés au rouge pendant un temps assez long avec des traces de divers corps : bismuth, manganèse, etc. Nous avons montré, d'autre part, que cette élévation de température provoque toujours une dissociation de la matière. Il est donc permis d'admettre que les éléments provenant de cette dissociation ont une part d'action dans les composés inconnus alors formés, qui donnent aux corps l'aptitude à la phosphorescence.

Les combinaisons ainsi obtenues ont justement le caractère, signalé plus haut, d'être d'une mobilité extrême, c'est-à-dire de pouvoir se détruire et se régénérer très rapidement. Un rayon de lumière bleue tombant sur un écran de sulfure de zinc, l'illumine en un dixième de seconde, et un rayon de lumière rouge tombant sur le même écran détruit la phosphorescence dans le même temps, c'est-à-dire ramène l'écran à son état primitif. Ces deux opérations contraires impliquant nécessairement deux réactions inverses, peuvent être indéfiniment répétées.

Quoiqu'il en soit, les faits énumérés dans ce chapitre, nous montrent que la chimie est au seuil de phénomènes entièrement nouveaux, caractérisés très probablement par des réactions intra-atomiques accompagnées d'une libération d'énergie. En raison de la quantité énorme d'énergie intra-atomique que la matière contient, des pertes de substances trop petites pour être appréciées par nos balances peuvent s'accompagner d'un dégagement d'énergie très grand.

En essayant de faire intervenir le phénomène de la dissociation des atomes dans des réactions chimiques inexpliquées, je n'ai fait évidemment qu'une hypothèse dont la justification n'est pas suffisante encore. Elle a, du moins, l'avantage d'expliquer des faits restés jusqu'ici sans interprétation. Il est certain qu'un phénomène aussi capital et aussi fréquent que celui de la dissociation de la matière doit jouer un rôle dominant dans diverses réactions. La chimie intra-atomique est une science dont nous entrevoyons seulement l'aurore. Dans cette science nouvelle le vieux matériel des chimistes, leurs balances et leurs réactifs, resteront probablement sans emploi.

CHAPITRE VIII

Naissance, Évolution et Fin de la Matière.

Il y a quarante ans à peine, il eût été impossible
d'écrire sur le sujet que nous abordons maintenant
une seule ligne déduite d'une observation scientifique
et on pouvait penser que d'épaisses ténèbres envelop-
peraient toujours l'histoire de l'origine et du développement des atomes. Comment d'ailleurs supposer
qu'ils pouvaient évoluer ? N'était-il pas universellement admis qu'ils étaient indestructibles ? Tout
changeait dans le monde et tout était éphémère. Les
êtres se succédaient en revêtant des formes toujours
nouvelles, les astres finissaient par s'éteindre, l'atome
seul ne subissait pas l'action du temps et semblait
éternel. La doctrine de son immuabilité régnait
depuis deux mille ans et rien ne permettait de supposer qu'elle pût un jour être ébranlée.

Nous avons exposé les expériences qui ont fini par
ruiner cette antique croyance. Nous savons maintenant que la matière s'évanouit lentement et, par
conséquent, n'est pas destinée à durer toujours.

Mais si les atomes sont condamnés eux aussi à une
existence relativement éphémère, il est naturel de
supposer qu'ils ne furent pas autrefois ce qu'ils sont

aujourd'hui et qu'ils ont dû évoluer pendant la suite des âges. Par quelles phases successives ont-ils passé? Quelles formes graduelles ont-ils revêtues? Qu'étaient autrefois les diverses matières qui nous entourent : la pierre, le plomb, le fer, tous les corps en un mot?

L'astronomie seule pouvait répondre un peu à de telles questions. Sachant pénétrer par l'analyse spectrale dans la structure des astres d'âges divers qui illuminent nos nuits, elle a pu révéler les transformations que subit la matière quand elle vient à vieillir.

On sait que l'analyse spectrale prouve qu'un corps incandescent a un spectre d'autant plus étendu vers l'ultra-violet que sa température est plus élevée. Ce spectre a d'ailleurs un maximum d'éclat qui se déplace également vers l'ultra-violet quand la température de la source lumineuse augmente et vers le rouge quand elle diminue. On sait, d'autre part, que les raies spectrales d'un même métal varient avec sa température. Watteville a même montré que si on introduit du potassium dans une flamme, son spectre change suivant que le métal se trouve dans des régions plus ou moins chaudes de cette flamme.

Le spectroscope nous donne donc les moyens de savoir de quels éléments se composent les astres et comment ils varient avec la température. C'est ainsi qu'on a pu suivre leur évolution.

Les nébuleuses, qui ne présentent que les spectres de gaz permanents, comme l'hydrogène, ou de produits dérivés du carbone, constitueraient, suivant Norman Lockyer, la première phase d'évolution des corps célestes. En se condensant, elles formeraient de nouveaux stades de la matière qui aboutiraient à la formation des étoiles. Ces dernières représentent des périodes d'évolution très diverses.

Les étoiles les plus blanches, qui sont aussi les plus chaudes, comme le prouve la prolongation de leur spectre dans l'ultra-violet, ne se composent que d'un très petit nombre d'éléments chimiques. Sirius et α de la Lyre, par exemple, contiennent presque exclusivement de l'hydrogène incandescent. Dans les étoiles rouges et jaunes, astres moins chauds qui commencent à se refroidir, et sont par conséquent plus âgés, on voit successivement apparaitre les autres éléments chimiques. D'abord, le magnésium, le calcium, le sodium, le fer, etc., puis les métalloïdes. Ces derniers ne s'observent que dans les étoiles les plus refroidies. C'est donc avec l'abaissement de la température que les éléments des atomes subissent des nouvelles phases d'évolution dont le résultat est la formation de certains corps simples.

Il est probable que les éléments solides que nous observons, l'or, l'argent, le platine, etc., sont des corps ayant perdu des quantités différentes de leur énergie intra-atomique. Les corps simples à l'état gazeux : azote, hydrogène, oxygène, sont les moins nombreux sur notre globe. Pour passer à l'état solide, ce qu'ils ne peuvent faire qu'à une température extrêmement basse, ils doivent perdre d'abord une très grande quantité d'énergie.

Il parait fort douteux que la chaleur soit la seule cause de l'évolution sidérale des atomes. D'autres forces ont dû probablement agir. Nous savons que les variations de pression peuvent, comme l'a montré Deslandres, faire varier considérablement les raies du spectre ; « aux pressions croissantes on voit surgir de nouvelles séries qui existaient seulement en germe aux pressions plus basses ».

En résumé, l'observation des astres nous montre l'évolution des atomes, et la formation des divers corps simples sous l'influence de cette évolution.

Nous ignorons la nature et le mode d'action des forces capables de condenser une partie de l'éther qui remplit l'univers en atomes d'un gaz quelconque tel que l'hydrogène ou l'hélium, puis de transformer ce gaz en substances comme le sodium, le plomb ou l'or, mais les changements observés dans les astres sont la preuve que les forces capables de produire de telles transformations existent, qu'elles ont agi dans le passé et continuent à agir encore.

Dans le système du monde développé par Laplace, le soleil et les planètes auraient d'abord été une grande nébuleuse au centre de laquelle s'est formé un noyau animé d'un mouvement de rotation et duquel se détachèrent successivement des anneaux qui formèrent plus tard la terre et les autres planètes. D'abord gazeuses, ces masses se sont progressivement refroidies et l'espace que remplissait primitivement la nébuleuse n'a plus été occupé que par un petit nombre de globes tournant sur eux-mêmes et autour du soleil. Il est permis de supposer que les atomes ne se sont pas formés autrement. Nous avons vu que chacun d'eux peut être considéré comme un petit système solaire comprenant une ou plusieurs parties centrales, autour de laquelle tournent, avec une immense vitesse, des milliers de particules. C'est de la réunion de ces petits systèmes solaires en miniature que la matière se compose.

Notre nébuleuse, comme toutes celles qui brillent encore dans la nuit, provenait forcément de quelque chose. Dans l'état actuel de la science, on ne voit que l'éther qui ait pu constituer ce point de départ cosmique et c'est pourquoi toutes les investigations ramènent toujours à le considérer comme l'élément fondamental de l'Univers. Les mondes y naissent et ils vont y mourir.

Nous ne pouvons pas dire comment s'est constitué l'atome et pourquoi il finit par lentement s'évanouir;

mais au moins nous savons qu'une évolution analogue se poursuit sans trêve, puisque nous pouvons observer des mondes à toutes les phases d'évolution depuis la nébuleuse jusqu'à l'astre refroidi, en passant par les soleils encore incandescents comme le nôtre. Les transformations du monde inorganique apparaissent maintenant aussi certaines que celles des êtres organisés. L'atome et par conséquent la matière n'échappent pas à cette loi souveraine qui fait naître, grandir et périr les êtres qui nous entourent et les astres innombrables dont est peuplé le firmament.

§ 2. — LA FIN DE LA MATIÈRE.

Nous avons essayé dans cet ouvrage de déterminer la nature des produits de la dématérialisation de la matière et de montrer qu'ils constituent des substances intermédiaires par leurs propriétés entre la matière et l'éther.

Le terme ultime de la dématérialisation de la matière semble être l'éther au sein duquel elle est plongée. Comment y revient-elle? Quelles formes d'équilibre prend-elle pour y retourner?

Nous sommes évidemment ici sur l'extrême limite des choses que l'intelligence peut connaître, et fatalement nous devrons faire des hypothèses. Elles ne seront pas vaines s'il est possible de leur donner quelques faits précis et des analogies pour soutiens.

En étudiant l'origine de l'électricité nous avons vu qu'elle pouvait être envisagée comme une des formes les plus générales de la dématérialisation de la matière. Nous avons reconnu également que les produits ultimes de la dissociation des corps radio-actifs étaient formés d'atomes électriques. Ces derniers représenteraient donc une des dernières phases d'existence des substances matérielles.

Quel est le sort de l'atome électrique après la dissociation de la matière. Est-il éternel alors que la matière ne l'est pas? S'il possède une individualité, combien de temps la conserve-t-il? Et s'il ne la conserve pas que devient-il?

Que l'atome électrique soit destiné à ne pas avoir de fin, cela est bien peu probable. Il est sur la limite extrême des choses. Si l'existence de ces éléments avait persisté depuis leur formation sous l'influence des causes diverses qui produisent la lente dissociation de la matière, ils auraient fini par s'accumuler au point de pouvoir former un nouvel univers ou tout au moins une sorte de nébuleuse. Il est donc vraisemblable qu'ils finissent par perdre leur existence individuelle. Mais alors comment peuvent-ils disparaitre? Devons-nous supposer que leur destinée est celle de ces blocs de glace flottant dans les régions polaires et gardant une existence individuelle tant que la seule cause de destruction qui puisse les anéantir — une élévation de température — ne les atteint pas? Dès que cette cause de destruction agit sur eux, ils s'évanouissent dans l'océan et disparaissent. Tel est, sans doute, le sort final de l'atome électrique. Quand il a rayonné toute son énergie il s'évanouit dans l'éther et n'est plus rien.

L'expérience permet de donner quelque appui à cette hypothèse. Nous avons montré à propos des éléments de matière dissociée émis par les machines de nos laboratoires, que les atomes électriques s'accompagnent toujours dans leurs mouvements, de vibrations de l'éther. De telles vibrations ont reçu les noms d'ondes hertziennes, de chaleur rayonnante, de lumière visible, de lumière ultra-violette invisible, etc., suivant les effets qu'elles produisent sur nos sens ou sur nos instruments, mais nous savons que leur nature est la même. Elles sont comparables aux vagues de l'océan qui ne diffèrent que par leur grandeur.

Ces vibrations de l'éther, accompagnant toujours les atomes électriques, représentent très vraisemblablement la forme sous laquelle ils s'évanouissent en rayonnant leur énergie.

La particule électrique d'une individualité propre, d'une grandeur définie et constante, constituerait donc l'avant-dernière étape de la disparition de la matière. La dernière serait représentée par les vibrations de l'éther, vibrations qui ne possèdent pas plus d'individualité durable que les vagues formées dans l'eau quand on y jette une pierre et qui bientôt s'évanouissent.

Comment les atomes électriques provenant de la dématérialisation de la matière peuvent-ils perdre leur individualité et se transformer en vibrations de l'éther ?

Toutes les recherches modernes conduisent à considérer ces particules comme constituées par des tourbillons, analogues à des gyroscopes, formés au sein de l'éther et en relation avec lui par leurs lignes de force.

La question se réduit dès lors à celle-ci : comment un tourbillon formé dans un fluide peut-il disparaitre dans ce fluide en y produisant des vibrations ?

Ramenée à cette forme, la solution du problème ne présente pas de sérieuses difficultés. On voit facilement, en effet, comment un tourbillon engendré aux dépens d'un liquide peut, lorsque son équilibre est troublé, s'évanouir en rayonnant l'énergie qu'il contient sous forme de vibrations du milieu où il est plongé. C'est de cette façon, par exemple, qu'une trombe marine formée d'un tourbillon liquide perd son individualité et disparait dans l'océan.

Il en est sans doute de même des vibrations de

l'éther. Elles représentent le dernier terme de la dématérialisation de la matière, celui qui précède sa disparition finale. Après ces vibrations éphémères, l'éther revient au repos et la matière a définitivement disparu. Elle est revenue à ce néant primitif d'où des centaines de millions de siècles et des forces inconnues pourraient seules la faire de nouveau surgir comme elle a surgi déjà aux âges lointains où s'esquissèrent dans le chaos des choses les premiers linéaments de notre univers.

Si les vues exposées dans cet ouvrage sont exactes, la matière a successivement passé par des stades d'existence fort différents.

Le premier nous reporte à l'origine même des mondes et échappe à toutes les données de l'expérience. C'est la période du chaos des vieilles légendes. Ce qui devait former l'univers n'était alors constitué que par des nuages informes d'éther.

En s'orientant et en se condensant sous l'influence de forces inconnues agissant pendant des entassements d'âges, l'éther a fini par s'organiser sous forme d'atomes. C'est de l'agrégation de ces derniers que se compose la matière telle qu'elle existe dans notre globe ou telle que nous pouvons l'observer dans les astres à diverses phases d'évolution.

Pendant cette période de formation progressive les atomes ont emmagasiné la provision d'énergie qu'ils devaient dépenser sous des formes diverses : chaleur, électricité, etc., dans la suite des temps.

En perdant lentement ensuite l'énergie, d'abord accumulée par eux, ils ont subi des évolutions diverses et revêtu par conséquent des aspects variés. Quand ils ont rayonné toute leur énergie sous forme de vibrations lumineuses, calorifiques ou autres, ils retournent par le fait même des rayonnements consécutifs à leur dissociation, à l'éther primitif, d'où ils dérivent. Ce dernier représente donc le nirvana final auquel reviennent toutes choses après une existence plus ou moins éphémère.

Ces aperçus sommaires sur les origines de notre univers et sur sa fin ne constituent évidemment que de faibles lueurs projetées dans les ténèbres profondes qui enveloppent notre passé et voilent notre avenir. Ce sont de bien insuffisantes explications. La science ne peut en proposer d'autres. Elle n'entrevoit pas encore le moment où elle pourra découvrir la véritable raison première des choses, ni même atteindre les causes réelles d'un seul phénomène. Il lui faut donc laisser aux religions et aux philosophies le soin d'imaginer des systèmes capables de satisfaire notre besoin de connaître. Sans doute tous ces systèmes ne représentent que la synthèse de nos ignorances et de nos espérances, et ne sont par conséquent que des illusions pures ; mais ces créations de nos rêves furent toujours plus séduisantes que les réalités et c'est pourquoi l'homme n'a pas cessé et ne pourra jamais cesser de les choisir pour guides.

<h3 style="text-align:center">§ 3. — CONCLUSIONS.</h3>

Les expériences analysées dans cet ouvrage nous ont permis de suivre l'atome depuis sa naissance jusqu'à son déclin. Nous avons vu que la matière, jadis considérée comme indestructible, s'évanouit lentement par la dissociation des éléments qui la composent. Cette matière, envisagée autrefois comme inerte et ne pouvant que restituer l'énergie qui lui avait été communiquée, s'est au contraire montrée à nous comme un immense réservoir de forces. De ces forces dérivent la plupart des modes d'énergie connus, les attractions moléculaires, la chaleur solaire et l'électricité notamment.

Nous avons montré que la matière peut se dissocier sous l'influence de causes très multiples et que les produits de ses dématérialisations successives constituaient des substances intermédiaires par leurs propriétés entre la matière et l'éther. Il en est résulté que l'antique dualité entre le monde du pondérable et celui de l'inpondérable, jadis si séparés, devait disparaître.

L'étude des phases successives d'existence de la matière nous a conduit à cette conclusion que le terme final de son évolution était le retour à l'éther.

En essayant ainsi d'entrevoir les origines de la matière, son évolution et sa fin, nous sommes progressivement arrivés aux dernières limites de ces demi-certitudes que la science peut atteindre et au delà desquelles il n'y a plus que les ténèbres de l'inconnu.

Notre travail est donc terminé. Il représente la synthèse de laborieuses investigations poursuivies pendant de longues années. Parti de l'observation attentive des effets produits par la lumière sur un fragment de métal, nous avons été successivement conduit par l'enchaînement des phénomènes à explorer des régions très diverses de la physique.

Sans doute l'expérience a toujours été notre principal guide, mais pour interpréter les résultats obtenus et en découvrir d'autres, il a fallu édifier plus d'une hypothèse. Dès qu'on pénètre dans les régions obscures de la science, il est impossible de procéder autrement. Si on se refuse à choisir l'hypothèse pour guide, il faut se résigner à prendre le hasard pour maître. « Le rôle de l'hypothèse, dit Poincaré, est tel que le mathématicien ne saurait s'en passer et que l'expérimentateur ne s'en passe pas davantage. » Faire des hypothèses, les vérifier par des expériences, puis tâcher de relier, à l'aide de généralisations, les faits constatés, représente les stades nécessaires de l'édification de toutes nos connaissances.

Ce n'est pas autrement que les grands édifices scientifiques ont été construits. Si imposants qu'ils soient déjà, ils contiennent encore un grand nombre de théories invérifiées, et ce sont souvent les moins vérifiables qui jouent le plus grand rôle dans la direction des recherches de chaque époque.

On dit avec raison que la science est fille de l'expérience, mais il est bien rare que l'expérience n'ait pas l'hypothèse pour guide. Celle-ci est la baguette magique qui fait sortir le connu de l'inconnu, le réel de l'irréel, et donne un corps aux plus ondoyantes chimères. Des âges héroïques aux temps modernes, l'hypothèse fut toujours un des grands ressorts de l'activité des hommes. C'est avec des hypothèses religieuses que les plus imposantes civilisations ont été fondées, c'est avec des hypothèses scientifiques que les plus grandes découvertes modernes ont été accomplies. La science moderne n'en accepte pas moins que n'en acceptaient nos pères. Leur rôle est, en réalité, beaucoup plus grand aujourd'hui qu'il ne le fut jamais, et aucune science ne pourrait progresser sans elles.

Les hypothèses servent surtout à fonder ces dogmes souverains qui jouent dans la science un rôle aussi prépondérant que dans les religions et les philosophies. Le savant, autant que l'ignorant, a besoin de croyances pour orienter ses recherches et diriger ses pensées. Il ne peut rien créer si une foi ne l'anime pas, mais il ne doit pas s'immobiliser trop longtemps dans sa foi. Les dogmes deviennent dangereux dès qu'ils commencent à vieillir.

Il importe peu que les hypothèses et les croyances qu'elles enfantent soient insuffisantes ; il suffit qu'elles soient fécondes, et elles le sont dès qu'elles provoquent des recherches. D'hypothèses rigoureusement vérifiables, il n'en existe pas. De lois physiques absolument sûres, il n'en existe pas davantage. Les plus importants des principes sur lesquels des sciences entières reposent ne sont que des vérités approchées à peu près vraies dans certaines limites, mais qui, en dehors de ces limites, perdent toute exactitude.

La science vit de faits, mais ce sont toujours les grandes généralisations qui les font naître. Une théorie fondamentale ne peut être modifiée sans que l'orientation des recherches scientifiques change aussitôt. Par le fait seul que les idées sur la constitution et l'invariabilité des atomes sont en voie de se transformer, les doctrines qui servaient de base à des parties fondamentales de la physique, de la chimie et de la mécanique devront changer et la direction des recherches changera également. Cette orientation nouvelle des investigations amènera nécessairement une éclosion de faits nouveaux et imprévus.

Personne ne pouvait songer à étudier le monde des atomes à l'époque, si récente encore, où on les croyait formés d'éléments très simples, irréductibles, inaccessibles et indestructibles. Aujourd'hui nous savons que la science a quelque prise sur ces éléments et que chacun d'eux est un petit univers d'une structure extraordinairement compliquée, siège de forces jadis ignorées et dont la grandeur dépasse immensément toutes celles connues jusqu'ici. Ce que la chimie et la mécanique croyaient le mieux connaître était en réalité ce qu'elles connaissaient le moins.

C'est dans ces univers atomiques, dont la nature fut méconnue pendant si longtemps, qu'il faudra chercher l'explication de la plupart des mystères qui nous entourent. L'atome, qui n'est pas éternel comme l'assuraient d'antiques croyances, est bien autrement puissant que s'il était indestructible et par conséquent incapable de changement. Ce n'est plus quelque chose d'inerte, jouet aveugle de toutes les forces de l'univers. Ces forces sont au contraire créées par lui. Il est l'âme même des choses. Il détient les énergies qui sont le ressort du monde et des êtres qui l'animent. Malgré sa petitesse infinie, l'atome contient peut-être tous les secrets de l'infinie grandeur.

DEUXIÈME PARTIE

RECHERCHES EXPÉRIMENTALES

Toutes les théories exposées dans les pages qui précèdent
reposent sur une longue série d'expériences. Une doctrine scientifique ou philosophique, n'ayant pas l'expérience pour base, est
dépourvue d'intérêt et ne constitue qu'une dissertation littéraire
sans portée.

Je ne puis donner dans les pages qui vont suivre qu'un bref
résumé des expériences que j'ai publiées pendant près de dix
ans. Les mémoires où elles ont été exposées ayant occupé
400 colonnes environ de la *Revue scientifique*, je ne pouvais songer
à les reproduire ici. Il en est comme celles sur la phosphorescence,
les ondes hertziennes, l'infra-rouge, etc., que j'ai dû laisser entièrement de côté.

Dans tout ce qui va suivre, j'ai tenu surtout à donner des
expériences très simples et, par conséquent, faciles à répéter. Je
ne reviendrai pas naturellement sur celles indiquées déjà dans le
corps de l'ouvrage toutes les fois qu'elles pouvaient être exposées
sans qu'il fut nécessaire d'entrer dans trop de détails techniques.

CHAPITRE PREMIER

Méthodes générales d'observations permettant de constater la dissociation de la matière.

J'ai déjà expliqué, dans un chapitre de cet ouvrage, les principes des méthodes employées pour étudier la dissociation de la matière, c'est-à-dire sa dématérialisation. Avant de les décrire en détail, je rappellerai ce que j'ai déjà dit en quelques lignes.

Les moyens employés pour déterminer la dissociation d'un corps, qu'il s'agisse du radium ou d'un métal quelconque, sont identiques. Le phénomène caractéristique à étudier est toujours l'émission de particules animées d'une immense vitesse, déviables par un champ magnétique, et capables de rendre l'air conducteur de l'électricité; c'est uniquement ce dernier caractère qui a été utilisé pour isoler le radium.

Il existe d'autres caractères accessoires, tels que les impressions photographiques, la production de phosphorescence et de fluorescence, etc., par les particules émises, mais ils sont d'une importance secondaire. Les 99 % de l'émission du radium se composent d'ailleurs de particules sans action sur la plaque photographique, et il existe des corps radio-actifs, tels que le polonium qui n'émettent que de telles radiations.

La possibilité de dévier ces particules, par un champ magnétique, constitue après l'aptitude à rendre l'air conducteur de l'électricité, le phénomène le plus important. Il a permis d'établir, d'une façon indiscutable, l'identité entre les particules émises par les corps radio-actifs et les rayons cathodiques de l'ampoule de Crookes. C'est le degré de déviation de ces particules par un champ magnétique qui a rendu possible la mesure de leur vitesse.

La mesure de la déviation magnétique des particules radio-actives exigeant des appareils très délicats et fort coûteux, il est impossible de la faire figurer parmi les expériences d'une répétition facile. Ne voulant donner ici que de telles expériences, je n'aurai recours qu'à la propriété fondamentale des particules de matière dissociée de rendre l'air conducteur de l'électricité.

Moyen de constater que l'air a été rendu conducteur de l'électricité par les corps radio-actifs. — Le procédé classique employé pour prouver qu'un corps émet des particules d'atomes dissociés, capables de rendre l'air conducteur de l'électricité, est fort simple. Il n'exige, en effet, d'autre instrument qu'un électroscope gradué. La substance X, supposée capable de se dissocier, est placée sur un plateau quelconque A (fig. 36). Au-dessus, on dispose une plaque métallique B en relation avec un électroscope chargé C. Si des particules conductrices

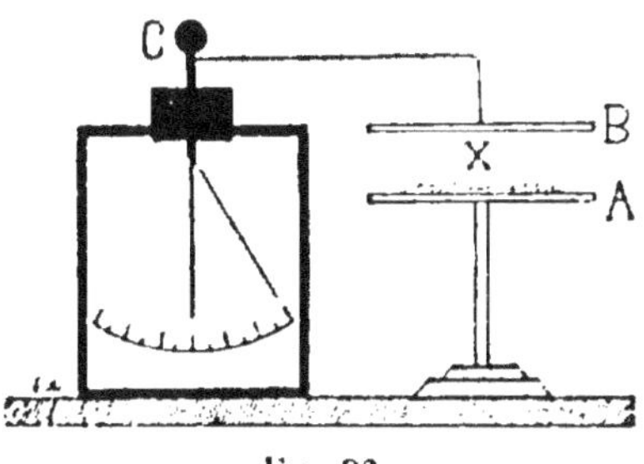

Fig. 36.

Méthode classique employée pour mesurer la radio-activité des corps.

— ions ou électrons — sont émises par le corps X, l'air devient conducteur entre les deux plaques et l'électroscope se décharge. La vitesse de chute des feuilles est proportionnelle à l'intensité de l'émission des particules provenant de la dissociation.

On obtient absolument les mêmes résultats en plaçant les corps à étudier dans une cuve métallique, placée directement sur l'électroscope. C'est le moyen auquel j'ai eu habituellement recours.

Il ne faudrait pas croire que l'électroscope constitue un procédé sommaire d'examen incapable de donner des mesures précises. Rutherford, qui l'a longuement étudié, montre, au contraire, que c'est un instrument fort précis, très supérieur, pour la plupart des expériences, à l'électromètre à quadrants et beaucoup plus sensible, quand il est bien construit, que le meilleur des galvanomètres. La capacité c d'un système à feuille d'or de 4 centimètres de longueur est, suivant lui, d'environ 1 unité électro-statique. Si on appelle v la chute du potentiel des feuilles en t secondes, l'intensité du courant i à travers le gaz est donné, par la formule $i = \dfrac{c\,v}{t}$. On peut ainsi mesurer un courant de 2×10^{-15} ampères, ce que ne permettrait aucun galvanomètre.

Mais, pour les expériences ordinaires, une telle sensibilité est absolument inutile, et, le plus souvent, on peut se borner à se servir d'un électroscope à plateau, au-dessus duquel ou sur lequel on dispose, suivant les cas, le corps à expérimenter. Il est seulement nécessaire, point tout à fait capital, que le diélectrique, à travers lequel passe la tige supportant les feuilles d'or, soit un isolant parfait.

Cette dernière et très essentielle condition n'est réalisée malheureusement dans aucun des électroscopes fabriqués à Paris. Il n'y a que ceux dont l'isolant est fait avec du soufre pur qui soient vraiment utilisables, et le commerce n'en livre pas. Il faut donc les construire soi-même. Les supports formés de paraffine, ou d'un mélange de soufre et de para fine, ne restent pas isolants pendant longtemps, et l'instrument perd sa charge. Si on se résigne à en faire usage, il faut nettoyer, au moins une fois par jour, l'isolant avec une feuille de papier à l'émeri, opération d'autant plus nécessaire que la surface du diélectrique finit à la longue par se charger d'électricité. Un électroscope n'est utilisable, pour ce genre de recherches, que quand il ne donne pas une perte supérieure à 1° angulaire, en une heure, lorsqu'il est recouvert de son chapeau.

Au lieu des deux feuilles d'or classiques, il est préférable de ne faire usage que d'une feuille d'or avec lame centrale rigide, en cuivre oxydé. L'écart angulaire de la feuille d'or est alors très sensiblement proportionnel à la grandeur du potentiel. Avec les élec-

FIG. 37.

Appareil destiné à réduire la rapidité de la déperdition électrique produite par les corps radio-actifs. — La matière radio-active est mise dans une cuve de métal placée sur le plateau de l'électroscope et on fait varier la vitesse de la décharge au moyen d'une lame métallique disposée à des distances plus ou moins grandes de ce plateau.

troscopes dont je fais usage, un écart de 90° de la feuille d'or correspond à une charge de 1,300 volts, soit environ 14 volts par degré angulaire. Avec des artifices divers, qu'il serait sans intérêt d'exposer ici, on peut construire des électroscopes dont la sensibilité est telle que 1 degré représente 1/10 de volt.

Pour lire la chute des feuilles d'or, le procédé classique du microscope à micromètre est peu commode, surtout quand il s'agit de chutes rapides, comme celle produite par la lumière. Il est très préférable de fixer, contre un des verres fermant la cage de l'instrument, un rapporteur en corne, divisé en degrés, derrière lequel on met une feuille de papier à calquer. Pour lire les divisions, on place une petite lampe à quelques mètres de l'instrument dans un endroit obscur. La feuille d'or se projette par sa tranche sur le papier dépoli, et on peut lire ainsi le quart de degré.

Pour réduire la sensibilité parfois gênante de l'électroscope dans les expériences avec des corps radio-actifs, il n'y a qu'à placer une lame métallique à des distances variables du plateau (fig. 37). Elle agit non seulement par sa capacité, mais encore en réduisant la quantité d'air sur laquelle agissent les ions. Une matière radio-active qui produisait par exemple 18° de décharge par minute, n'en donnait plus que 12 si la lame était à 5 centimètres du plateau et 8 si on la rapprochait à 2 centimètres.

Pour certaines expériences délicates on est obligé de faire usage d'un instrument que j'ai imaginé, et désigné sous le nom d'électroscope condensateur différentiel. En voici la description.

Electroscope condensateur différentiel. — Ayant constaté par diverses expériences que les effluves provenant de la matière dissociée contournent les obstacles, j'ai été conduit à imaginer un instrument où ce contournement fût impossible. C'est son emploi qui m'a révélé que tous les corps contiennent, comme les substances radio-actives, une « émanation » qui se reforme constamment. Pour les corps ordinaires elle ne se dissipe rapidement que sous l'influence de la chaleur et met plusieurs jours à se reformer comme on le verra dans la suite de ces recherches. Je me bornerai maintenant à donner la description de l'instrument.

A (fig. 38) représente la boule d'un électroscope monté sur une tige métallique à la partie inférieure de laquelle sont fixées des feuilles d'or. Cette tige est supportée par un cylindre isolant de soufre D. Sur ce cylindre est posé un cylindre d'aluminium B fermé à sa partie supérieure. Un second cylindre C, également en aluminium, recouvre le premier. Il forme cage de Faraday, et on ne le met en place que quand l'électroscope a été chargé. Cette cage est la seule partie du système qui ne doive pas être isolée, et on évite qu'elle le soit en la reliant à la terre par une chaîne F. Elle est d'ailleurs posée sur la partie métallique de l'électroscope, condition qui empêcherait à elle seule son isolement électrique.

Il est nécessaire de fabriquer soi-même ces cylindres d'aluminium, ce qui est très facile. On se procure de l'aluminium mince dans le commerce. Après l'avoir découpé à la hauteur et à la largeur nécessaire, on l'enroule sur un mandrin et on maintient ses parties latérales en les enduisant de colle forte et fixant sur toute la longueur du cylindre une bande de papier. La partie supérieure du cylindre est fermée avec une mince lame d'étain qu'on replie et qu'on colle autour.

Le cylindre C constitue, comme on le voit, une cage de Faraday, c'est-à-dire un écran complètement à l'abri de toutes les

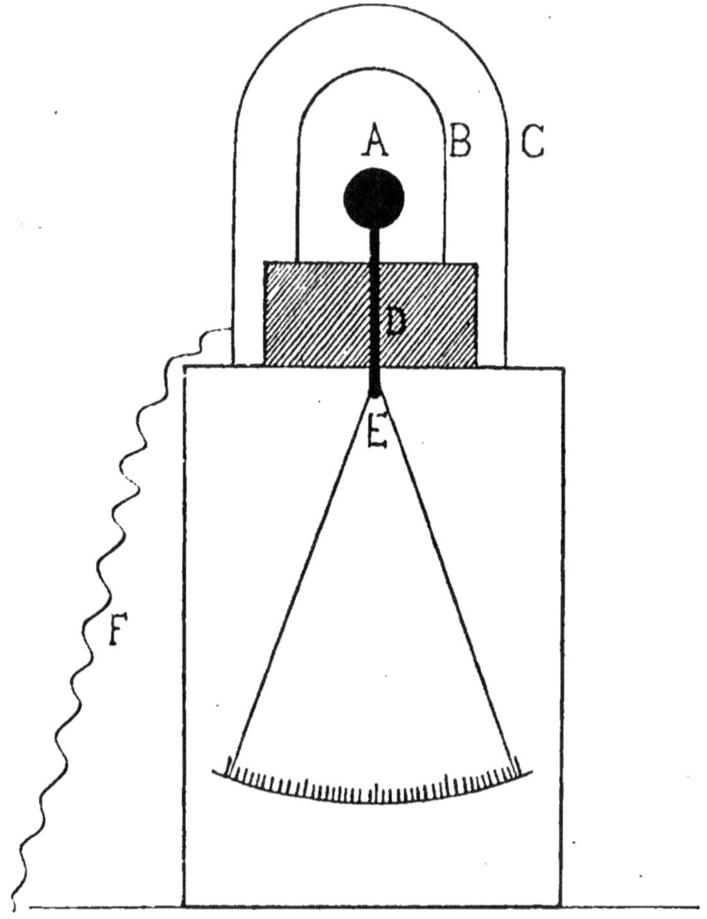

Fig. 38.

Électroscope condensateur différentiel de l'auteur.

influences électriques extérieures. Les feuilles étant chargées et le grand cylindre C posé, il est impossible de décharger l'électroscope, alors même qu'on ferait tomber en C une pluie d'étincelles comme nous l'avons constaté.

Pour charger l'instrument on opère de la façon suivante :

Le cylindre extérieur C étant retiré et le petit cylindre B entourant le bouton laissé en place, on charge l'instrument par influence en approchant un bâton de verre frotté et touchant le cylindre B avec le doigt. On voit aisément que dans ces conditions le cylindre B est chargé négativement, la boule A positivement et les feuilles d'or négativement. On met alors en place le cylindre extérieur C, qu'on relie par une chaine à la terre, excès de précaution qui n'est nullement indispensable, et on expose le système aux influences qu'on veut faire agir sur lui. Si le cylindre C est traversé, les feuilles d'or se rapprochent plus ou moins rapidement.

On peut obtenir, au contraire, que l'électroscope se charge sous les mêmes influences. On opère alors de la façon suivante :

L'instrument étant chargé comme précédemment, on entr'ouvre la boîte de l'électroscope, et avec une pointe de métal on touche la tige E à laquelle sont fixées les feuilles d'or. Elles retombent aussitôt. Lorsque ensuite on expose l'instrument à une influence radioactive, la lumière solaire, par exemple, les feuilles s'écartent lentement de plusieurs degrés.

Le mécanisme de cette charge est facile à comprendre. Supposons, pour l'expliquer, que l'instrument ait été chargé avec un bâton d'ébonite frotté.

Ce n'est pas naturellement la lumière qui produit l'électricité capable de charger l'instrument. Son action est indirecte. En touchant les feuilles d'or, on les a dépouillées de leur charge positive et c'est pourquoi elles sont retombées, mais on n'a pu annuler la charge négative de la boule, retenue par l'électricité positive du petit cylindre. Lorsque ce petit cylindre commence à se décharger, sous l'influence des effluves qui traversent le grand cylindre, il ne pourra plus maintenir la même quantité d'électricité négative sur la boule. Une partie de l'électricité de cette dernière s'écoulera alors dans les feuilles qui, se trouvant chargées d'électricité de même nom, divergeront.

Plus le petit cylindre se déchargera, plus les feuilles d'or s'écarteront. La boule et le cylindre forment, en quelque sorte, les deux plateaux d'une balance fort sensible. L'écartement des feuilles d'or traduit les plus faibles différences de poids de ces deux plateaux. C'est en raison de cette analogie que j'ai donné à l'instrument le nom d'*électroscope condensateur différentiel*.

Tels sont d'une façon générale les instruments fondamentaux utilisés dans nos recherches. Nous en emploierons plusieurs autres mais ils seront décrits dans les chapitres consacrés aux diverses expériences.

CHAPITRE II

Méthodes d'observation employées pour étudier la dissociation des corps par la lumière.

Les corps à étudier sont disposés en lames inclinées à 45° au-dessus du plateau d'un électroscope (fig. 39 et 45) chargé d'électricité positive et sans aucune relation directe avec lui. Lorsque les corps en expérience sont frappés par la lumière solaire, ils émettent des effluves qui déchargent l'électroscope à la condition que ce dernier ait reçu une charge *positive*. Ces effluves sont presque sans action si la charge de l'électroscope est négative.

Pour les expériences de démonstration, on peut se borner à l'emploi d'une simple lame d'aluminium ou de zinc, d'abord frottée avec du papier à l'émeri, tenue par un moyen quelconque au-dessus d'un électroscope à plateau chargé *positivement*.

Pour les expériences de mesure j'ai eu recours au dispositif représenté fig. 39, mais il faut éviter autant que possible l'emploi de l'héliostat et envoyer directement la lumière sur le métal à expérimenter. Avec un héliostat, la décharge est réduite notablement par suite de l'absorption de l'ultra-violet par la surface du miroir. Le verre en effet ne réfléchit guère que 5 °/₀ de l'ultra-violet. Quant aux métaux, leur pouvoir réflecteur très grand dans l'infra-rouge diminue considérablement avec la longueur d'onde. L'argent poli, par exemple, réfléchit à peine 10 à 15 °/₀ des radiations ultra-violettes incidentes de l'extrémité du spectre solaire. Au commencement de l'ultra-violet (0μ,400) il réfléchit au contraire près de 80 °/₀ des radiations.

L'électroscope peut être chargé avec une pile sèche ou par influence avec un bâton d'ébonite frotté. On a soin que les feuilles d'or soient toujours portées au même potentiel et par conséquent écartées du même nombre de degrés de la verticale (20 degrés dans nos expériences). La tranche des feuilles est projetée sur une lame en verre dépoli divisée en degrés qu'on voit sur nos figures. On éclaire l'instrument

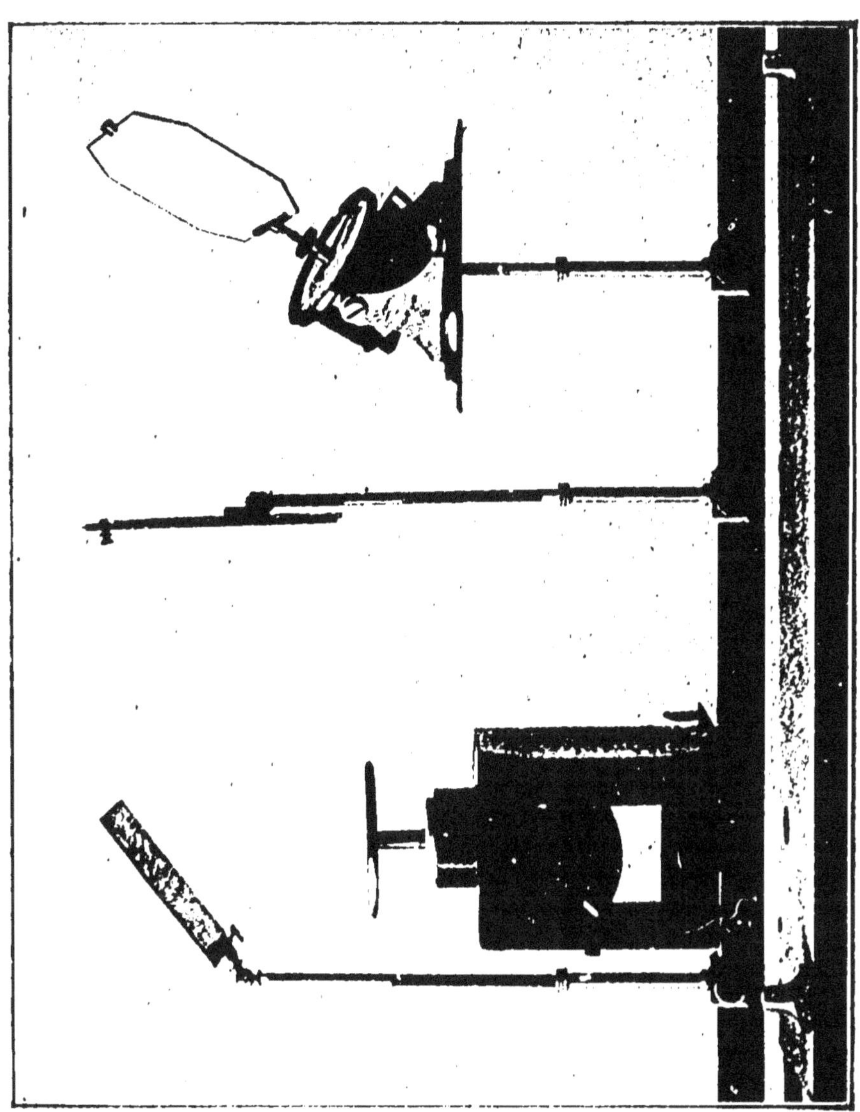

Fig. 39. — *Appareil employé pour démontrer la dissociation de la matière sous l'action de la lumière solaire.* — A gauche est une lame de métal placée au-dessus d'un électroscope chargé positivement et sans relation avec lui. Au milieu de la figure est un support sur lequel se placent les écrans destinés à éliminer diverses parties du spectre. A droite est un héliostat envoyant le soleil sur la lame de métal. Il faut éviter autant que possible l'emploi de ce dernier, à cause de la grande absorption de l'ultra-violet par la surface du miroir.

avec une lampe placée à 4 ou 5 mètres dans un endroit obscur au fond de la pièce ou se font les expériences.

Les sources lumineuses employées ont été : 1° le soleil pour les radiations dont le spectre s'étend jusqu'à 0μ,295 ; 2° pour les radiations allant plus loin dans l'ultra-violet et que le spectre solaire ne contient pas, on a pris, comme source de lumière, les étincelles d'un condensateur éclatant entre des tiges d'aluminium placées dans une boîte fermée par une lame de quartz recouverte d'une gaze métallique encadrée elle-même par une feuille de métal reliée à la terre de façon à se mettre à l'abri de toute influence électrique (fig. 40).

Dans le but de rendre les expériences comparables les corps sur lesquels doit agir la lumière sont tous taillés en lames carrées de 0^m,10 de côté placées à 15 centimètres de l'électroscope. Le bouton de ce dernier est remplacé par un large plateau de cuivre condition indispensable pour obtenir une décharge rapide. Le cuivre est un métal très peu sensible à la lumière solaire mais très sensible à la lumière électrique. Il n'est donc pas nécessaire — bien que nous l'ayons fait — de soustraire ce dernier à l'action de la lumière quand on opère au soleil. Il est au contraire indispensable de le soustraire à l'action de la source lumineuse quand on emploie la lumière électrique. On y arrive par le dispositif très simple indiqué par la figure 40.

Pour séparer les diverses régions du spectre et déterminer l'action de chacune d'elles, on a interposé entre la lumière et le corps frappé par elle divers écrans (cuve de quartz contenant une solution transparente de sulfate de quinine, verre épais de 3 millimètres, verre de 0^{mm},1, mica de 0^{mm},01, sel gemme, quartz, etc.). On avait déterminé d'abord la transparence de ces écrans, pour les diverses radiations, en les plaçant devant un spectrographe et recherchant au moyen des raies spectrales photographiées la longueur d'onde des radiations que chaque corps transparent laisse passer. Les spectres représentés (fig. 41 et 42) montrent les résultats de quelques-unes de ces photographies. Les verres de couleur, sauf le rouge et le vert, n'ont pu être utilisés, car ils retiennent en réalité fort peu de chose et ne sont que des réducteurs d'intensité.

A propos de l'absorption, je ferai remarquer que les corps absorbants semblent pouvoir être divisés en deux classes, les absorbants spécifiques et les absorbants d'intensité. Les premiers arrêtent net le spectre dans une région déterminée, toujours la même quelle que soit la pose. Les seconds, tout en étant des absorbants spécifiques pour certaines régions, n'agissent dans une limite assez étendue qu'en réduisant l'intensité ; l'absorption dépendra donc de la durée de la pose. Des solutions de bichromate de potasse ou de sulfate de quinine sont des absorbants spécifiques. Ils ne laissent passer qu'une région déterminée du spectre, et cette région ne se

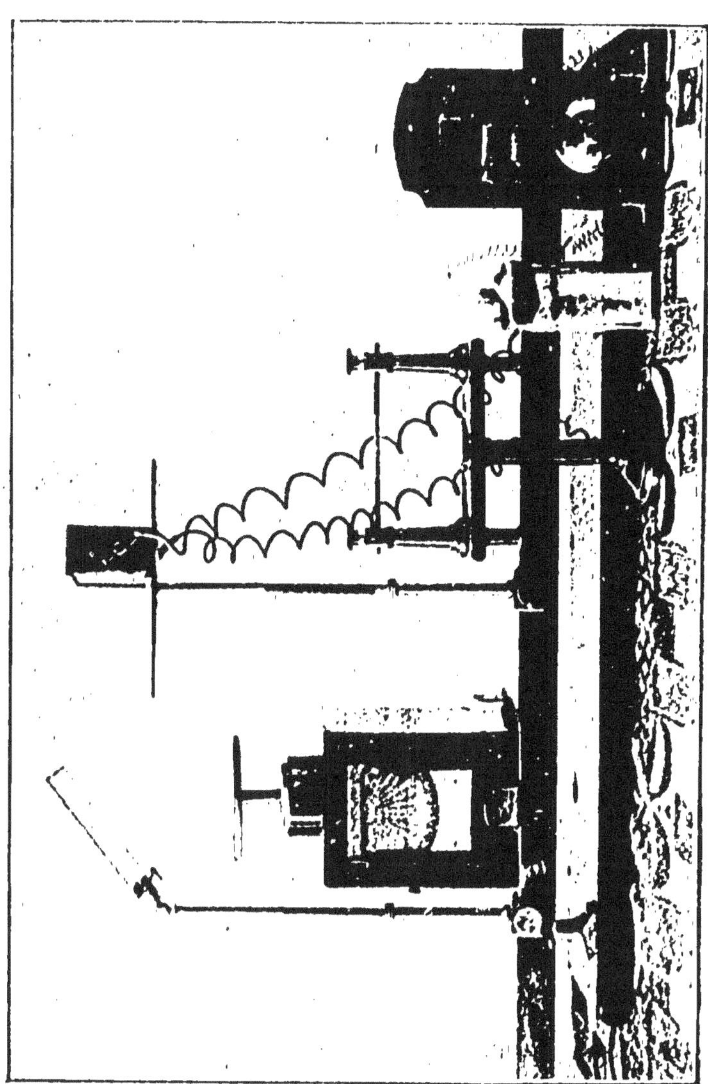

Fig. 40. — *Appareil employé pour démontrer la dissociation de la matière sous l'influence de la lumière ultra-violette produite par des étincelles électriques.* — On n'a pas représenté la bobine d'induction, les bouteilles de Leyde et la toile métallique qui protège la boîte où éclatent les étincelles. On voit sur la figure l'appareil destiné à révéler au moyen d'un tube à limailles de Branly et d'une sonnerie, l'existence d'ondes hertziennes qui troublent parfois les expériences comme il est expliqué dans le texte.

prolonge pas quelle que soit la pose. Le verre incolore exerce bien une absorption spécifique pour certaines régions, mais dans une

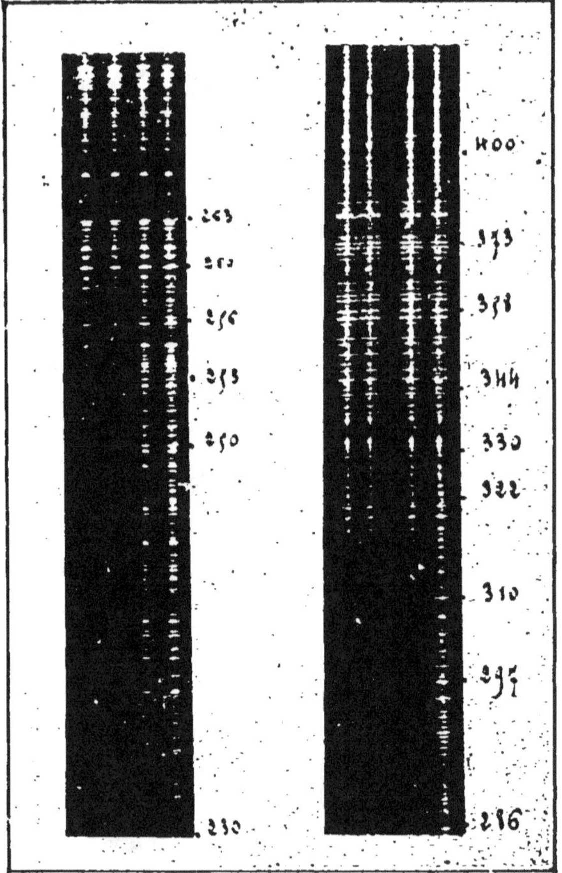

FIG. 41.   FIG. 42.

Détermination au moyen de la photographie de la transparence des corps pour les diverses régions du spectre. — Le premier spectre à droite de la fig. 42 représente le spectre ultra-violet invisible des étincelles du fer sans interposition d'aucun corps. Les trois autres spectres, à gauche de la même fig. 42, représentent l'absorption produite par un verre incolore de 0^{mm},8 d'épaisseur. Les deux spectres, à droite de la figur 41, représentent la continuation du spectre ultra-violet du fer sans aucune interposition d'écrans. Les deux spectres, à gauche de la même fig. 41, représentent l'absorption produite par une lame de verre incolore de 0^{mm},1 d'épaisseur. Cette lame, de l'épaisseur d'une feuille de papier, est entièrement opaque pour une région assez étendue du spectre. Les chiffres représentent la graduation des spectres en longueur d'onde. Le spectre de la fig. 42 va de $\lambda = 0\mu,400$ à $\lambda = 0\mu,286$. Le spectre de la fig. 41 représente la continuation de la région ultra-violette. Il est gradué de $\lambda = 0\mu,263$ à $\lambda = 0\mu.230$. Le spectre solaire s'étend, comme on le sait, beaucoup moins loin, puisqu'il ne dépasse pas $\lambda = 0\mu,295$.

partie relativement étendue il agit surtout en réduisant l'intensité des rayons actifs, c'est-à-dire en les absorbant partiellement, et c'est pourquoi l'impression n'est pas nettement arrêtée dans un point déterminé. Les absorbants spécifiques sont en nombre restreint, les absorbants d'intensité sont innombrables. Tous les verres de couleur (le rouge et le vert foncé excepté) ne font que réduire l'intensité. On en a la preuve évidente en photographiant un spectre solaire derrière des verres de couleur. En prolongeant légèrement la pose on obtient la totalité du spectre solaire visible, à travers des verres bleu, jaune, violet, etc. Ce point est intéressant à noter pour les physiologistes, parce qu'il montre que les diverses expériences faites sur des animaux et des plantes avec de la lumière solaire filtrée par des verres de couleur ne prouvent absolument rien. Les différences observées sont dues à de tout autres causes que celles invoquées.

Voici le tableau de transparence des divers écrans ou liquides que nous avons employés pour isoler les diverses régions du spectre. Dans la région de l'extrême ultra-violet du spectre, j'ai eu recours à l'obligeance de mon savant ami Deslandres pour la graduation des longueurs d'onde.

Tableau de la transparence de divers écrans.

NATURE DU CORPS ABSORBANT.	PORTION DU SPECTRE QUE L'ABSORBANT LAISSE PASSER.
Eau distillée sous une épaisseur de 1 centimètre. . .	Laisse passer tout le spectre visible et la plus grande partie de l'ultra-violet.
Solution aqueuse de sulfate de quinine à 10 %, acidifié à l'acide sulfurique . .	Laisse passer le spectre visible jusqu'aux environs de *h* et retient tout l'ultra-violet.
Esculine en solution alcoolique.	Laisse passer tout le spectre visible sauf une petite portion du violet entre *h* et H. Retient tout l'ultra-violet.
Sulfate de cuivre ammoniacal	Laisse passer le spectre visible depuis *b* et l'ultra-violet jusqu'à N.
Solution aqueuse de bichromate de potasse à 10 %.	Absorbe tout l'ultra-violet et le spectre visible jusque entre E et D, c'est-à-dire un peu au delà des limites du vert.
Verre d'urane de 1/2 centimètre d'épaisseur . . .	Laisse passer tout le spectre visible et l'ultra-violet jusqu'à N.
Verre vert foncé	Laisse seulement passer la partie du spectre visible comprise entre E. et G.

Verre rouge rubis . . .	Laisse passer tout l'infra-rouge depuis $\lambda = 2\,\mu$ environ et la partie rouge du spectre visible. Arrête tout le reste du spectre.
Verre à vitre commun de 3^{mm},3 *d'épaisseur.* . . .	Laisse passer tout le spectre visible et l'ultra-violet jusqu'à N et même jusqu'à O si la pose et le temps sont convenables.
Verre incolore de 0^{mm},8 *d'épaisseur*	Laisse passer avec tout le spectre visible l'ultra-violet jusqu'aux environs de $\lambda = 0^\mu,295$.
Verre mince de 0^{mm},1 *d'épaisseur (Lamelle de microscope)*	Laisse passer tout le spectre visible et l'ultra-violet jusqu'aux environs de $\lambda = 0^\mu,252$. Entièrement opaque pour la région suivante.

CHAPITRE III

Expériences sur la dissociation de la matière dans les diverses régions du spectre.

Action des diverses parties du spectre sur la dissociation de la matière. — En opérant suivant la méthode décrite, c'est-à-dire en interposant divers écrans, dont la transparence a été déterminée par la photographie spectroscopique, entre la lumière et les corps sur lesquels elle doit agir, il a été possible de déterminer, d'après la rapidité de décharge de l'électroscope, la proportion d'effluves émise par chaque corps pendant la dissociation suivant les régions du spectre auxquelles il est soumis, c'est-à-dire l'intensité de la dissociation. On reconnaît ainsi que les corps sont très inégalement dissociés par la lumière et que l'action exercée par les diverses régions du spectre est très différente. Voici les résultats obtenus :

1° *Corps sensibles aux radiations comprises dans le spectre solaire, c'est-à-dire ne dépassant pas 0ᵘ295.* — La plupart des corps sont sensibles, mais dans des proportions extrêmement différentes. L'action peut varier en effet depuis 20° de décharge de l'électroscope en 5 secondes jusqu'à 1° seulement en 1 minute. Certains corps sont donc environ 500 fois moins sensibles que d'autres.

Les corps les plus sensibles à la lumière du jour sont, dans l'ordre de leur sensibilité, les suivants : *Étain amalgamé. — Cuivre amalgamé. — Aluminium récemment nettoyé. — Argent amalgamé. — Magnésium nettoyé. — Zinc nettoyé. — Plomb amalgamé. — Mercure contenant des traces d'étain.*

Les corps les moins sensibles, c'est-à-dire ne donnant que 1 à 2° de décharge en 2 minutes, sont les suivants : or, argent, platine, cuivre, cobalt, mercure pur, étain, carton, bois, sulfures phosphorescents, substances organisées. Pour les corps à faible dissociation, tels que ceux qui viennent d'être mentionnés en dernier lieu, on n'observe généralement d'effet que quand les rayons solaires contiennent la région du spectre allant de M à U, région qui disparaît souvent, même quand le temps est très clair, comme je l'expliquerai bientôt.

Si on recherche au moyen des écrans dont il a été parlé plus haut et d'après l'action sur l'électroscope, l'énergie des diverses régions du spectre solaire sur les corps très sensibles, comme l'étain amalgamé ou l'aluminium, on trouve, en représentant par 100 la totalité de l'action produite, les chiffres suivants :

Action de la région du spectre
solaire allant jusqu'à . . . . $\lambda = 0^\mu,400$. . 6 °/°.
Action de la région allant de. . $\lambda = 0^\mu,400$ à $\lambda = 0^\mu,360$. . 9 °/°.
Action de la région allant de. . $\lambda = 0^\mu,360$ à $\lambda = 0^\mu,295$. . 85 °/°.

On peut par divers artifices sensibiliser certains corps pour des régions où ils ne le sont pas. Le mercure et l'étain sont des corps fort peu sensibles. Il suffit cependant d'ajouter au premier 1/6000 de son poids du second pour le rendre très sensible pour la région de l'ultra-violet comprise entre $\lambda = 0^\mu,360$ et $\lambda = 0^\mu,295$. Le mercure ainsi préparé est un réactif excellent pour étudier les variations de l'ultra-violet suivant l'heure, le jour et la saison. Si la quantité d'étain ajoutée s'élève à 1 °/o le mercure est sensible pour presque tout le reste du spectre.

2° *Corps ne devenant très sensibles qu'aux radiations dont la longueur d'onde est inférieure à $0^\mu,295$.* — Parmi ces corps je citerai surtout les suivants : le cadmium, l'étain, l'argent et le plomb.

3° *Corps qui ne sont très sensibles qu'aux radiations dont la longueur d'onde est inférieure à $\lambda = 0^\mu,252$.* — Ces corps sont les plus nombreux. On peut citer parmi eux les suivants : or, platine, cuivre, fer, nickel, substances organisées et composés chimiques divers (sulfates et phosphates de soude, chlorure de sodium, chlorure d'ammonium, etc.). Après les métaux, les corps les plus actifs sont le noir de fumée (20 degrés de décharge par minute) et le papier noir. Les moins actifs sont les corps organisés vivants : feuilles et plantes notamment.

Les divers composés chimiques se dissocient comme les corps simples sous l'influence de la lumière, mais dans des proportions assez différentes. Le phosphate de soude et le sulfate de soude donnent 14° par minute, le chlorure d'ammonium 8°, le chlorure de sodium 4°, etc. Pour observer la décharge, on dissout les corps à saturation dans le dissolvant, on verse la solution sur une lame de verre et on fait évaporer. La lame de verre est ensuite disposée comme à l'ordinaire au-dessus de l'électroscope.

Les variations de décharge que nous avons données n'ont de valeur que pour les régions du spectre déterminées qui ont été indiquées. A mesure qu'on fait agir des régions de plus en plus réfrangibles la sensibilité des divers corps devient de moins en moins différente et tend à s'égaliser mais sans y arriver cependant. Dans l'ultra-violet solaire, l'or, par exemple, est presque inactif, environ 500 fois moins que l'aluminium. Dans l'ultra-violet extrême donné par la lumière électrique (à partir de 0μ,252), il a, au contraire, à peu près la même sensibilité que ce dernier métal. Dans cette région de l'ultra-violet, la différence d'action entre les corps les moins sensibles (acier, platine et argent), et les plus sensibles (étain amalgamé par exemple), ne varie guère que du simple au double.

Les corps médiocrement conducteurs : noir de fumée, composés chimiques, bois, etc., ont dans cette région avancée du spectre une sensibilité inférieure à celle des métaux. La décharge produite par les effluves du noir de fumée, par exemple, est beaucoup moindre que celle de l'étain.

Influence du nettoyage. — L'action du nettoyage est tout à fait capitale pour les métaux soumis aux radiations contenues dans le spectre solaire. Ils doivent être nettoyés vigoureusement toutes les dix minutes, avec de la toile d'émeri bien fine, sous peine de voir la décharge devenir environ deux cents fois moins rapide. Dans l'ultra-violet à partir de 0μ,252, l'influence du nettoyage est encore manifeste, mais beaucoup moindre que pour la lumière solaire. Il suffit que la surface ne soit pas restée sans être nettoyée plus d'une dizaine de jours. Après ces dix jours, la décharge n'est guère que moitié de ce qu'elle est après un nettoyage récent.

Influence de la matière des électrodes. — Lorsqu'on fait usage, pour obtenir des radiations s'étendant beaucoup plus loin dans l'ultra-violet que celles contenues dans le spectre solaire, des étincelles d'un condensateur (deux bouteilles de Leyde placées en dérivation sur le circuit induit d'une bobine d'induction), l'intensité de la dissociation varie beaucoup avec la nature du métal des électrodes.

Les pointes d'aluminium donnent une lumière produisant une décharge qui, toutes choses égales d'ailleurs, est près de trois fois supérieure à celle des pointes d'or. Les électrodes de cuivre et d'argent donnent à peu près les chiffres des électrodes d'or.

La première explication venant à l'esprit est que certains métaux possèdent un spectre plus étendu dans l'ultra-violet que d'autres. Mais cette explication est détruite par les mesures récentes d'Eder, qui a montré[1] que les spectres de la plupart des métaux s'étendent

____

1. Eder et Valenta, *Normal Spectrum einiger Elemente* (*Kaiserlichen Academie der Wissenschaften*, Wien, 1899).

à peu près à la même distance dans l'ultra-violet. C'est ainsi, par exemple, que le spectre des étincelles de l'or, dont les électrodes sont justement les moins actives, s'étend tout aussi loin ($\lambda = 0^{\mu},185$) que le spectre de l'aluminium, métal dont les électrodes sont les plus actives.

Il ne semble pas non plus que les différences d'effet observées sous l'influence de la lumière que produisent les étincelles des divers métaux soient dues à des différences d'intensité lumineuse. J'en trouve la preuve dans ce fait que du papier photographique au chlorure d'argent, placé pendant 60 secondes devant la fenêtre de quartz qui ferme la boîte où éclatent les étincelles produites avec divers métaux, présente la même intensité d'impression, sauf devant les électrodes d'acier où elle est plus intense que devant les étincelles produites par l'aluminium, ce qui est précisément le contraire de ce que l'on observe pour la puissance de l'action dissociante de leur lumière. Pendant ces courtes poses, ce sont seulement les radiations inférieures à $0^{\mu},310$ qui agissent sur le papier, comme le prouve cette observation, que l'interposition d'un verre mince choisi de façon à arrêter les radiations de longueur d'onde plus courtes que $\lambda = 0^{\mu},310$, arrête aussi l'impression.

Les faits qui précèdent, relatifs à la différence très grande d'action des électrodes suivant les métaux qui les composent, sembleraient prouver que le spectre des divers métaux contient, en plus de la lumière, quelque chose que nous ne connaissons pas,

Influence de la variation de composition de la lumière solaire sur son aptitude à produire la dissociation des corps. Disparition de l'ultra-violet solaire à certains moments. — Lorsqu'on opère à la lumière solaire, on constate bien vite que des facteurs nombreux peuvent faire varier la production des effluves résultant de la dissociation de la matière et par conséquent l'intensité de la décharge dans d'énormes proportions. Nous reviendrons sur ce sujet à propos de la déperdition dite négative.

Il est cependant une cause de variation tellement capitale que nous devons la mentionner immédiatement, car si on n'en tenait pas compte, on pourrait observer des résultats fort différents de ceux que nous avons signalés. Je veux parler de la variation de composition de la lumière solaire.

Dès que j'eus organisé une série d'observations régulières consistant à expérimenter avec des corps doués d'action constante, je m'aperçus qu'en opérant plusieurs jours de suite à la même heure par des temps en apparence identiques, j'observais brusquement des différences d'action considérables sur l'électroscope. Après avoir éliminé successivement tous les facteurs pouvant intervenir, je me trouvai en présence d'un seul, les variations de la composition de la lumière du jour. Ce n'était là qu'une hypothèse et il fallait la vérifier. Comme les variations portaient probablement sur les parties invisibles du spectre, un unique moyen de vérification était à ma disposition, la photographie au spectroscope de cette région invisible. La seule indication figurant dans les livres était que l'ultra-violet disparaît quand le soleil se rapproche de l'horizon, ce que l'action sur l'électroscope aurait suffi d'ailleurs à indiquer. Mais comme j'observais des variations d'effet à des

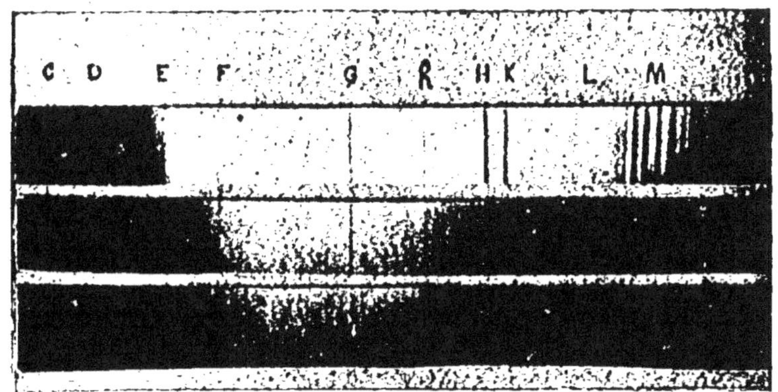

Fig. 43.

Photographies montrant la disparition de l'ultra-violet solaire à certains jours sous des influences inconnues. — La bande supérieure représente un spectre solaire ordinaire allant jusqu'aux environs de la raie N. La bande placée au-dessous montre la disparition de l'utra-violet solaire à partir de la raie L malgré la prolongation de la pose. La bande inférieure représente la suppression totale de l'ultra-violet quand on photographie le spectre à travers une solution transparente de sulfate de quinine.

heures identiques de la journée, et alors que le soleil était très élevé, l'indication précédente ne pouvait rien expliquer.

Des photographies du spectre répétées pendant plusieurs mois me montrèrent, conformément à mes prévisions, que d'un jour à l'autre, et souvent le même jour, sans que le phénomène pût se rattacher à aucune cause apparente, la plus grande partie de l'ultra-violet solaire, depuis les raies L ou M, disparaissait parfois brusquement (fig. 43). Ce phénomène coïncidait toujours avec la lenteur de la décharge de l'électroscope. L'état apparent du ciel n'était pour rien dans cette disparition de l'ultra-violet, car elle se manifestait parfois par des temps très clairs, alors que j'observais au contraire le maintien de l'ultra-violet avec un ciel très nuageux. Voici d'ailleurs quelques-uns des résultats obtenus.

23 août 1901, 3 h. 50. Très beau temps, disparition de l'ultra-violet à partir de la raie M;

30 août 1901, 11 heures du matin, très beau temps, disparition de l'ultra-violet à partir de L;

31 août 1901, 3 heures du soir, temps très brumeux, ciel entièrement couvert de nuages. Pas de disparition de l'ultra-violet;

26 octobre et 12 novembre 1901, 2 heures, beau temps. Disparition de l'ultra-violet à partir de M.

On voit par ce qui précède que si l'œil, au lieu d'être sensible aux radiations qui vont des raies A à H, était sensible seulement aux radiations allant de H à U, nous nous trouverions de temps à autre, en plein soleil, brusquement plongés dans l'obscurité.

L'ultra violet possède, d'après mes expériences, une action si spéciale et si énergique qu'il n'est pas supposable qu'il ne joue pas un rôle actif dans les phénomènes de la nature. Il serait à souhaiter que l'on organisât dans les observatoires des recherches régulières sur sa présence et sur sa disparition dans la lumière. Par la même occasion, on pourrait étudier les variations de l'infrarouge, pour lequel j'ai montré qu'on possédait un réactif, — le sulfure de zinc à phosphorescence verte, — aussi sensible que l'est le gélatino-bromure pour la lumière visible. Le spectre invisible a, comme on le sait, une étendue beaucoup plus grande que celle du spectre visible. Il est probable que son étude, en vérité bien facile, sortirait la météorologie de l'état tout à fait rudimentaire où elle se trouve encore aujourd'hui.

Identité des produits de la dissociation des corps par la lumière avec ceux provenant des substances radio-actives. — Nous avons toujours soutenu l'analogie des effluves de matière dissociée dans les expériences précédentes avec celles émises par les corps spontanément radio-actifs. Lénard et Thomson ont, depuis mes recherches, rendu cette identité indiscutable en constatant leur déviation par un champ magnétique et en mesurant le rapport $\frac{e}{m}$ de la charge des particules à leur masse. Le rapport a été trouvé identique à celui observé pour les rayons cathodiques et les particules des corps radio-actifs. La condensation de la vapeur d'eau par les particules de matière dissociée sous l'influence de la lumière — que produisent, comme on le sait, les rayons cathodiques, — a été également obtenue par Lénard.

Actions photographiques des particules des corps dissociés par la lumière. — L'étude de ces actions photographiques me fit jadis perdre beaucoup de temps; j'y ai renoncé, parce que, en raison de leur irrégularité, elles ne constituent pas un procédé de mesure, alors que l'électroscope en constitue un précis. Je dirai seulement que quand une glace sensible, enfermée dans une enveloppe de papier noir et recouverte d'un objet quelconque, est exposée — en la protégeant de toute lumière — aux effluves d'un métal frappé par le soleil, on obtient, au bout d'un quart d'heure d'exposition, la silhouette de l'objet placé sur le papier noir. Avec les métaux exposés directement au soleil, l'impression sur la plaque photographique est parfois intense, souvent nulle, et trop incertaine, en résumé, pour pouvoir fournir un élément d'investigation scientifique.

J'ai toujours observé d'ailleurs qu'après quelque temps d'exposition au soleil, un métal perd généralement la propriété de donner des images photographiques, alors même que, dans l'obscurité, on expose une plaque sensible directement sur la face du métal insolée, au lieu de la placer par dessous. Le phénomène tient à ce que le métal épuise rapidement, sous l'influence d'une légère chaleur, la provision d'émanation radio-active qu'il contient et qui ne se reforme que très lentement.

Diffusion des effluves provenant de la dissociation des corps par la lumière. — Une des propriétés les plus curieuses que j'ai constatées chez ces effluves est la rapidité de leur diffusion. Elle leur permet de contourner immédiatement tous les obstacles.

Cette diffusion est si considérable, que, dans les expériences précédemment exposées, le plateau de l'électroscope peut être mis derrière le miroir métallique, entièrement caché par lui et, par conséquent, à l'abri de toute lumière, sans que la décharge soit supprimée. Elle est seulement réduite au septième de ce qu'elle était, avec un miroir d'aluminium. Si l'électroscope est placé latéralement à côté du miroir, de façon que son bord extrême soit à 1 centimètre en dedans de la verticale qui tombe de ses bords, la décharge est à peine réduite de 1/10. Si l'électroscope est éloigné à 10 centimètres de la même extrémité de ses bords, la décharge n'est réduite que des trois quarts. Les effluves ont donc contourné entièrement l'obstacle formé par le miroir. Sans doute, la propagation se fait en partie par l'air, mais elle se fait aussi par les parois mêmes du miroir sur lequel les particules dissociées semblent adhérer et glisser jusqu'à ce qu'ils soient arrêtés par une surface non métallique. C'est ce qu'on prouve par l'expérience suivante qui réussit très bien au soleil :

Une lame d'aluminium, dont une face est intentionnellement très oxydée, pour la rendre inactive, et l'autre face nettoyée à l'émeri, est placée au-dessus de l'électroscope, de façon que la face nettoyée seule soit frappée par la lumière et envoie des effluves sur le plateau de l'électroscope. La décharge de l'instrument correspond, dans ces conditions, à 20° en 15 secondes. On retourne alors la lame de métal, de façon que ce soit la face oxydée qui regarde l'électroscope, sur lequel elle porte ombre, et la face nettoyée qui regarde le soleil. Les effluves produits ne peuvent dès lors agir sur l'électroscope qu'en contournant la lame. Or, la décharge est encore de 21° par minute. Sans rien toucher au dispositif qui précède, on colle une bande de papier noir de 2 centimètres de largeur sur les bords de la face non oxydée regardant le soleil. Cette bande empêche le contournement des particules, et la décharge de l'électroscope s'arrête.

Les métaux frappés par la lumière conservent pour la plupart une très légère charge résiduelle qui leur permet de décharger un peu l'électroscope dans l'obscurité pendant quelques instants. Il suffit donc d'insoler un métal nettoyé et le poser dans l'obscurité, au-dessus de l'électroscope, pour qu'il se produise pendant quelques instants une légère décharge.

Mécanisme de la décharge des corps électrisés par les particules de matière dissociée. — Le mécanisme de la décharge des corps électrisés par les effluves de matière dissociée, par la lumière, par les gaz des flammes, par les émanations des corps radio-actifs ou encore par les rayons cathodiques, est toujours le même. Elles agissent en rendant l'air conducteur. La figure 44 et l'explication placée au-dessous fait très bien comprendre le mécanisme de leur action.

Transparence de la matière pour les effluves d'atomes dissociés. — Les particules de matière dissociée traversent-elles les obstacles matériels? Nous savons qu'il en est ainsi pour les rayons β du radium mais non pour les rayons α, qui forment 99 % de l'émission et sont arrêtés par une mince feuille de papier. Comment les choses se passent-elles pour les particules des corps dissociés par la lumière?

Il semble facile au premier abord de constater le phénomène de la transparence. Possédant un réactif sensible à certaines radiations, nous interposons entre ces radiations et lui le corps dont nous voulons essayer la transparence. Si l'effet se produit à travers l'obstacle nous dirons que le corps a été traversé. Rien n'est plus simple en apparence. Rien n'est plus trompeur en réalité.

Il arrive parfois en effet que le corps semble traversé alors qu'il ne l'est pas du tout. Il peut être simplement contourné, ce qui arrive précisément dans le cas des corps très diffusibles, comme il a été montré dans le paragraphe précédent, ou dans le cas des radiations ayant une grande longueur d'onde, les ondes hertziennes par exemple. C'est cette transparence apparente qui avait autrefois illusionné les physiciens sur la transparence supposée des corps conducteurs et isolants pour les ondes électriques. Cette transparence fut admise jusqu'aux recherches que nous avons effectuées avec Branly[1], et dans lesquelles nous prouvâmes que les montagnes et les maisons étaient contournées et non traversées, et que, si les métaux paraissent traversés, c'est que les ondes

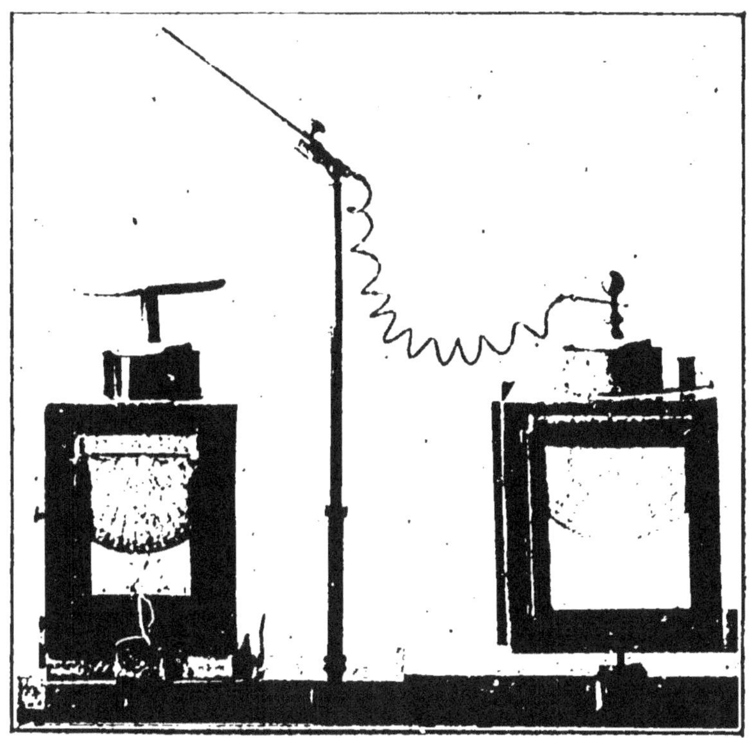

Fig. 44.

Mécanisme de la décharge d'un électroscope par les effluves de matière dissociée qui se dégagent des métaux frappés par la lumière solaire. — La lame métallique, placée sur un support isolant, est reliée à un électroscope non chargé par un fil conducteur et mise au-dessus d'un électroscope chargé. L'appareil étant exposé à la lumière solaire, les effluves qui se dégagent rendent l'air conducteur. Il en résulte que l'électroscope chargé se décharge en même temps que l'autre se charge. Les choses se passent comme si les deux électroscopes étaient reliés par un fil.

hertziennes passent à travers les fentes de boîtes qui semblent hermétiquement closes et le seraient en effet pour de la lumière.

La transparence apparente peut être encore la conséquence de ce

---

1. Exposées dans les *Comptes rendus de l'Académie des Sciences* et dans la *Revue Scientifique.*

qu'une face d'un corps étant frappée par une radiation il se produit, par une sorte d'induction, une radiation identique sur la partie de l'autre face correspondant au point frappé. J.-J. Thomson a soutenu qu'il en était précisément ainsi pour les rayons cathodiques et Villard croit qu'il en est de même pour les métaux sur lesquels agissent les radiations de radium. L'impression photographique à travers un métal serait la simple conséquence d'une émission secondaire sur la face postérieure de la lame frappée et en face du point frappé.

On a une image grossière de ce qui se passe dans ces divers cas en prenant pour exemple la propagation du son. Si on enferme un individu dans une enceinte métallique parfaitement close, il entendra très bien tous les instruments de musique joués au dehors de l'enceinte. Les vibrations de l'air qui produisent le son semblent donc traverser le métal. On sait cependant qu'il n'en est rien et que l'air qui frappe les parois métalliques se borne à les faire vibrer. Les vibrations d'une des faces du métal se propagent à l'autre face qui met à son tour en vibration l'air avec lequel elle est en contact. Les vibrations semblent ainsi avoir traversé le métal qui est cependant absolument opaque pour l'air.

Un raisonnement analogue peut être d'ailleurs appliqué à toutes les formes de la transparence des corps. On pourrait même y faire entrer le cas de la transparence pour la lumière, si cette hypothèse pouvait se concilier facilement avec le phénomène de l'aberration.

Quoi qu'il en soit, la solution complète du problème de la transparence est difficile et le fait seul que d'éminents physiciens n'ont pu se mettre d'accord sur la transparence des corps pour les rayons cathodiques et pour les émanations des corps radio-actifs, montre suffisamment la difficulté de la question. Tout ce que nous pouvons dire d'un corps supposé transparent, c'est que les choses se passent exactement comme s'il était transparent.

Dans le cas des effluves de matière dissociée par la lumière, le problème est encore compliqué par l'extrême diffusion de ces effluves, qui leur permet de contourner tous les obstacles, comme nous l'avons vu. Si on se bornait à interposer une lame métallique entre les effluves et l'électroscope, on serait conduit à des résultats très erronés. Il faudrait lui donner des dimensions excessives, ce qui serait peu pratique.

Pour constater la transparence — ou, si l'on préfère, l'équivalent de la transparence — il est nécessaire que le corps sur lequel on veut agir soit entouré d'une enceinte close de tous côtés. C'est ce que nous avons obtenu avec notre électroscope condensateur différentiel grâce auquel il a été possible d'étudier la transparence des corps pour les effluves émis par la lumière, par les corps radio-actifs, par les gaz des flammes, par les réactions chimiques, etc. Son emploi nous a permis de constater une transparence apparente, mais en étudiant davantage le phénomène j'ai été conduit à reconnaître, comme on le verra plus loin, que tous les corps contiennent une émanation analogue à celle que les substances spontanément radio-actives renferment, et qui paraît être la cause des actions observées.

Élimination des causes d'erreur. Influence des ondes hertziennes accompagnant les étincelles électriques employées pour produire l'ultra-violet. — Toutes les expériences qui viennent d'être exposées sont d'une réalisation extrêmement facile, quand on opère au soleil. Il n'y a que deux précautions à prendre. La première, est de nettoyer vigoureusement, toutes les dix minutes, avec de la toile d'émeri, le métal sur lequel on opère, nettoyage inutile quand on emploie l'ultra-violet obtenu au moyen des étincelles électriques. La seconde consiste à remplacer le bouton habituel de l'électroscope, avec lequel la décharge est insignifiante, par un plateau métallique de cuivre de $0^m,10$ environ de diamètre. Il est entièrement inutile de nettoyer ce dernier.

L'importance d'une large surface réceptrice est capitale, et c'est justement parce que beaucoup d'observateurs ont négligé ce point essentiel qu'ils n'ont pu répéter mes anciennes expériences.

Lorsqu'il s'agit de radiations très réfrangibles n'existant pas dans le spectre solaire, à nos altitudes, et qu'on ne peut produire qu'au moyen d'étincelles électriques, les expériences sont beaucoup plus délicates, et en ne prenant pas certaines précautions, on s'expose à des causes d'erreur que je vais signaler.

La plus importante consiste dans l'action d'influences électriques capables de décharger l'électroscope. Sans doute, il suffit de cacher la lumière des étincelles avec du papier noir pour voir si toute décharge est supprimée, ce qui n'est pas le cas quand des influences électriques interviennent. Mais quand on constate que ces dernières se produisent, il n'est pas toujours aisé de les supprimer. Le moyen habituellement employé pour les éliminer consiste à recouvrir le quartz fermant la boîte où éclatent les étincelles d'une fine toile métallique transparente, encastrée dans une grande lame de métal reliée à la terre, mais ce moyen ne suffit pas toujours. Essayant invariablement après chaque expérience si l'action sur l'électroscope cessait quand on cachait la lumière avec le papier noir, j'ai vu plusieurs fois se produire des décharges rapides dues à des influences électriques. Comme elles n'agissaient pas également sur l'électricité positive ou négative dont était chargé l'électroscope, mais sur une seule, j'ai eu l'idée de m'en débarrasser en reliant à la terre — sans rien changer au reste du dispositif — une des armatures des bouteilles de Leyde, suivant le sens de la décharge observée. Ce moyen réussissait toujours.

Quelle est l'origine des influences électriques qui se forment autour des étincelles des électrodes, et dont les physiciens ont signalé plusieurs fois l'existence et les effets, mais sans jamais avoir essayé de déterminer leur nature ? N'ayant pu trouver de renseignements à leur sujet, j'ai été amené à rechercher en quoi elles pouvaient consister.

Elles consistent simplement en ondes hertziennes, très petites. Il était difficile de le prévoir, car on ne supposait pas qu'elles puissent se produire par des décharges entre des pointes.

Leur existence est prouvée, soit par l'illumination à distance d'un tube de Geisler (ce qui oblige à opérer dans l'obscurité), soit de préférence par l'emploi d'un tube à limaille intercalé dans le circuit d'une sonnerie sensible et d'une pile. Cet appareil qu'on peut laisser en place, comme on le voit sur plusieurs de nos figures, révèle immédiatement à l'oreille, par le bruit de la sonnerie, la formation d'ondes hertziennes pouvant troubler les expériences[1].

Si on veut se souvenir des recherches que j'ai faites avec Branly sur l'énorme diffraction des ondes hertziennes, qui leur permet de contourner tous les obstacles, et sur le passage de ces ondes à travers les fentes les plus fines, on comprendra qu'il soit fort difficile, malgré toutes les précautions possibles, de se soustraire à leur influence lorsqu'elles se forment. Il faut donc les empêcher de se former. Voici, d'après mes observations, quelques-unes des conditions dans lesquelles elles prennent naissance :

Les ondes hertziennes se manifestent quand la boîte qui contient les électrodes à étincelles n'est pas rigoureusement isolée de son support avec une couche de paraffine. Elles se manifestent encore quand les électrodes sont trop écartées, et surtout lorsque leurs pointes sont émoussées, ce qui arrive quand elles ont fonctionné pendant quelque temps. Les ondes hertziennes qui se forment alors sont très petites et ne se propagent guère à plus de 50 à 60 centi-mètres, mais elles suffisent à troubler les expériences. Elles dispa-raissent dès qu'on a rendu avec la lime les extrémités des élec-trodes très pointues.

Il existe bien d'autres causes de production d'ondes hertziennes dans ces expériences, mais leur énumération nous entraînerait trop loin. Avec le dispositif que j'ai indiqué et figuré sur mes dessins, l'opérateur sera toujours averti de leur présence.

Parmi les causes d'erreur que je dois signaler encore, il en est une qui n'a été, à ma connaissance, mentionnée nulle part, et dont

---

1. Les ondes hertziennes peuvent non seulement décharger un électroscope, chargé positivement ou négativement, mais encore le charger ensuite, tantôt positivement, tantôt négativement, à condition de ne pas s'éloigner de plus de 1 mètre environ de la source des ondes. On le constate en plaçant l'électros-cope à 1 mètre d'un radiateur à boule de Righi, dont on cache la lumière des étincelles avec une grande feuille de papier noir.

l'importance est considérable. Je veux parler de l'altération superficielle qu'éprouve une lame de quartz exposée pendant moins d'un
quart d'heure devant les étincelles des électrodes. Elle se recouvre
d'une couche à peu près invisible de particules de poussières qui
suffisent à la rendre opaque pour les rayons ultra-violets de longueur d'onde inférieur à $0\mu,250$. Quand on se sert de quartz ainsi
altéré, c'est comme si on faisait usage d'une lame de verre mince,
opaque comme on le sait pour l'extrême ultra-violet, et tous les
résultats observés se trouvent faussés. Cette cause d'erreur, qui
m'a fait perdre beaucoup de temps, est très facile à éviter, puisqu'il
suffit d'essuyer, toutes les dix minutes ou tous les quarts d'heure,
le quartz avec un linge très fin.

Toutes ces causes d'erreur peuvent influer également sur la déperdition dite négative que je vais étudier bientôt.

Interprétation des expériences précédentes. — Nous avons
déjà interprété les expériences exposées dans ce chapitre et nous
nous bornerons à rappeler que tous les produits de la dissociation
des corps par la lumière sont identiques à ceux obtenus avec les
substances radio-actives. Même déviation des particules par un champ

magnétique, même rapport $\dfrac{e}{m}$ de la masse à la charge électrique, etc.

Mais comment expliquer cette action dissociante d'une faible
radiation lumineuse sur un métal rigide? L'explication n'est pas
facile. Je me bornerai à reproduire celle donnée par M. le professeur de Heen, dans son mémoire : *les Phénomènes dits cathodiques et radio-actifs* :

« Lorsqu'un rayon lumineux tombe à la surface d'un miroir métallique, les ions vibrent à l'unisson d'une partie ou de la totalité
des radiations qui la frappent. Donc, pendant l'action de cette
radiation, une pellicule superficielle, d'épaisseur infinitésimale,
vibre à la fréquence d'oscillation de certaines oscillations de la
source elle-même. Pour le cas des radiations lumineuses et ultra-
violettes, cette surface correspond réellement à une température
excessive qu'on ne peut reconnaître par le toucher, parce que, son
épaisseur étant très petite, la quantité de chaleur renfermée dans
cette pellicule est entièrement négligeable.

« Or, s'il en est ainsi, la surface métallique, soumise à une
radiation lumineuse et plus particulièrement ultra-violette, sera
parcourue en tous sens par des courants que nous désignerons
sous le nom de courants à excessive fréquence.

« Les ions seront soumis à des actions répulsives telles *qu'ils
sauteront.* Dès lors, l'espace ambiant sera soumis à des projections
ou radiations ioniques, comparables à celles que l'on détermine
dans les tubes à vide.

« Telle est l'interprétation du fait fondamental, découvert pour la première fois par Gustave Le Bon et qui se trouve à la base de ce chapitre nouveau de la physique. Ce physicien avait, dès lors, admis que cette manifestation appartenait à un ordre de phénomènes naturels *tout à fait général*. Ce fut cette pensée, bien plus que l'admirable expérience de Rœntgen, qui me décida à embrasser l'étude des phénomènes électriques. »

CHAPITRE IV

Expériences sur la possibilité de rendre radio-actifs des corps qui ne le sont pas. Comparaison entre la radio-activité spontanée et la radio-activité provoquée.

L'idée que la radio-activité était due à des réactions chimiques m'a conduit à rechercher le moyen de rendre artificiellement radio-actifs des corps qui ne le sont pas. On est bien sûr dans ce cas que la présence du radium, de l'uranium ou d'une substance analogue n'est pour rien dans la radio-activité.

On verra plus loin que des réactions chimiques diverses telles que l'hydratation peuvent produire cette radio-activité ; nous allons maintenant montrer que des corps ne présentant aucune trace de radio-activité sous l'influence de la lumière, tels que le mercure, peuvent, au contraire, devenir extrêmement radio-actifs. Il suffit de lui ajouter un six millième de son poids d'étain, métal qui n'est pas plus radio-actif que le mercure sous l'influence de la lumière ordinaire. Avec cette proportion d'étain, le mercure n'est sensible qu'à l'ultra-violet solaire depuis $\lambda = 0^\mu,360$ jusqu'à $\lambda = 0^\mu,296$, mais si la proportion d'étain s'élève à $1 \,^{o}/_{o}$, le mercure se dissocie sous l'influence de la plupart des radiations du spectre visible.

Il était intéressant de comparer la radio-activité artificiellement donnée à un métal avec celle des corps spontanément radio-actifs tels que le thorium et l'uranium. L'expérience étant très importante, je vais la simplifier, au point qu'elle puisse être répétée facilement dans un cours.

Il s'agit de déterminer d'abord le degré de dissociation d'un corps par la lumière, puis de le comparer à celui d'une substance spontanément radio-active, un sel d'urane, par exemple. Nous allons voir que la dissociation provoquée par la lumière est beaucoup plus considérable.

On prend une lame d'étain carrée, de 10 centimètres de côté et de 2 millimètres d'épaisseur. On la fixe par ses bords avec quatre bandes étroites de papier enduit de colle forte sur un écran de carton de même taille, et on plonge le tout pendant vingt-quatre heures dans un bain de mercure, en essuyant de temps en temps la couché d'oxyde formée à la surface de l'étain. La lame, ainsi préparée, et dont le carton empêche la rupture, garde indéfiniment sa radio-activité sous l'influence de la lumière, à la seule condition d'essuyer sa surface de temps en temps, très légèrement, avec le doigt.

Ceci posé, l'expérience est disposée comme il est indiqué (fig. 45). L'électroscope est chargé par influence avec un bâton d'ébonite; sa charge est donc, par conséquent, positive.

En disposant la lame d'étain, de façon à ce que le soleil frappe sa surface, on constate que les feuilles d'or se rapprochent en quelques secondes. A la lumière diffuse, la décharge se fait encore, mais plus lentement.

Ayant noté le nombre de degrés de décharge dans un temps donné, on recommence l'expérience avec un écran couvert d'un sel d'urane, préparé de la façon suivante :

Du nitrate d'urane est broyé dans du vernis à bronzer et étendu sur un écran en carton,

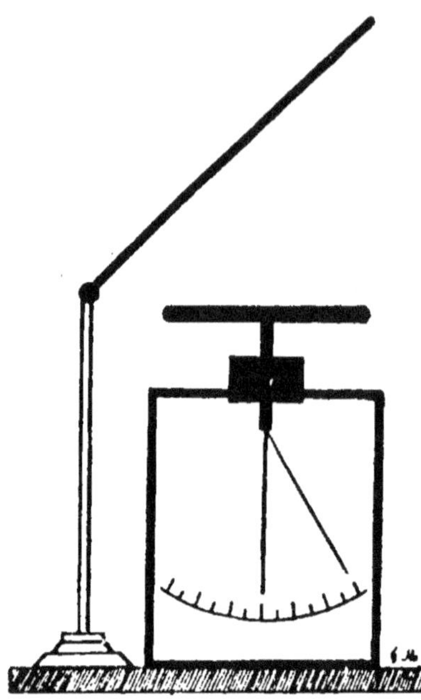

Fig. 45.

Comparaison de la dissociation des corps spontanément radio-actifs et des métaux sous l'influence de la lumière.

On emploie successivement un miroir d'étain préparé comme il est expliqué dans le texte et un écran de même dimension enduit d'oxyde de thorium ou d'uranium. La dissociation des atomes de l'étain sous l'influence de la lumière est 40 fois plus rapide que celle des corps radio-actifs qui viennent d'être indiqués.

ayant exactement la dimension de la lame employée dans l'expérience précédente (10 cent. × 10 cent.). Si on dispose cet écran, comme il est indiqué figure 45, et qu'on charge l'électroscope, de la façon précédemment indiquée, on constate dans l'obscurité une décharge de 6° environ en 60 secondes. En opérant au soleil avec le miroir d'étain amalgamé, placé rigoureusement à la même distance de l'électroscope, on avait constaté que ce dernier se déchargeait de 40° en 10 secondes. On voit donc que *la radio-activité artificielle donnée à un métal par la lumière peut être environ quarante fois plus grande que la radio-activité spontanée, possédée par les sels d'urane.* Avec l'oxyde de thorium, on obtient des chiffres voisins. Si nous admettons avec Rutherford que 1 gramme d'uranium émet 70,000 particules par seconde, il en résulterait que les métaux qui, sous l'influence dissociante de la lumière, ont une activité quarante fois plus forte, émettraient à surface égale près de 3 millions de particules par seconde.

CHAPITRE V

Expériences sur la déperdition dite négative des corps électrisés sous l'influence de la lumière.

On sait depuis les expériences de Hertz qu'un corps conducteur électrisé négativement perd sa charge si on le soumet à l'action des rayons ultra-violets obtenus avec des étincelles électriques, et il est admis dans les ouvrages les plus récents :

1º Que la déperdition ne peut se faire que sous l'influence de la lumière ultra-violette;

2º Qu'elle est à peu près la même pour tous les métaux;

3º Que la décharge ne se fait que si la charge du métal est négative[1] et non positive.

Elster, Geitel et Branly avaient bien cité deux ou trois métaux qui se déchargent à la lumière du jour, et ce dernier avait mentionné plusieurs corps qui subissent la déperdition positive, mais ces phénomènes étaient considérés comme exceptionnels et ne possédant nullement un caractère général.

Le sujet ne me semblant pas du tout épuisé, j'ai cru devoir le reprendre. Bien qu'il y ait une différence évidente entre le phénomène de la décharge d'un corps déjà électrisé et celui de la production d'effluves émanant d'un corps non électrisé et capables d'agir sur un corps électrisé, montré dans le chapitre précédent, les deux phénomènes ont une même cause, la dissociation de la matière sous l'action de la lumière. Aucun expérimentateur n'avait soupçonné cette cause avant mes recherches.

Les expériences que nous allons exposer prouvent : 1º que la déperdition dite négative est aussi, bien que généralement à un moindre degré, positive; 2º que la décharge se produit sous l'influence des diverses régions du spectre, tou··· ayant son maximum dans l'ultra-violet; 3º que la décharge est extrêmement diffé-

---

1. « Les rayons ultra-violets n'agissent qu'à la condition de rencontrer une surface électrisée négativement. » Bouty, 2ᵉ Supplément de la *Physique* de Jamin, 1899, p. 188.

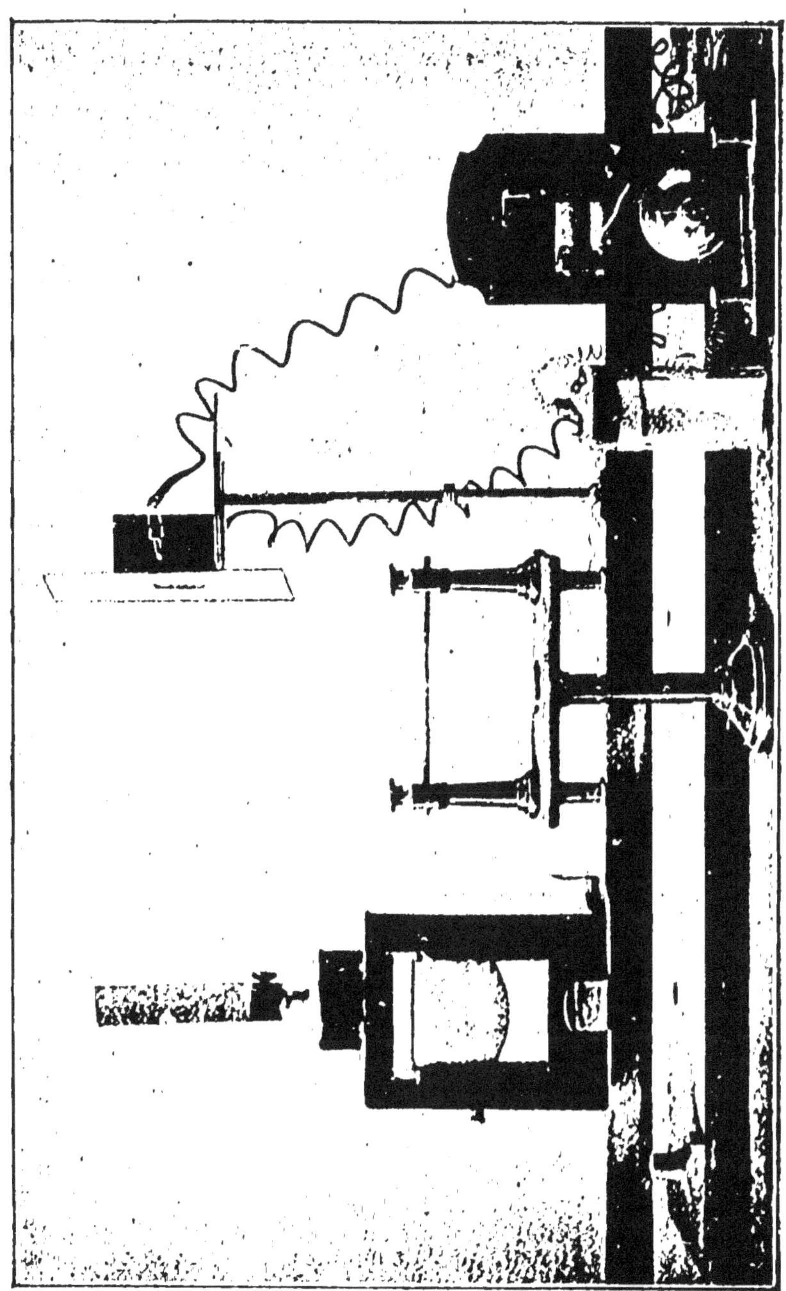

Fig. 46. — *Appareil employé pour étudier la déperdition sous l'influence de la lumière ultra-violette des corps préalablement électrisés.* — La bobine employée pour la production des étincelles n'est pas représentée sur la figure. On voit à droite la sonnerie et le tube à limailles servant à révéler la produc- on d'ondes hertziennes qui peuvent troubler les expériences.

rente pour les divers corps, les métaux notamment. Ce sont, comme on le voit, trois propositions exactement contraires à celles généralement admises et que j'ai rappelées plus haut. Il s'agit maintenant de les justifier.

Méthode d'observation. — Dans l'étude de la déperdition négative à la lumière solaire, la méthode d'observation est fort simple, puisqu'il n'y a qu'à poser le corps dont on veut étudier la décharge sur le plateau de l'électroscope. Il se charge en même temps que ce dernier. La charge peut être communiquée, soit avec un bâton de verre, soit avec un bâton d'ébonite, suivant qu'on désire qu'elle soit négative ou positive. On a soin de donner aux feuilles d'or le même écartement.

Lorsqu'on veut étudier la décharge produite par les rayons ultra-violets que ne contient pas le spectre solaire, il faut avoir recours au dispositif spécial représenté figure 46.

Les corps à étudier sont fixés dans une pince remplaçant le bouton de l'électroscope. Ils se chargent d'électricité en même temps que ce dernier. La lumière est fournie par des électrodes d'aluminium reliées aux armatures d'un condensateur entretenu par une bobine d'induction donnant environ $0^m,20$ d'étincelle. Les électrodes sont placées dans une boîte fermée par une lame de quartz recouverte d'une toile métallique encadrée dans une feuille de métal en relation avec la terre pour éviter les influences électriques.

La distance à laquelle le corps électrisé se trouve de la source lumineuse jouant, au moins pour les rayons très réfrangibles, un rôle tout à fait prépondérant, il est utile de monter, comme nous l'avons fait, l'électroscope sur une règle graduée qui permet de modifier sa distance à la source lumineuse.

Quand on veut séparer les divers rayons du spectre, on opère, comme nous l'avons dit précédemment, au moyen d'écrans divers interposés entre la source lumineuse et l'électroscope, écrans dont la transparence a été déterminée par des photographies spectroscopiques.

Lorsque les expériences sont faites au soleil, les plaques métalliques doivent être très fréquemment nettoyées à la toile d'émeri (au moins toutes les dix minutes), mais à mesure que l'on avance dans l'ultra-violet ce nettoyage devient de moins en moins important. Ce n'est plus toutes les dix minutes, mais une fois seulement tous les deux ou trois jours qu'il faut le répéter. Si on attendait aussi longtemps quand on opère au soleil, la décharge ne serait pas entièrement supprimée, mais deviendrait plus de cent fois moindre. Pour la lumière des étincelles électriques, la rareté du nettoyage ne réduit que de moité ou des deux tiers la décharge.

J'ai cependant réussi à constituer des alliages n'ayant besoin, pour les expériences au soleil, d'aucun nettoyage et conservant leurs propriétés pendant une quinzaine de jours, à la simple condition do passer à leur surface le doigt de temps en temps pour en retirer les poussières ou la légère couche d'oxyde formée. Le meilleur est constitué par des lames d'étain amalgamé préparées comme il a été dit dans un précédent paragraphe.

Déperdition à la lumière solaire des corps chargés négativement. — Le tableau suivant indique avec quelle rapidité se décharge à la lumière une lame de métal de 10 centimètres de côté posée sur le plateau de l'électroscope. Cette rapidité est déduite du temps nécessaire pour produire une décharge de 10°. Le maximum de rapidité étant représenté par le nombre 1.000, on a obtenu les chiffres suivants :

Rapidité de la déperdition négative à la lumière solaire.

Etain amalgamé	1000
Zinc amalgamé	980
Aluminium récemment nettoyé	800
Argent amalgamé	770
Magnésium récemment nettoyé	600
Zinc récemment nettoyé	240
Plomb amalgamé	240
Cadmium	14
Cobalt	12
Or, acier, cuivre, nickel, mercure, plomb, argent, sulfures phosphorescents, carton, marbre, bois, sable, etc.	2 (au maximum).

Tous ces corps se désélectrifient encore quand ils sont chargés positivement, mais à la lumière solaire la déperdition est toujours très faible (1° au plus en 1 ou 2 minutes). Elle augmente beaucoup quand on remplace la lumière solaire par la lumière d'étincelles électriques, mais son maximum n'est pas du tout produit comme pour la déperdition négative par les radiations de l'extrémité du spectre. Le fait est prouvé par cette expérience très simple. Une lame de verre mince de $0^{mm},1$, qui ralentit considérablement la déperdition négative pour beaucoup de corps, lorsqu'elle est placée devant la source lumineuse, n'a qu'une action très faible sur le ralentissement de la déperdition positive. *Les radiations qui produisent la déperdition négative ne sont donc pas les mêmes que celles qui produisent la déperdition positive.*

Déperdition à la lumière ultra-violette électrique des corps chargés négativement et positivement. — Les corps taillés en lames sont disposés comme précédemment, ou ce qui revient au même, fixés verticalement sur l'électroscope par une pince comme il est indiqué fig. 46. La source de lumière (étincelles électriques) est placée à 20 centimètres du corps sur lequel elle doit agir. Les tableaux suivants donnent pour cette distance l'intensité de la décharge des corps chargés, soit négativement, soit positivement, sous l'influence de la lumière des étincelles électriques. La plus forte déperdition négative correspond à 6° par seconde (ce qui ferait 360° par minute); la plus lente à un demi-degré par seconde (30° par minute). Pour la décharge positive elle est beaucoup plus faible, puisqu'elle varie entre 7° et 16° par minute. En représentant par 1000 le maximum de rapidité de la déperdition on obtient les chiffres suivants, déduits du temps nécessaire pour décharger l'électroscope :

1° Rapidité de la déperdition négative à la lumière ultra-violette des étincelles électriques.

Aluminium	1000
Etain amalgamé	680
Zinc	610
Cuivre rouge	390
Cadmium	340
Cobalt	270
Etain	270
Nickel	240
Plomb	210
Argent	200
Acier (poli)	80

2° Rapidité de la déperdition positive sous l'influence de la même lumière.

La décharge de l'électroscope a varié de 16° par minute (nickel, zinc et argent) à 7° (acier). Il ne s'agit donc pas du tout d'une décharge insignifiante, mais bien très importante.

Les chiffres précédents représentent la déperdition produite par la totalité des radiations lumineuses données par les étincelles fournies par des électrodes d'aluminium.

De ce qui précède nous pouvons conclure que *tous les corps électrisés exposés à la lumière ultra-violette subissent une déperdition négative ou positive ne différant l'une de l'autre que par l'intensité. Loin d'être identique pour tous les corps, comme on l'avait soutenu jusqu'ici, cette déperdition varie considérablement avec les corps employés.*

Sensibilité des divers corps pour les différentes régions de l'ultra-violet. Elimination des causes d'erreur. — La rapidité de la décharge des divers corps est très variable pour les diverses régions du spectre. On pouvait le pressentir déjà d'après les indications données dans un paragraphe précédent. Quelques-uns : aluminium, zinc, etc., sont sensibles dans les régions du spectre solaire visible. D'autres : nickel, acier, platine, etc., ne le sont que dans la région extrême de l'ultra-violet du spectre électrique, et c'est pourquoi une simple lamelle de verre de $0^{mm},1$ placée devant le quartz qui ferme la boîte du déflagrateur arrête toute décharge pour ces derniers, alors qu'elle n'arrête qu'une partie de la décharge produite par les premiers.

Les chiffres donnés plus haut montrent qu'il y a prédominance de la déperdition négative sur la déperdition positive pour les corps bons conducteurs, c'est-à-dire les métaux. Il en est autrement pour les corps médiocrement conducteurs : bois, carton, papier, etc. Pour ces derniers la décharge positive, comme l'avait déjà signalé Branly, peut devenir égale à la décharge négative et même l'emporter. Mais il faut tenir compte ici de deux sources d'erreur qui semblent avoir échappé aux précédents observateurs.

La première, déjà indiquée plus haut, est l'état du quartz. S'il n'est pas nettoyé toutes les dix minutes, il absorbe la région extrême de l'ultra-violet, et comme cette absorption n'empêche pas la déperdition positive, produite par des régions moins réfrangibles, la décharge négative sera seule ralentie et par conséquent, pourra sembler égale ou inférieure à la déperdition positive. Tel serait le cas d'un métal très oxydé ou couvert d'un corps gras qui n'est justement très sensible qu'aux régions extrêmes de l'ultra-violet.

La seconde cause d'erreur est l'influence considérable de la distance. Les rayons les plus extrêmes du spectre sont les plus actifs sur la décharge négative, alors que leur action est assez faible sur la décharge positive. Etant absorbés par l'air et d'autant plus que son épaisseur augmente, il s'ensuit que leur effet sur la décharge négative se ralentit nécessairement quand on augmente la distance à la source lumineuse. C'est ainsi qu'à 25 centimètres des étincelles, la décharge positive du bois sera double de la décharge négative; à 8 centimètres ce sera le contraire; la déperdition négative sera alors quatre fois plus grande que la déperdition positive. On voit donc le rôle tout à fait capital de la distance dans ces expériences. Il faut ajouter de plus qu'à une petite distance commence à se manifester la dissociation des gaz de l'air par la lumière, que nous étudierons plus loin.

Ces réserves posées, voici, en opérant à 25 centimètres, les décharges positive et négative observées avec quelques-uns des corps essayés.

Je donne les chiffres de décharge en degrés de l'électroscope et par minute, sans les ramener à 1000 comme dans les expériences précédentes :

	Décharge négative en 1 minute	Décharge positive en 1 minute
Bois divers (sapin, teck, platane).	6°	10°
Carton jaune.	10°	16°
Noir de fumée.	61°	7°

On voit que pour plusieurs des corps expérimentés la décharge positive a été très sensiblement supérieure à la décharge négative. Sur ces divers corps, les rayons qui produisent la décharge négative ont une longueur d'onde inférieure à $0^{\mu},252$ et il suffit de les supprimer du spectre pour que la décharge négative soit également supprimée.

La sensibilité des corps noirs, notamment le noir de fumée étalé sur une lame de carton, est considérable. Nous avons obtenu 61 degrés de décharge négative par minute à 25 centimètres des étincelles, mais à 10 centimètres elle s'élève à un chiffre qui représenterait 300 degrés dans le même temps (chiffre voisin de la sensibilité des métaux les plus sensibles). Avec les mêmes variations de distance la déperdition positive ne passe que de 7 à 12°.

Influence de la nature des électrodes. — La nature des électrodes employées pour produire les étincelles électriques a une influence considérable, comme nous l'avons déjà dit, et cette influence n'est pas la même pour la décharge positive que pour la décharge négative. Le tableau suivant donne la déperdition qu'on obtiendrait par minute, d'après le nombre de secondes nécessaires pour produire 10° de décharge, avec les électrodes de divers métaux agissant par la lumière qu'ils produisent sur une lame de zinc électrisée reliée à l'électroscope :

	Décharge négative par minute	Décharge positive par minute
Électrodes d'aluminium.	246°	18°
Électrodes d'acier	140°	10°
Électrodes d'or.	112°	4°
Électrodes de cuivre	110°	3°
Électrodes d'argent.	108°	6°

Suivant les électrodes employées, la décharge négative peut, comme on le voit, varier du simple au double, et la décharge positive du simple au triple. J'ai déjà fait voir que ce phénomène n'était pas lié à la longueur du spectre des métaux, puisque celui de l'or va aussi loin que celui de l'aluminium.

En rapprochant les divers tableaux publiés dans ce travail, on voit que la déperdition produite par la lumière solaire est fort différente de celle résultant de l'action de la lumière électrique. Cela tient uniquement à ce que le spectre de la lumière des étincelles électriques est beaucoup plus prolongé dans l'ultra-violet que celui de la lumière solaire.

Il est facile de donner au spectre électrique les propriétés du spectre solaire, en supprimant du premier les radiations qui ne sont pas dans le dernier. Il suffit pour cela de remplacer le quartz placé devant les étincelles par un verre mince de $0^{\text{mm}},8$ d'épaisscur, qui supprime toutes les radiations qui ne sont pas dans le spectre solaire, c'est-à-dire celles dépassant $0^\mu,295$. On constate alors que les métaux qui, comme le cuivre, produisaient une décharge très rapide à la lumière électrique et presque nulle au soleil, sont devenus insensibles à la lumière électrique, alors que les métaux, comme l'aluminium, qui produisaient une décharge au soleil, continuent à en produire une à la lumière électrique.

Influences diverses pouvant faire varier la déperdition électrique sous l'action de la lumière. — Plusieurs causes, autres que celles déjà mentionnées, font encore varier la déperdition de l'électricité sous l'influence de la lumière, celle du soleil notamment. Comme il fallait pour étudier ces variations un corps à sensibilité constante, j'ai fait usage de plaques d'étain amalgamé préparées comme il a été dit. Ce corps est extrêmement actif, mais n'atteint son maximum de sensibilité qu'après une exposition de quelques minutes à la lumière, ce qui est précisément le contraire de ce qu'on observe pour divers métaux, l'aluminium et le zinc notamment.

Le meilleur des corps à sensibilité constante, si son maniement n'était pas incommode, serait le mercure contenant une faible proportion d'étain. Avec 1/6000 de son poids d'étain, il n'est sensible, comme je l'ai dit, qu'aux régions déjà avancées de l'ultra-violet solaire, c'est-à-dire à partir de la raie M environ. En élevant la proportion d'étain à 1/100, il devient sensible pour une région du spectre beaucoup plus étendue.

Des recherches continuées pendant dix-huit mois, avec des plaques d'étain amalgamé, nous ont prouvé que la sensibilité des métaux à la lumière, c'est-à-dire le temps qu'ils mettent à perdre la charge électrique qu'ils ont reçue, variait, non seulement suivant l'heure du jour, mais encore suivant la saison. Les premiers chiffres que j'avais donnés, il y a plusieurs années, ayant été observés l'hiver, par des temps très froids, étaient trop faibles.

La décharge est toujours moins rapide l'hiver que l'été, mais, dans la même journée, elle peut varier dans le rapport de 1 à 4. Elle diminue rapidement quand l'heure avance. Par exemple, le 9 août 1901, la décharge qui, à 4 h. 30 était de 50° par minute, tombe à 16° à 5 h. 50. Le 24 août 1901, la décharge, qui était de 80° par minute à 3 h. 25, tombe à 40° à 4 h. 30. J'ai suivi plusieurs jours, heure par heure, les variations de la déperdition électrique et j'en ai dressé le tableau. Il serait sans intérêt de le publier, car les différences ne suivent pas l'heure, mais surtout les variations de l'ultra-violet solaire, lequel disparaît souvent en partie (à partir de M et même de L), sous l'influence de causes totalement inconnues, comme je l'ai déjà signalé.

Les nuages ne réduisent pas sensiblement la décharge, qui reste à peu près la même qu'à l'ombre. Leur présence ne réduit pas non plus notablement l'ultra-violet solaire, que j'ai pu photographier à travers des nuages assez épais.

Dissociation des atomes des gaz dans la région extrême de l'ultra-violet. — Nous venons de voir que tous les corps, simples ou composés, conducteurs ou isolants, soumis à l'action de la lumière, subissent une dissociation.

Mais dans aucun des corps précédemment examinés ne figurent de gaz. Pouvons-nous supposer qu'ils échappent à la loi commune ?

Cette exception était improbable. Cependant, jusqu'aux dernières recherches de Lénard, la dissociation des gaz par l'action de la lumière n'avait pas été observée. Sans doute, on avait bien supposé que la décharge des corps électrisés, frappés par la lumière, pourrait être due à l'action des rayons lumineux sur l'air, mais cette hypothèse tombait devant ces deux faits : 1° que la décharge varie suivant les métaux, ce qui n'existerait pas si c'était l'air et non le métal qui agit ; 2° que la décharge se produit encore, — beaucoup plus rapidement même, — dans le vide qu'à l'air.

La raison de cette indifférence apparente des gaz, l'air notamment, pour la lumière qui les frappe est très simple. Il y a des métaux dissociables seulement dans une région très avancée de l'ultra-violet. Si les gaz ne sont dissociables que dans une région plus avancée encore, l'observation de leur dissociation est difficile puisque l'air, sous une faible épaisseur, est aussi opaque que le serait du plomb pour les radiations de l'ultra-violet extrême.

Or, c'est justement comme l'a montré Lénard[1] uniquement dans cette région extrême de l'ultra-violet que ce qu'on appelait alors l'ionisation des gaz et ce qui n'est autre chose que leur dissociation est possible. Il a vu qu'il suffisait de rapprocher les corps en expérience à quelques centimètres de la source lumineuse, c'est-à-dire des étincelles électriques, pour que la décharge devînt la même pour tous les corps[2], ce qui montre que c'est alors l'air qui devient conducteur et agit. C'est bien la lumière, et non une autre

---

1. *Ueber Wirkungen des ultra-violetten Lichtes auf gasförmige Körper.* (*Annalen der Physik*, Bd 1, 1900.)

2. Dans un premier mémoire Lénard assurait que le sens de la charge était indifférent et il donne même ce fait comme nouveau : « Das aber positive Ladungen in Licht fast ebenso schnell von der Platte verschwinden, stimmt nicht mit Bekannten überein. » (*Ueber Wirkungen des ultra-violetten Lichtes...* in *Ann. der Physik*, 1900, p. 499.)

Dans un second mémoire (même recueil, t. 3, p. 298), Lénard indique, contrairement à sa première assertion, que la décharge positive serait supérieure à la décharge négative. Dans ses premières expériences devaient intervenir des causes d'erreur, telles que la production d'ondes hertziennes, que cet éminent physicien a éliminées ensuite.

cause, qui intervient, car l'interposition d'un verre mince arrête
tout effet.

Par un dispositif spécial qu'il serait sans intérêt de décrire ici,
Lenard a mesuré la longueur d'onde des radiations qui produisent
l'ionisation de l'air. Elles commencent vers 0ᵘ,180, c'est-à-dire
justement aux limites du spectre électrique autrefois connu (0ᵘ,185)
et s'étendent jusqu'à 0ᵘ,140[1]. La découverte de ces courtes radiations est due, comme on le sait, à Schuman. En faisant le vide
dans un spectrographe, il a fait voir que le spectre ultra-violet
que l'on croyait, d'après les mesures erronées de Cornu et Mascart, limité à 0ᵘ,185, s'étendait en réalité beaucoup plus loin. Il a
pu photographier des raies allant jusqu'à 0ᵘ,100. C'est probablement l'absorption exercée par la gélatine des plaques sensibles
et sans doute aussi par la matière du prisme qui empêche d'aller
plus loin.

A mesure qu'on avance dans le spectre ultra-violet, les corps,
l'air notamment, deviennent de plus en plus opaques pour les
radiations. Il serait donc bien surprenant que les rayons X, qui
traversent tous les corps, fussent justement constitués par de
l'ultra-violet extrême, comme le soutiennent plusieurs physiciens.

La plupart des corps y compris l'air sous une épaisseur de 2 centimètres et l'eau sous une épaisseur de 1 millimètre, sont en effet
absolument opaques pour ces radiations de très courte longueur
d'onde. Il n'y a guère de transparents, et encore à condition de ne
pas dépolir leur surface, que le quartz, le spath fluor, le gypse et
le sel gemme. L'hydrogène pur est également transparent.

Les radiations extrêmement réfrangibles de la lumière dissocient
donc, non seulement tous les corps solides, mais encore les particules de l'air qu'elles traversent, alors que les radiations moins

---

1. La production de ces rayons très réfrangibles paraît tenir en partie à la
tension du courant qui produit les étincelles. Lenard — dont le mémoire est fort
sommaire — ne donne aucun détail sur ce point et se borne à dire qu'il a ali-
menté les bouteilles de Leyde avec une très grosse bobine munie d'un interrup-
teur de Wehnelt. L'influence de la bobine est bien indiquée par le fait qu'il a
quintuplé l'effet en modifiant l'inducteur, mais il ne donne pas d'autres détails
que ceux indiqués dans les trois lignes suivantes :

« Hierin konnte zunächst Vorteil erzielt werden durch Anbrigung einer zweck-
mässigeren Primärwickelung im Inductorium, es verfünffachte dies bisher in
Luft erreichte Entfernung » (p. 491).

La tension des étincelles ne doit pas être le seul facteur à invoquer. Je l'ai
élevée considérablement par le dispositif bien connu de Tesla, mais sans en
retirer d'autre avantage que d'augmenter légèrement la décharge positive et réduire
un peu la décharge négative. Les résultats contradictoires sur le sens de la
décharge données par Lenard dans ses deux mémoires et ceux que j'ai plusieurs
fois constatés semblent indiquer que l'action de causes encore inconnues se
superpose parfois aux actions connues

29.

réfrangibles sont sans action sur les gaz et ne dissocient que la surface des corps solides qu'elles frappent. Ce sont deux effets très différents qui peuvent se superposer, mais qu'on ne confondra pas, si on se souvient que, quand c'est l'air qui est décomposé, la nature du métal frappé et l'état de sa surface n'ont pas d'importance, alors que la déperdition varie considérablement avec le métal, quand c'est celui-ci qui est dissocié. On évite, d'ailleurs, à peu près entièrement l'influence de l'ultra-violet extrême, en se plaçant à quelque distance de la source lumineuse, puisqu'une couche d'air de 2 centimètres suffit pour arrêter cette région du spectre. Si donc les étincelles des électrodes sont à plusieurs centimètres de la lame de quartz, qui ferme la boîte qui les contient, aucun effet dû à la décomposition de l'air ne peut se produire.

En rapprochant quelques-unes des expériences énoncées jusqu'ici, on remarquera que ce sont les corps qui absorbent le plus la lumière qui sont précisément les plus dissociables. Par exemple, l'air qui absorbe les radiations inférieures à $0\mu,185$ est décomposé par ces radiations. Le noir de fumée qui absorbe complètement la lumière est dissocié energiquement par elle et produit un abondant dégagement d'effluves. Cette explication ne semble pas tout d'abord se concilier avec le fait que des métaux ayant reçu un poli spéculaire récent sont également le siège d'un dégagement d'effluves extrêmement abondant. L'objection s'évanouit cependant si on considère que les métaux polis, qui réfléchissent très bien la lumière visible, réfléchissent fort mal la lumière invisible de l'extrémité ultra-violette du spectre et en absorbent la plus grande partie. Or ce sont précisément ces radiations invisibles absorbables qui produisent le plus d'effet.

Pour donner une idée claire des propriétés des diverses parties du spectre ultra-violet, je vais les résumer dans un tableau. Il montre que l'aptitude de la lumière à dissocier les corps augmente à mesure qu'on avance dans l'ultra-violet.

Propriétés que possèdent les diverses parties du spectre ultra-violet de dissocier la matière.

De $0\mu,400$ à $0\mu,344$.	Ces radiations traversent le verre ordinaire. Elles ne peuvent dissocier qu'un petit nombre de métaux et encore seulement s'ils ont été récemment nettoyés.
De $0\mu,344$ à $0\mu,295$.	L'ultra-violet de cette région ne traverse le verre que si son épaisseur ne dépasse pas $0^{mm},8$. A partir de $0\mu,295$ il est complètement absorbé par l'atmosphère et ne figure pas, par conséquent, dans le spectre solaire. Cette région bien que beaucoup plus active que la précédente est encore d'une activité dissociante assez faible sur la plupart des corps.

De 0.^,295
à 0.^,252.

> L'ultra-violet de cette région ne se rencontre pas dans le spectre solaire, mais seulement dans le spectre électrique. Il ne peut traverser que des lamelles de verre ne dépassant pas une épaisseur de $0^{mm},1$. Son action dissociante est beaucoup plus intense et plus générale que celle de la région précédente du spectre, mais moins que celle de la région suivante. Il dissocie tous les corps solides, mais est sans action sur les gaz.

De 0.^,252
à 0.^,100.

> Cette région de l'ultra-violet est si peu pénétrante que l'air, dès qu'on arrive aux radiations de 0.^,185, est opaque comme un métal, sous une épaisseur de deux centimètres. Une lamelle de verre de 1/10 de millimètre d'épaisseur arrête cet ultra-violet extrême d'une façon absolue.
>
> Le pouvoir de dissociation de cette région est beaucoup plus grand que celui des autres parties du spectre. A partir de 0.^,185 elle dissocie non seulement tous les corps solides, métaux, bois, etc., mais encore les gaz de l'air sur lesquels la région précédente du spectre est sans action.

En résumé à mesure qu'on avance dans l'ultra-violet, c'est-à-dire à mesure que les longueurs d'onde des radiations deviennent plus petites, ces radiations deviennent moins pénétrantes ; mais leur action dissociante sur la matière se montre de plus en plus énergique. A l'extrémité du spectre tous les corps sont dissociés, y compris les gaz sur lesquels les autres parties du spectre sont sans action. L'action dissociante des diverses radiations est donc en raison inverse de leur pénétration.

CHAPITRE VI

Expériences sur la dissociation de la matière dans les phénomènes de combustion.

Action générale des gaz des flammes sur les corps électrisés. — Si de faibles réactions chimiques, telle qu'une simple hydratation peuvent, comme nous le verrons bientôt provoquer la dissociation de la matière, on conçoit que les phénomènes de combustion, qui constituent des réactions chimiques intenses, doivent réaliser le maximum de la dissociation. C'est ce que l'on observe en effet avec les gaz des flammes, et c'est ce qui a conduit à admettre que les corps incandescents émettent dans l'air des émissions de la famille des rayons cathodiques.

Il y a un siècle au moins que l'on savait que les flammes déchargent les corps électrisés, mais on ne s'était nullement occupé de rechercher les causes de ce phénomène, qui présentait pourtant une importance capitale.

Les premières recherches précises sur ce sujet sont dues à Branly. C'est lui qui démontra que les parties agissantes des flammes sont les gaz qu'elles émettent.

Il a étudié aussi l'influence de la température sur le sens de la décharge. En employant comme source un fil de platine plus ou moins rougi par un courant électrique, il a vu qu'au rouge sombre la décharge négative l'emporte de beaucoup sur la décharge positive, alors qu'au rouge vif les deux décharges s'égalisent, ce qui semblerait prouver qu'aux diverses températures il se formait des ions chargés d'électricité différente.

Les figures 47 et 48 montrent les moyens de constater très facilement l'émission pendant la combustion de particules pouvant rendre l'air conducteur de l'électricité. L'action est extrêmement intense. Avec une flamme placée à 10 centimètres de l'électroscope (fig. 47) on obtient une décharge fort rapide (60° en 30″). Avec une simple bougie enfermée dans une lanterne close munie d'une cheminée coudée, placée à 13 centimètres de l'électroscope (fig. 48), la décharge est de 18° dans le même temps. A 20 centimètres elle n'est plus que de 4°. L'extrême diffusion des ions dans l'air explique ces différences.

Après avoir traversé un long serpentin refroidi, suivant le dis-

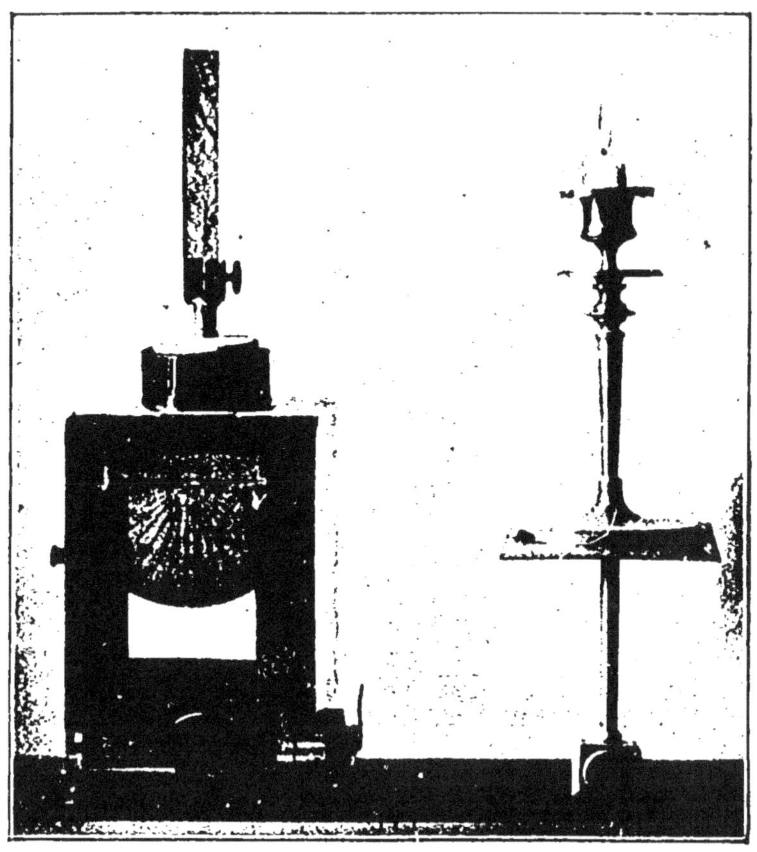

Fig. 47.

Appareil montrant la déperdition de l'électricité sous l'influence des flammes suivant la distance et la nature du corps sur lequel l'action se produit.

positif représenté dans un autre chapitre (fig. 52), les gaz des flammes produisent, encore bien que faiblement, la décharge de l'électroscope.

J'ai déjà rappelé que les expériences récentes de J.-J. Thomson ont montré qu'un corps incandescent est une source puissante et indéfinie d'électrons, c'est-à-dire de particules identiques à celles des corps radio-actifs. Il l'a prouvé en constatant que le rapport de leur charge électrique à leur masse était le même. Les phénomènes de la combustion constituent donc une des causes les plus énergiques de dissociation de la matière. Ils produisent une quantité tellement énorme d'effluves de matière dissociée qu'il est possible d'espérer qu'on découvrira le moyen de les utiliser. En attendant,

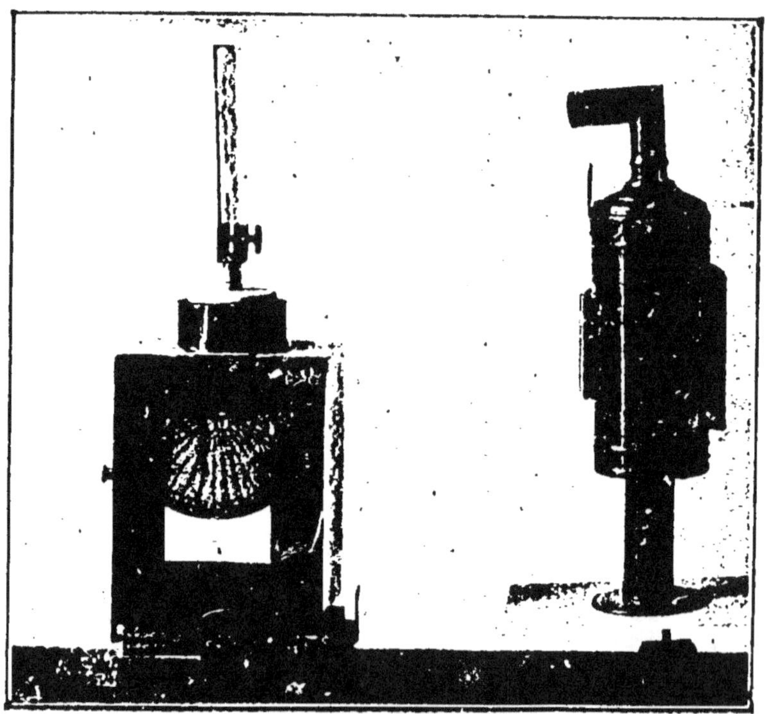

Fig. 48.

Appareil de démonstration permettant de rendre visible la déperdition électrique sous l'action des particules de matière dissociée contenue dans les gaz des flammes.

ces effluves se diffusent dans l'atmosphère, où ils doivent jouer un rôle que nous ne connaissons pas encore.

Propriétés des particules de matière dissociée contenues dans les flammes. — J'ai constaté dans mes expériences trois faits curieux non signalés encore. Le premier est la propriété que possèdent les éléments des gaz dissociés de traverser, au moins en apparence, des enceintes métalliques ; le second est la rapidité croissante de la décharge avec l'épaisseur du métal, en relation avec l'électroscope ; le troisième est la perte qu'éprouvent rapidement plusieurs métaux de la propriété d'être influencés par les gaz des flammes.

L'électroscope est chargé comme il est expliqué dans un précédent paragraphe et la lampe destinée à produire des gaz dissociés est disposée comme il est indiqué fig. 49. On constate alors une décharge assez rapide au début de l'expérience, mais qui bientôt se ralentit et s'arrête. Le métal ne reprend pas sa sensibilité par le nettoyage, mais seulement par un repos assez prolongé : au moins

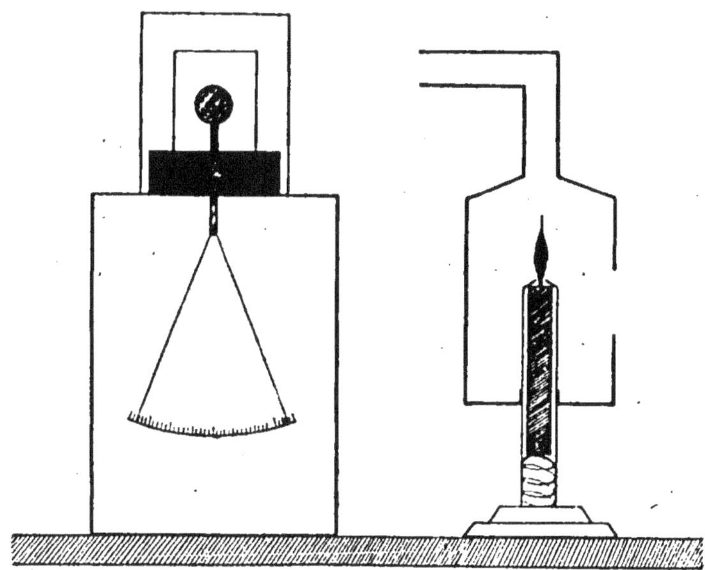

FIG. 49.

Appareil démontrant l'action de la matière dissociée contenue dans les gaz des flammes sur un corps électrisé entouré d'une cage métallique. — Les choses se passent comme si la cage de métal était rapidement traversée par la matière dissociée. Quand on veut éliminer entièrement l'action de la chaleur, on oblige les gaz à traverser un serpentin de 2 mètres de longueur plongé dans un réservoir plein d'eau (fig. 52). Ils n'arrivent alors sur l'électroscope qu'après refroidissement complet, et produisent encore une faible décharge.

vingt-quatre heures. Les chiffres suivants donnent une idée des variations ainsi observées. La source lumineuse a été placée à une distance suffisante pour obtenir une décharge assez lente, de façon à pouvoir se rendre compte des différences constatées :

Décharge pendant les 3 premières minutes. . . . . 9°
    —   —   3 minutes suivantes . . . . 4°
    —   —   3   —   —   . . . . 2°

Nous verrons, en interprétant ce dernier phénomène, qu'il est dû à une émission d'émanation radio-active analogue à celle du radium, mais qui s'épuise très vite et se renouvelle fort lentement.

Mais une partie de la décharge semble bien produite par la transparence du métal formant cage de Faraday, puisqu'elle se manifeste, bien qu'à un faible degré, avec des gaz complètement refroidis, de façon à éliminer l'action de la chaleur.

Lorsqu'on opère comme il est indiqué fig. 49, il suffit de placer l'extrémité de la cheminée coudée de la lampe à 2 ou 3 centimètres du cylindre formant cage de Faraday pour obtenir une décharge de 7 à 10° environ par minute. Elle continue pendant une dizaine de minutes, puis s'arrête entièrement. Nettoyer le cylindre serait inutile, il faut le laisser reposer pendant plusieurs jours. L'altération est étendue à toute la circonférence du cylindre, et non pas seulement à la partie exposée aux gaz de la flamme. Elle est due, je le répète, à l'émission d'une matière radio-active analogue à l'émanation des corps radio-actifs.

Lorsqu'on opère avec des gaz refroidis par leur passage à travers un serpentin, comme il est indiqué figure 52, la décharge ne dépasse pas 2 degrés par minute et elle paraît due alors à la transparence du métal.

CHAPITRE VII

Expériences sur la dissociation de la matière
par les réactions chimiques.

Nous avons découvert un grand nombre de réactions chimiques produisant la dissociation de la matière. Elle est révélée par les caractères qui prouvent cette dissociation, c'est-à-dire l'aptitude à rendre l'air conducteur de l'électricité et à produire parfois de la phosphorescence.

Pour constater cette dissociation, au lieu d'opérer suivant la méthode dont la figure 36 donne le principe, il est beaucoup plus simple, quand il ne s'agit que d'expériences qualitatives, de placer le corps à expérimenter sur le plateau de l'électroscope qu'on charge ensuite (fig. 50).

Voici maintenant quelques exemples de réactions s'accompagnant de dissociation de la matière.

Dissociation de la matière par hydratation de certains sels. — Parmi les diverses réactions que j'ai indiquées autrefois comme s'accompagnant de radio-activité de la matière se trouve l'hydratation du sulfate de quinine. Ce corps, comme on le savait depuis longtemps, devient phosphorescent par l'action de la chaleur ; mais ce qu'on ne savait pas du tout, c'est que, quand il a perdu sa phosphorescence après avoir été chauffé suffisamment, il redevient vivement lumineux par le refroidissement et en même temps radio-actif. Après avoir recherché la cause de ces deux derniers phénomènes, j'ai reconnu qu'ils étaient dus à une hydratation très légère. La radio-activité ne se manifeste qu'aux débuts de l'hydratation et ne dure que quelques minutes. La phosphorescence persiste, au contraire, pendant un quart d'heure.

La propriété du sulfate de quinine de devenir phosphorescent par le refroidissement est tout à fait contraire à ce que l'on observe pour les divers corps phosphorescents qui ne donnent jamais de phosphorescence en se refroidissant.

Pour réaliser les expériences de phosphorescence par refroidissement et de radio-activité avec le sulfate de quinine on le chauffe à 125° sur une plaque métallique jusqu'à disparition entière de toute phosphorescence. Retiré de la plaque où il a été chauffé, le sulfate de quinine redevient phosphorescent en se refroidissant et, placé de suite sur le plateau de l'électroscope, donne pendant trois ou quatre minutes un abondant dégagement d'effluves qui produisent le rapprochement des feuilles de l'instrument (12° pendant la première minute, 4° dans la deuxième). La dose employée dans nos expériences était d'environ 2 grammes de sulfate de quinine. L'arrêt de la phosphorescence se produit bien avant la disparition de la décharge. Les deux phénomènes sont donc indépendants.

Il suffit, d'après les mesures qu'a bien voulu effectuer pour moi M. Duboin, professeur de chimie à la Faculté des sciences de Grenoble, de l'absorption de moins de 1 milligramme de vapeur d'eau pour rendre phosphorescent et radio-actif 1 gramme de sulfate de quinine desséché.

L'opération précédente peut se répéter indéfiniment. Quand le sulfate de quinine est hydraté, il n'y a qu'à le chauffer de nouveau. Il devient phosphorescent par la chaleur, s'éteint, puis brille de nouveau par refroidissement en s'hydratant et redevient radio-actif.

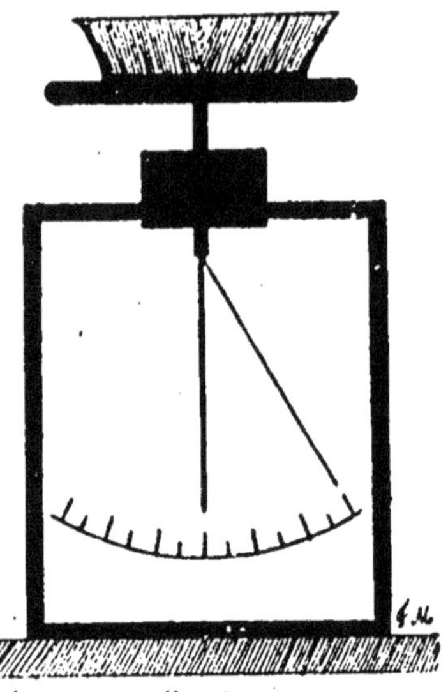

Fig. 50.

Étude de la dissociation de la matière par les réactions chimiques. — Les corps susceptibles de produire de la dissociation de la matière par leurs réactions sont introduits dans le récipient placé sur le plateau de l'électroscope qu'on charge ensuite et dont on observe la décharge. Ce dispositif est beaucoup plus simple que la méthode classique indiquée fig. 36 et donne d'aussi bons résultats.

Puisque l'hydratation et la déshydratation sont les causes de la phosphorescence du sulfate de quinine, on peut, en l'hydratant ou le déshydratant par un moyen autre que la chaleur, obtenir la même phosphorescence. Introduisons dans un flacon à large ouverture du sulfate de quinine avec un peu d'acide phosphorique anhydre et fermons-le. L'acide phosphorique dépouillera aussitôt le sulfate de quinine de son eau. Il suffira alors d'ouvrir le flacon et de souffler dans son intérieur, pour voir le sulfate de quinine devenir vivement phosphorescent. Si on referme ensuite le flacon, le sel de quinine se déshydrate de nouveau et les mêmes opérations peuvent être répétées un grand nombre de fois.

Le sulfate de cinchonine donne les mêmes résultats que le sulfate de quinine, mais les phénomènes, surtout ceux de phosphorescence, sont moins intenses.

Dissociation de la matière pendant la formation de divers gaz. — Parmi les réactions très nombreuses produisant la dissociation de la matière, je citerai encore les suivantes :

Formation d'oxygène par décomposition de l'eau oxygénée au moyen du bioxyde de manganèse. — Les produits sont mis dans la capsule métallique sur le plateau qu'on charge ensuite (fig. 50). La réaction dure un peu plus d'une minute. La perte de l'électroscope est d'environ 9°.

Formation d'hydrogène par décomposition de l'eau au moyen de l'amalgame de sodium -- On opère comme précédemment. Perte, 9° par minute. La décharge est exactement la même, que l'électroscope soit chargé positivement ou négativement. En décomposant l'eau au moyen de l'acide sulfurique et du zinc on obtient les mêmes résultats.

Formation d'acétylène par action de l'eau sur le carbure de calcium. — On opère toujours comme précédemment. Perte, 11° par minute.

Formation d'ozone. — L'air chargé d'ozone au moyen d'une grande bobine et d'un ozonateur est dirigé avec une soufflerie sur le plateau de l'électroscope. La perte est très faible, à peine 1° par minute, si l'instrument est chargé négativement, et de 4° s'il est chargé positivement.

Il serait fastidieux de multiplier ces exemples. On observe la dissociation de la matière dans beaucoup de réactions, et notamment les hydratations. Les oxydations, même les plus énergiques, (oxydation du sodium à l'air humide par exemple) ont généralement peu ou pas d'action.

Pour terminer ce sujet je me bornerai à citer encore la dissociation de la matière pendant l'oxydation du phosphore.

Dissociation de la matière pendant l'oxydation du phosphore. — Le phosphore est un des corps dont la radioactivité est la plus intense. Pour la constater, on frotte le phosphore avec une peau humide, placée ensuite sur l'électroscope : on observe 80° de décharge par minute (déduite de la perte pendant 20 secondes) et quel que soit le sens de la charge. La dose employée a été 1 centigramme de phosphore. Quand la peau est sèche, la décharge s'arrête presque entièrement. Le phosphore rouge et le sesquisulfure de phosphore sont sans action.

L'action du phosphore tient à des causes mal déterminées encore, mais qui ne paraissent pas dues seulement à une oxydation ni à une hydratation. En desséchant très soigneusement le phosphore au moyen de l'appareil représenté fig. 51, la phosphorescence est extrêmement légère, alors qu'elle devient très vive sous l'influence d'une trace de vapeur d'eau.

Les nombreux mémoires publiés depuis un siècle sur la question n'ont pas encore élucidé les causes de la phosphorescence du

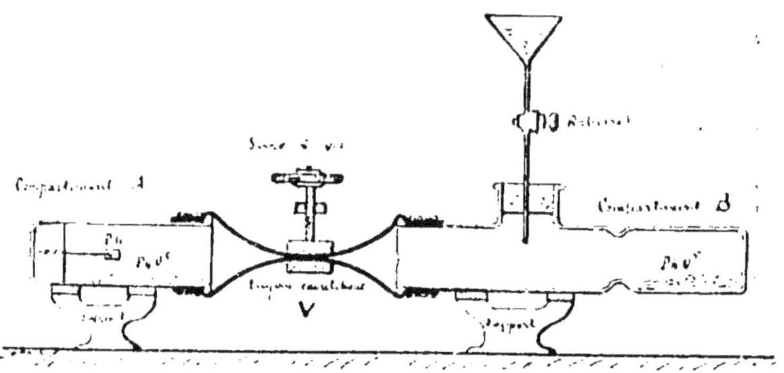

FIG. 51.

Appareil de Gustave Le Bon et Martin, employé pour déterminer le rôle de la vapeur d'eau dans la phosphorescence du phosphore.

Les deux compartiments A et B étant garnis d'acide phosphorique anhydre, on introduit en A du phosphore, puis on sépare A de B en serrant la vis V. Le phosphore absorbe l'oxygène de A, brille puis s'éteint. On desserre alors la vis V, et l'air sec de B pénètre en A. Il y a aussitôt phosphorence très légère, localisée à la surface du morceau de phosphore. Si, alors, au moyen de l'entonnoir représenté sur la figure, on laisse tomber une goutte d'eau dans l'appareil, le phosphore devient beaucoup plus brillant et il se forme autour de lui un nuage lumineux. La vapeur d'eau semble donc jouer un rôle manifeste dans la phosphorescence.

phosphore. Plusieurs auteurs assurent que la phosphorescence se maintient dans un courant d'hydrogène pur soigneusement dépouillé de toute trace d'oxygène, mais nous n'avons jamais rien observé de pareil dans nos expériences. La présence de l'air a toujours paru indispensable.

Les expériences que nous avons exécutées avec le concours de M. Martin, ingénieur de la grande usine de phosphore de Lyon, ont donné les résultats suivants :

1° Dans le vide barométrique le phosphore n'est jamais phosphorescent.

2º Dans une atmosphère d'acide carbonique sec ou saturé de vapeur d'eau, le phosphore ne brille pas. Si on introduit dans le ballon d'acide carbonique contenant le phosphore une simple bulle d'air, cette bulle devient immédiatement phosphorescente.

3º La phosphorescence dans l'air humide ne s'accompagne pas de la production d'hydrogène phosphoré.

4º Il y a pendant la phosphorescence une production d'ozone révélée par la coloration bleue d'un papier de tournesol ioduré. Pour mettre hors de doute sa présence, l'air est dépouillé de l'ozone qu'il pourrait contenir naturellement par son passage à travers deux flacons, l'un qui renferme du mercure, l'autre du protochlorure d'étain. Ainsi dépouillé de son ozone naturel, comme on le constate par l'absence de coloration du papier ioduré, l'air arrive sur du phosphore desséché à 200 degrés dans un courant d'acide carbonique. Le papier ioduré bleuit fortement dès qu'il a traversé le ballon contenant du phosphore. Ce dernier jouit donc de la propriété de transformer en ozone l'oxygène de l'air.

Dans un récent travail fait au laboratoire du professeur J. J. Thomson, à Cambridge, et qui a été publié dans le *Philosophical Magazine* d'avril 1905 sous ce titre « *Radio-activity and Chemical change* ». M. Norman Campbell a combattu mes conclusions sur la radio-activité par réactions chimiques. Il ne conteste pas la décharge observée à l'électroscope, mais il l'attribue à l'action de la chaleur produite par diverses réactions. Il se déclare d'ailleurs incapable d'expliquer comment la chaleur peut produire la déperdition électrique observée.

Je n'ai jamais songé à contester l'influence de la chaleur dont j'ai expliqué les effets dans un précédent chapitre en montrant qu'elle agit en expulsant la provision de radio-activité que les corps contiennent, mais il est bien évident qu'on ne peut invoquer son rôle dans les réactions chimiques qui ne s'accompagnent d'aucune élévation de température, telles que l'hydratation du sulfate de quinine pendant son refroidissement, l'oxydation du phosphore, etc. Il y a au contraire des réactions accompagnées d'élévation de température, telles que l'oxydation du sodium, qui ne produisent aucune radio-activité. L'influence de la chaleur et celles des réactions chimiques constituent deux facteurs dont l'action est très distincte bien qu'ils puissent parfois se superposer.

CHAPITRE VIII

Expériences sur les origines de la dissociation des corps spontanément radio-actifs.

Les expériences qui vont suivre furent faites au début de la découverte des corps radio-actifs pour prouver que leur dissociation,
contrairement à l'opinion alors reçue, était sous la dépendance de
certaines réactions chimiques de nature inconnue, mais se rapprochant de celles qui produisent la phosphorescence.

Les phénomènes de radio-activité, c'est-à-dire l'émission d'effluves,
obtenus avec l'uranium, le thorium et le radium, sont très notablement modifiés par la chaleur et par l'humidité. La chaleur
prolongée excite d'abord la radio-activité qui augmente beaucoup,
mais ne peut plus être ramenée à son degré primitif qu'après un
long repos. Quant à l'hydratation, elle supprime la phosphorescence,
et réduit la radio-activité.

La réduction de l'action sur l'électroscope par l'hydratation
varie beaucoup suivant les corps. Voici les chiffres obtenus avec
diverses substances radio-actives, d'abord desséchées à 200° puis
broyées avec leur poids d'eau.

	DÉCHARGE
2 grammes de nitrate d'urane desséché	26° en 10 minutes.
Même quantité de nitrate d'urane hydraté.	7° en 10 —
2 grammes d'oxyde rouge d'urane desséché.	37° en 10 —
Même quantité d'oxyde rouge d'urane hydraté.	5° en 10 —
2 grammes d'oxyde de thorium desséché.	45° en 10 —
Même quantité d'oxyde de thorium hydraté	17° en 10 —
2 grammes de bromure de radium de faible activité desséché	30° en 5 secondes.
Même quantité de bromure de radium hydraté.	10° en 5 —

Je dois ajouter que si l'eau agit chimiquement, elle agit partiellement aussi, par absorption d'une partie des particules émises,
c'est-à-dire comme un écran.

Mouillés ou simplement exposés à l'humidité, les corps radio-
actifs perdent toute phosphorescence, ce qui n'est pas du tout le

cas des corps phosphorescents ordinaires, et on ne la leur rend qu'en les chauffant au rouge blanc.

La température joue également un rôle considérable dans la phosphorescence des corps radio-actifs. Il suffit de chauffer les sels de radium pour leur faire perdre momentanément leur phosphorescence. La température à employer varie suivant les échantillons, qui sont de composition évidemment très variable. Pour certains d'entre eux, il faut une température de 500°, et la phosphorescence reparaît dès que le corps se refroidit. Pour d'autres échantillons, une température de 225° suffit, et le corps ne reprend pas sa phosphorescence en se refroidissant, mais seulement au bout de quelques heures et parfois même de quelques jours.

En dehors des considérations précédentes déduites de l'action de la chaleur et de l'humidité, l'expérience suivante semble bien indiquer l'existence de ces combinaisons chimiques nouvelles que j'ai étudiées ailleurs, combinaisons dans lesquelles un des éléments est en proportion infinitésimale par rapport à l'autre.

Après avoir déterminé la radio-activité de 30 grammes de chlorure de thorium, lesquels, étalés sur une cuve métallique carrée, de 10 centimètres de côté, posée sur l'électroscope, donnent 9° de décharge par minute, on les dissout dans l'eau, on y ajoute 1 gramme de chlorure de baryum, corps ne possédant aucune radio-activité et on précipite le chlorure à l'état de sulfate, par une petite quantité d'acide sulfurique. On recueille sur un filtre un produit dont le poids est de 7 décigrammes. Ces 7 décigrammes posés sur le plateau de l'électroscope donnent 16° de décharge, alors que tout au plus on devrait obtenir 9°, puisque ce qu'on a extrait d'actif du chlorure de thorium, s'il ne s'agit pas d'une réaction chimique, ne peut être supérieur à ce qui s'y trouvait. Le chlorure de thorium restant n'a perdu que la moitié de son activité.

Je dois faire remarquer, cependant, que toutes les mesures de radio-activité des corps par l'électroscope n'ont pas une valeur quantitative bien précise. Je n'en tire des conclusions qu'avec réserve, depuis que j'ai constaté l'extrême influence du plus ou moins grand degré de division de la matière sur laquelle on opère. J'ai dit plus haut que les 7 décigrammes de matière précipitée avaient donné 16° de décharge, mais le filtre employé, qui ne contenait presque plus rien, sinon la matière très fine restée sur ses bords, a donné 40° de décharge par minute sur l'électroscope. Il ne contenait cependant que quelques milligrammes au plus de matière, mais étendue sur une grande surface.

On peut montrer plus simplement encore l'influence de la division de la matière sur sa radio-activité par l'expérience suivante : 1 gramme de chlorure de thorium pur est étalé en poudre sur le plateau de l'électroscope et donne une décharge de 1° par minute.

On dissout le même gramme dans 2 centimètres cubes d'eau distillée, et on imbibe avec cette solution une feuille de papier à filtrer carrée de 10 centimètres de côté, on la laisse sécher et on l'étend sur le plateau de l'électroscope. La décharge s'élève alors à 7° par minute, soit 7 fois plus qu'avec le même produit en poudre fine.

La même feuille de papier étant repliée de façon à réduire sa surface, la décharge tombe à 3°.

Les mêmes phénomènes s'observent avec l'uranium. Nous posons sur l'électroscope un petit bloc d'uranium métallique pesant environ 30 grammes. Il donne 12° de décharge en 10 minutes. Nous prenons le tiers du même bloc, soit 10 grammes, que nous réduisons en poudre et que nous étalons sur une cuve métallique ayant 10 centimètres de côté, posée sur le plateau de l'électroscope. La décharge s'élève à 28° environ en 10 minutes. Donc par le seul fait que nous avons augmenté la surface du corps radio-actif, une quantité trois fois moindre de la même substance donne une décharge deux fois plus grande.

La décharge que les corps radio-actifs produisent se réduit donc avec la diminution de la surface dans de grandes proportions.

Cette réduction n'est pas cependant proportionnelle à la surface. Dès que la couche d'un corps radio-actif atteint une certaine épaisseur, les quantités nouvelles qu'on ajoute, et qui ne font qu'augmenter cette épaisseur, sont sans action. Les choses se passent comme si ces corps étaient capables d'absorber les radiations qu'ils émettent.

50 ou 25 grammes de thorium étalés dans une cuve de même dimension (12×17^{cm}) de surface de façon à la couvrir entièrement, donnent exactement la même décharge (11° par minute). Si on met les mêmes quantités (50 grammes ou 25 grammes) dans une cuve plus petite, la décharge ne sera que de 7° par minute.

CHAPITRE IX

Expériences sur l'ionisation des gaz.

C'est dans les gaz qu'a été observée d'abord la dissociation des corps simples et cela à une époque où on ne songeait guère à parler de dissociation des atomes. Le phénomène était alors décrit sous le nom d'ionisation. Ce terme doit en réalité être considéré comme absolument synonyme de celui de dissociation de la matière, ainsi que je l'ai dit déjà.

Les produits de la dissociation des atomes des gaz sont de même nature que ceux obtenus par la dissociation des autres corps, tels que les métaux. Le rapport de leur charge électrique à leur masse est toujours le même. Leurs propriétés varient seulement comme il a été expliqué ailleurs suivant que l'ionisation se fait à la pression ordinaire ou dans un gaz très raréfié, tel que celui de l'ampoule de Crookes.

Ioniser un gaz ou, en d'autres termes le dissocier, consiste à retirer de ses atomes, ces éléments connus sous le nom d'ions, portant les uns, une charge électrique positive, les autres une charge négative.

Ces ions de signes contraires sont toujours en quantité équivalente, ce qui fait, comme l'a observé J. J. Thomson, que la masse d'un gaz ionisé prise dans son ensemble, ne révèle aucune charge électrique. Cette constatation est d'ailleurs conforme à tout ce que nous savons depuis longtemps sur l'électricité. Il est impossible de produire une charge électrique, de signe quelconque, sans créer en même temps une charge exactement égale de signe contraire. Quand on décompose, par exemple, le fluide électrique par le frottement, le corps frottant contient une quantité d'électricité rigoureusement égale à celle du corps frotté, mais de nom contraire.

Donc, un gaz ionisé, pris dans son ensemble, ne révèle aucune charge électrique, mais si on le dirige entre deux plaques métalliques parallèles, chargées l'une d'électricité positive, l'autre d'électricité négative, les ions de noms contraires sont attirés par cha-

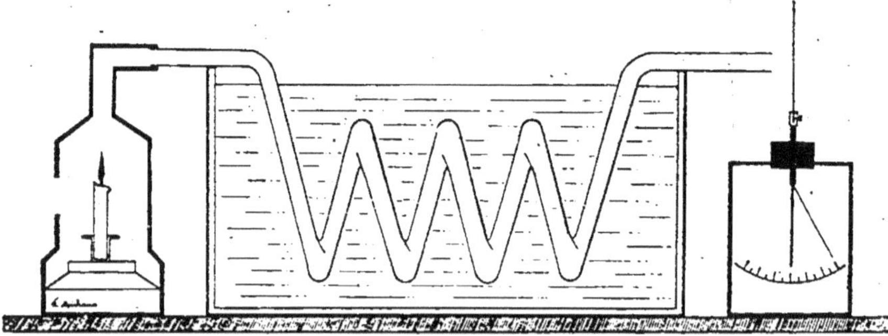

Fig. 52.

Expériences sur les propriétés des gaz dissociés par les flammes.

Les ions produits dans cette forme de la dissociation de la matière se neutralisent avec une extrême lenteur puisqu'ils peuvent traverser un long serpentin métallique et décharger l'électroscope à sa sortie.

cune des deux plaques, et on constate, au moyen d'un électromètre, la neutralisation d'une partie de la charge des plaques.

Que deviennent les ions positifs et négatifs formés dans une masse gazeuse? Un gaz ionisé garde sa conductibilité pendant quelque temps, mais il ne la garde pas toujours, et on finit par ne plus pouvoir y constater de charge électrique. On en conclut que les ions positifs et négatifs se sont recombinés.

La vitesse de recombinaison des ions varie tout à fait suivant les corps d'où ils émanent.

Elle paraît proportionnelle au nombre des ions présents, et c'est pourquoi, pour les gaz ionisés par les corps très actifs, tels que le radium, elle est fort rapide. La recombinaison des ions est rendue bien plus rapide par la présence de particules solides comme on le constate en insufflant de la fumée de tabac entre deux plaques métalliques chargées d'électricité, traversée par un gaz ionisé.

On admet généralement aujourd'hui que tous les ions, quelle que soit leur origine, sont semblables et cette opinion est surtout fondée sur l'identité de leur charge électrique. Mes expériences m'ont conduit à admettre au contraire que les divers ions doivent pré-

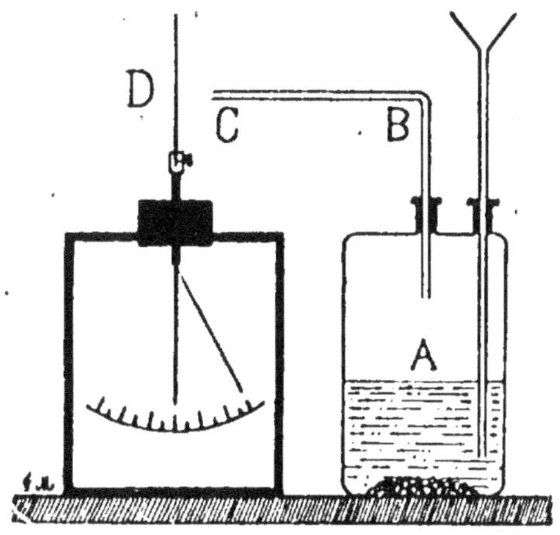

Fig. 53.

Recombinaison des ions obtenus dans la dissociation de la matière par les réactions chimiques. — A, flacon contenant de l'eau et de l'amalgame de sodium. C B, tube conduisant le gaz ionisé devant l'électroscope chargé D. Les ions engendrés dans cette forme de la dissociation de la matière se neutralisant très vite, il suffit de donner une certaine longueur au tube C B pour que la décharge de l'électroscope devienn presque nulle contrairement à ce qui s'observe dans l'expérience représentée fig. 52. C'est pour cette raison qu'il est préférable d'employer le dispositif, représenté fig. 50, pour étudier la dissociation de la matière par réactions chimiques.

senter entre eux de notables différences. J'ai observé, en effe que la rapidité de leur recombinaison ou plutôt de leur disparition — pour ne rien préjuger — varie beaucoup suivant leur origine. Voici par exemple trois cas où, d'après mes recherches, les ions se conduisent très différemment :

1° *Ions produits par la combustion.* — Ils peuvent traverser un tube métallique refroidi de 2 mètres de longueur comme le prouve l'action qu'ils exercent sur un électroscope placé à l'extrémité de ce tube (fig. 52), mais une couche d'eau de faible épaisseur les arrête;

2° *Ions produits par certaines réactions chimiques.* — Je mentionnerai seulement parmi ces réactions la formation de l'hydrogène par l'action de l'amalgame de sodium sur l'eau. Les ions obtenus disparaissent presque entièrement après avoir traversé quelques centimètres de tube (fig. 53);

3° *Ions produits par l'oxydation du phosphore.* — En faisant barboter à travers un flacon contenant de l'eau, de l'air ayant traversé un ballon renfermant des fragments de phosphore très divisé, on constate par l'action de l'air sur l'électroscope que tous les ions n'ont pas été retenus par l'eau, comme cela s'observe avec ceux obtenus dans les opérations précédentes.

On voit par les trois exemples que je viens d'indiquer que les ions peuvent présenter entre eux de réelles différences malgré leurs incontestables analogies.

La quantité de molécules gazeuses pouvant être ionisées dans une masse de gaz donnée est relativement très faible, quelque énergique que puisse être le procédé d'ionisation employé. S'il en était autrement, on arriverait facilement à extraire des atomes une quantité colossale d'énergie. Rutherford évalue à une par 100 millions, le nombre de molécules dissociées ou plutôt ayant subi un commencement de dissociation dans un gaz. On arrive à ce chiffre par diverses méthodes, notamment en déterminant le nombre de gouttes d'eau résultant de la condensation de la vapeur d'eau produite par la présence des ions. Bien que cette quantité paraisse minime, le chiffre des ions est encore très considérable en raison du nombre de particules que contient un gaz, et qu'on évalue à 36 millions de milliards par millimètre cube. Un millimètre cube d'un gaz pourrait donc contenir 360 millions de particules ayant subi un commencement de dissociation.

CHAPITRE X

Expériences sur la dissociation spontanée de la matière et sur l'existence dans tous les corps d'une émanation analogue à celle des substances radio-actives.

L'enchaînement de nos expériences nous a conduit à découvrir l'existence dans tous les corps d'une émanation analogue à celle des substances radio-actives, ce qui démontre que tous les corps se dissocient spontanément. Voici comment nous avons été conduit à cette démonstration.

Dans le but d'étudier la transparence des métaux pour les particules de matière dissociée, soit par la lumière soit par la combustion, j'avais employé l'électroscope condensateur décrit précédemment, c'est-à-dire un électroscope entouré d'une cage de Faraday et constaté une décharge i..portante sous l'influence d'une chaleur assez faible pour n'élever la température de ses parois que d'une trentaine de degrés.

La première explication était évidemment que le cylindre métallique était transparent pour les radiations. Voici les expériences qui m'ont montré que la cause principale du phénomène n'était pas due à de la transparence, mais à une émanation du métal identique à celle qu'on observe dans les corps radio-actifs, tels que le thorium, l'uranium, etc., et que très postérieurement à mes recherches (publiées dans la *Revue Scientifique* du 22 novembre 1902, page 650) J. J. Thomson a signalée dans tous les corps.

Reprenons l'appareil représenté fig. 49. Il nous permettra de constater les faits suivants :

Si la décharge se fait en exposant l'instrument au soleil elle n'est notable que si la température du soleil est assez élevée pour échauffer le métal.

Avec la lumière ultra-violette des étincelles électriques, bien plus active que la lumière solaire, mais qui n'échauffe pas le métal, la décharge est presque nulle.

En disposant l'appareil comme il est indiqué fig. 49 pour étudier l'action de la chaleur, on constate qu'après avoir répété 5 ou 6 fois l'expérience, le métal qui donnait une décharge d'une dizaine de degrés par minute, en donne bientôt très peu, puis pas du tout, et ne reprend ses propriétés qu'au bout de quelques jours.

Si, quand un cylindre est très actif sous l'influence de la chaleur des gaz de la flamme, on retire la lanterne, la décharge continue pendant deux ou trois minutes, comme si l'intérieur du cylindre contenait quelque chose pouvant neutraliser une certaine quantité de l'électricité dont est chargé l'électroscope.

L'action produite par la chaleur peut être facilement séparée de celle due à la transparence du métal pour des particules de matière dissociée. L'action des gaz ionisés et celle de la chaleur sont deux effets indépendants qui se superposent, mais qu'il est possible de séparer. Une légère élévation de température produit une assez forte décharge. Les gaz refroidis par leur passage à travers un long serpentin ne produisent au contraire qu'une très légère décharge. Le métal, dans ce dernier cas, se conduit comme s'il était transparent. Les parois de la cage de Faraday, employée dans cette dernière expérience, n'avaient que $0^{mm},2$ d'épaisseur.

On peut, même sans action de la chaleur, constater dans les corps ordinaires une émanation constante de matière dissociée, mais en quantité extrêmement faible. Pour la voir apparaître, il est nécessaire de l'obliger à s'accumuler dans un petit espace. Il suffit de replier un métal sur lui-même de façon à le transformer en un petit cylindre identique a celui qui entoure la boule de l'électroscope condensateur représenté précédemment. On le bouche à sa partie inférieure, on l'abandonne huit jours dans l'obscurité et — toujours sans sortir de l'obscurité, afin d'éviter toute influence possible de la lumière — on le met sur le disque isolant de l'électroscope pour étudier sa radio-activité. On constate alors, après avoir chargé tout le système exactement comme nous l'avons expliqué, que l'on obtient une décharge de 1 à 2° par minute. Le métal perdant rapidement ce qu'il a accumulé, il n'y a bientôt plus de décharge. Beaucoup d'autres corps que les métaux, un cylindre de buis notamment, produisent le même effet.

Le métal qui a cessé d'agir sur l'électroscope n'a pas pour cela épuisé toute sa provision de radio-activité. Il a simplement perdu ce qu'il peut émettre à la température à laquelle on opère. Mais de même que pour les corps phosphorescents ou les matières radio-actives, il n'y a qu'à le chauffer un peu pour arriver à lui faire produire encore une émission plus considérable d'effluves actifs. il suffit pour cela d'opérer exactement comme il est indiqué figure 49, mais afin d'éviter certaines objections on remplace la lanterne contenant une bougie par une petite masse de métal chauffée à 400°, c'est-à-dire au-dessous du rouge, et disposée à 3 centimètres de la cage de Faraday. Bien que les parois de cette dernière ne s'échauffent par rayonnement qu'à 35° environ, cela suffit pour donner une décharge de 5 à 6° par minute, qui dure deux ou trois minutes et s'arrête quand le métal a épuisé toute sa provision de radio-activité. Il ne pourra la reprendre ensuite que par le repos.

On voit que dans toutes les expériences précédentes les choses se passent de la même façon que si le métal contenait une provision limitée de quelque chose — agissant exactement comme l'émanation des matières radio-actives — qu'il émettrait rapidement par la chaleur mais ne récupérerait ensuite que par le repos.

Cette théorie du dégagement sous l'influence de la chaleur, d'effluves de particules de matière dissociée, dont les éléments se reforment lentement par le repos, a l'avantage de rapprocher tous les corps des substances dites radio-actives comme le thorium et le radium, qui semblaient constituer de bizarres exceptions. La seule différence est que l'émanation de ces derniers se reconstituerait à mesure que se fait la perte. Dans les métaux ordinaires, au contraire, la perte ne se répare que très lentement, d'où la nécessité de laisser le métal se reposer pendant quelque temps.

Ces expériences prouvent en tout cas nettement le phénomène de la dissociation spontanée de la matière. Je répète que J. J. Thomson est arrivé plus tard à la même conclusion par une méthode différente.

CHAPITRE XI

Expériences sur l'absence de radio-activité des corps simplement très divisés.

La division de la matière, si loin qu'on puisse la pousser, ne produit aucun des effets de sa dissociation. La chose semble évidente *à priori*, mais il n'était pas inutile de la vérifier par l'expérience.

L'état de division le plus grand sous lequel nous connaissions la matière semble être celui dans lequel les corps émettent des odeurs. Le sens de l'odorat est alors bien plus sensible que la balance du chimiste, puisque de petites quantités de substances odorantes peuvent parfumer pendant longtemps plusieurs mètres cubes d'air sans perdre sensiblement de leur poids.

Si divisées que soient ces particules, elles n'ont aucune des propriétés de la matière à l'état de dissociation, et, par conséquent, ne rendent pas l'air conducteur de l'électricité. J'ai expérimenté sur les corps les plus odorants que j'aie trouvés, l'iodoforme, la vanilline et le musc artificiel, notamment. Il n'y a qu'à les introduire dans une cuve métallique placée sur le plateau de l'électroscope. On charge ensuite ce dernier d'abord positivement, puis négativement. On constate que dans les deux cas la décharge est nulle.

Les particules que ces corps dégagent représentent donc un état de simple division et nullement de dissociation de la matière. De la matière ordinaire, si divisée qu'on la suppose, ne saurait être confondue avec de la matière dont les atomes sont dissociés. La vaporisation ou la pulvérisation, qui ne touchent pas à l'atome, ne sauraient produire les mêmes effets que sa dissociation.

CHAPITRE XII

Expériences sur la variabilité des espèces chimiques

Les corps simples sur lesquels ont porté nos expériences, sont le mercure, le magnésium et l'aluminium, éléments qui, à l'état normal, ne peuvent former entre eux aucune combinaison. En les soumettant à certaines conditions de choc ou de pression, nous les forcerons à former des mélanges dans lesquels un des éléments sera en proportion infiniment faible par rapport à l'autre. Cela suffira pour que ces métaux acquièrent des propriétés chimiques entièrement nouvelles.

Voici, du reste, le tableau des propriétés principales de ces corps à l'état ordinaire, et des mêmes corps transformés :

PROPRIÉTÉS CLASSIQUES DES MÉTAUX A L'ÉTAT NATUREL	PROPRIÉTÉS NOUVELLES DES MÊMES·MÉTAUX TRANSFORMÉS
Mercure. — Ne décompose pas l'eau à froid et ne s'oxyde pas à l'air.	*Mercure contenant des traces de magnésium.* — Décompose l'eau à froid et se transforme instantanément à l'air en poudre noire volumineuse.
Magnésium. — Ne décompose pas l'eau à froid et ne s'oxyde pas à l'air.	*Magnésium transformé.* — Décompose l'eau à froid, mais ne s'oxyde pas à sec.
Aluminium. — Ne décompose pas l'eau à froid et ne s'oxyde pas. N'est pas attaqué par les acides sulfurique, nitrique et acétique.	*Aluminium transformé.* — S'oxyde instantanément à sec et se couvre de houppes blanches épaisses d'alumine. Décompose vivement l'eau jusqu'à disparition complète du métal en se transformant en alumine. Est attaqué violemment par les acides nitrique, sulfurique et acétique. Possède une force électro-motrice double de celle de l'aluminium ordinaire.

Examinons maintenant en détail les transformations que nous venons d'indiquer sommairement.

Voici d'abord la façon d'opérer pour obtenir ces transformations :

Transformation des propriétés du mercure. — Si on pose un fragment de magnésium sur un bain de mercure, le contact des deux métaux pourra être maintenu aussi long-temps qu'on voudra sans qu'ils se combinent. Si on les secoue fortement dans un flacon, le magnésium n'est pas davantage attaqué. A l'état ordinaire, ces deux métaux refusent donc de se combiner, mais il va suffire de modifier très légè-rement les conditions physiques où ils se trouvent habituellement pour qu'ils puissent s'associer en très faible proportion.

Pour obliger le mercure à dissoudre une petite quantité de magnésium, il suffit de faire interve-nir une légère pression. Cette pression constitue une de ces causes en rapport avec l'effet à produire, un de ces réactifs appropriés dont j'ai signalé à plusieurs reprises l'importance dans cet ouvrage.

Cette pression peut être légère, mais il faut qu'elle soit continue. Pour l'obtenir, nous n'avons qu'à remplir un tube de mercure et le fermer avec un bouchon traversé par une lame de magnésium soigneu-sement nettoyée avec du pa-pier à l'émeri (fig. 54). En obturant ensuite le tube avec le bouchon, le magnésium reste plongé dans le mer-cure sans pouvoir venir flot-ter à sa surface. Soumis à cette faible pres-sion, il est légèrement attaqué dans un temps qui peut varier de quelques minutes à quelques heures, suivant la qualité du métal et la perfection du nettoyage. Les pro-priétés du mercure sont alors profondément modifiées.

Il jouit de la propriété, aussi curieuse qu'imprévue, de paraître s'oxyder rapide-ment dans l'air sec et il décompose vive-ment l'eau dès qu'on le plonge dans ce liquide (fig. 55).

Pour constater l'oxydation apparente à sec du mercure, il n'y a qu'à le verser dans un verre quelconque bien essuyé. Sa surface se recouvre instantanément d'une poudre noire qui se reforme à mesure qu'on l'enlève. Si on ne l'enlève

Fic. 54.

Dispositif em-ployé pour obte-nir la transfor-mation des propriétés du mercure en le combinant sous l'influence d'une légère pression avec des traces de magnésium.

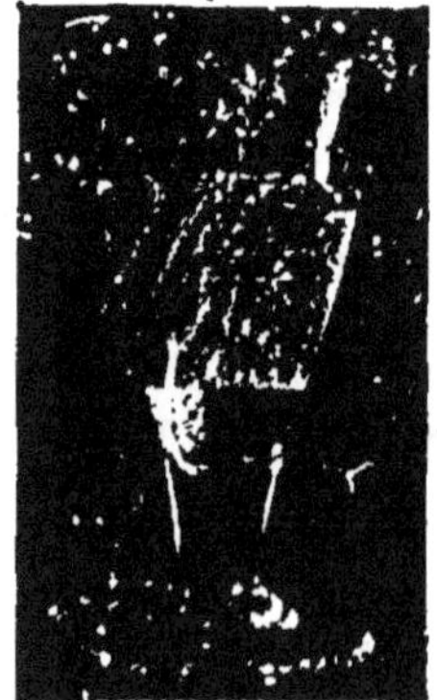

Fic. 55.

Décomposition de l'eau par du mercure con-tenant une trace de magnésium. (Photo-graphie instantanée.)

pas, la couche d'oxyde atteint bientôt un centimètre d'épaisseur. Cette oxydation permanente dure plus d'une heure.

L'oxydation du mercure n'est d'ailleurs qu'apparente. Ce n'est pas en réalité le mercure qui s'oxyde mais les traces de magnésium qu'il contient. En s'oxydant le magnésium transforme le mercure en une poudre noire impalpable qui occupe un volume considérable.

Pour constater la décomposition de l'eau par le mercure, on le verse dans un verre plein de ce liquide, dès qu'il a cessé d'être en contact avec le magnésium. La décomposition de l'eau est immédiate. Elle se ralentit au bout d'un quart d'heure, mais dure pendant plus d'une heure.

Le mercure modifié perd rapidement à l'air ses propriétés, mais on peut le conserver indéfiniment avec ses propriétés nouvelles en le recouvrant simplement d'une légère couche d'huile de vaseline.

Transformation des propriétés du magnésium. — Si dans l'expérience précédente, au lieu de mettre un mince fragment de magnésium dans le mercure sous pression, on y introduit une lame d'une certaine épaisseur, 1 millimètre par exemple, on constate en retirant cette lame au bout de deux ou trois heures et la plongeant dans de l'eau, que le liquide est vivement décomposé (fig. 56). L'hydrogène de l'eau se dégage, l'oxygène se combine avec le métal pour former de la magnésie. L'opération se continue pendant environ une heure, et, comme pour le mercure, finit par s'arrêter. Si, après avoir plongé le magnésium dans l'eau, on le retire, sa température s'élève considérablement et il s'oxyde à l'air.

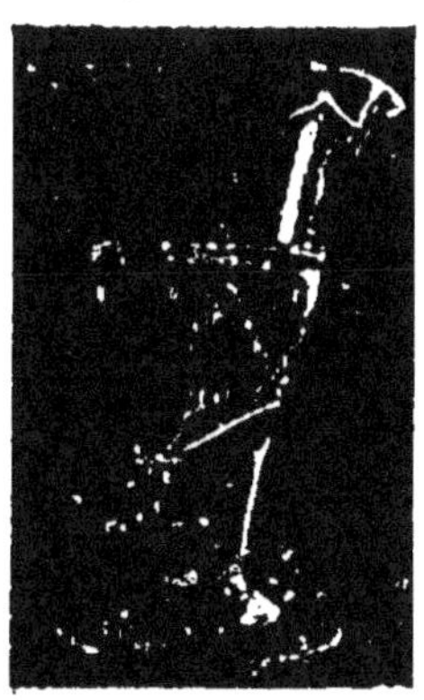

Fig. 56.
Décomposition de l'eau par du magnésium contenant des traces de mercure. (Photographie instantanée.)

Cette oxydation du magnésium à l'air, est — contrairement à ce que nous avons vu pour le mercure, et contrairement à ce que nous verrons pour l'aluminium — fort légère et ne se manifeste que si le métal est mouillé. Retiré du mercure et essuyé de suite avec un linge sec, il ne s'oxyde pas, mais garde indéfiniment la propriété de décomposer l'eau si on le conserve dans un endroit bien sec.

Dans les expériences qui précèdent, nous avons opéré sans l'intervention d'aucun réactif, simplement en mettant en présence deux métaux qui ne se mélangent pas à l'état ordinaire, mais que nous avons forcés à pénétrer l'un dans l'autre en faisant agir une légère pression. L'opération demande plusieurs heures. Elle n'exige que quelques secondes si nous faisons intervenir un réactif qui, par le fait seul qu'il attaque le magnésium, diminue sa résistance à l'action du mercure.

Dans un large flacon, introduisons quelques centimètres cubes de mercure, une lame de magnésium, de l'eau contenant 1 % d'acide chlorhydrique, et secouons fortement le flacon pendant 10 secondes. Retirons alors le magnésium, lavons-le rapidement pour le débarrasser de toute trace d'acide chlorhydrique, essuyons-le et jetons-le dans une éprouvette pleine d'eau. Il décomposera de suite ce liquide. Retiré du flacon et versé dans un verre plein d'eau, le mercure la décomposera également.

Transformation des propriétés de l'aluminium. — Les expériences avec l'aluminium sont bien plus frappantes que celles faites avec le magnésium.

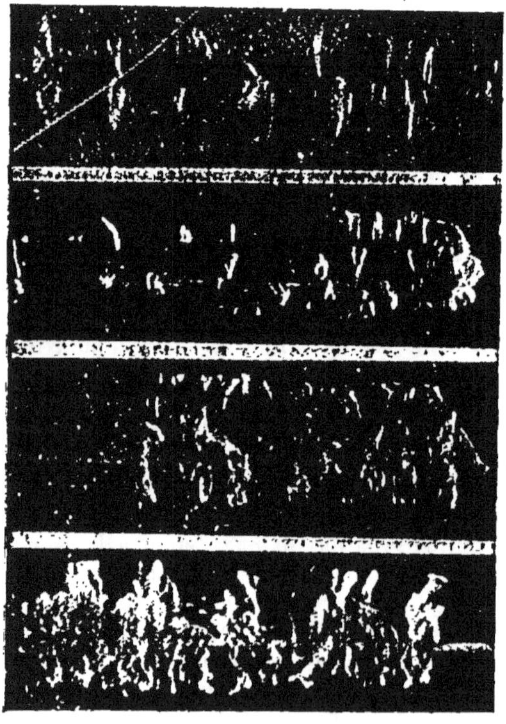

Faire naître immédiatement sur la surface d'un miroir poli d'aluminium une végétation de gerbes épaisses, blanches comme la neige, constitue une des plus curieuses expériences de la chimie, une de celles qui ont le plus frappé les savants auxquels je l'ai montrée. Sa réalisation est fort simple.

On peut, comme pour le magnésium, faire agir le mercure sous pression, mais l'action du choc est bien plus rapide.

Il suffit d'introduire dans un flacon contenant quelques centimètres cubes de mercure des lames d'aluminium polies

Fig. 57 à 60.

Formation de gerbes d'alumine sur des lames d'aluminium recouvertes de traces invisibles de mercure. (Photographie instantanée.)

au rouge d'Angleterre ou simplement nettoyées à l'émeri et secouer très fortement le flacon pendant deux minutes [1]. Si l'on retire ensuite une des lames, qu'on l'essuie soigneusement et qu'on la pose verticalement sur un support, on la voit se couvrir presque instantanément de gerbes blanches d'alumine, qui en quelques minutes finissent par atteindre 1 centimètre de hauteur (fig. 57 à 60). Au début de l'expérience, la température de la lame s'élève jusqu'à 102°.

L'oxydation qui précède ne se manifeste pas si l'aluminium est introduit dans de l'air ou de l'oxygène complètement desséchés. La présence d'une petite quantité de vapeur d'eau est donc indispensable pour la production du phénomène. L'alumine qui se forme est d'ailleurs toujours hydratée.

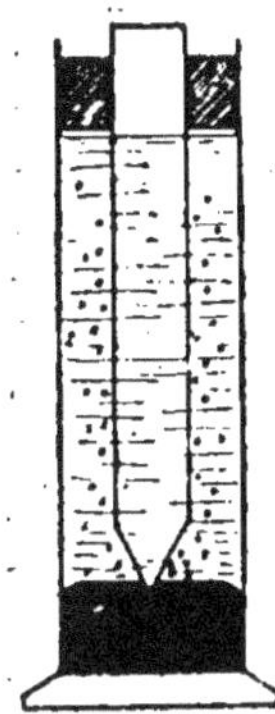

Fig. 61.

Dispositif de l'expérience permettant de donner à une lame d'aluminium, ayant touché, par sa pointe, du mercure, la propriété de décomposer l'eau et de se transformer entièrement en alumine, alors même qu'on enlève le mercure quand la décomposition de l'eau est commencée.

Si, au lieu de poser l'aluminium sur un support, on le jette dans un vase plein d'eau immédiatement après l'avoir retiré du mercure, il décompose énergiquement ce liquide et se transforme en alumine. L'opération ne s'arrête que quand l'aluminium est entièrement détruit, destruction complète qui ne s'observe jamais avec le magnésium. Une lame d'aluminium de 1 millimètre d'épaisseur, de 1 centimètre de largeur et de 10 centimètres de longueur est entièrement détruite par oxydation en moins de 48 heures.

Comme pour le mercure transformé, il est facile de conserver indéfiniment à l'aluminium modifié toutes ses propriétés en le plongeant simplement dans un flacon d'huile de vaseline.

On peut se rendre compte de la faible quantité de mercure nécessaire pour transformer aussi profondément les propriétés de l'aluminium, en introduisant dans une éprouvette pleine d'eau distillée et contenant une petite quantité de mercure une lame d'aluminium nettoyée à l'émeri et maintenue par le bouchon de façon qu'elle ne puisse toucher le mercure que par son extrémité inférieure (fig. 61). Au bout de quelques heures, l'eau commence à se décomposer, et la décomposition, alors même qu'on retire le mercure, se poursuit

---

1. Tous les chiffres que je donne dans ce travail devront être suivis très exactement par les personnes qui voudront répéter mes expériences. Les chocs répétés produits par des secousses tendent à engendrer des combinaisons qui ne se manifestent pas autrement. C'est en imprimant environ 3,000 secousses à un flacon, contenant de l'éthylène et de l'acide sulfurique que M. Berthelot a obtenu, comme on le sait, la synthèse de l'alcool.

jusqu'à ce que la lame soit détruite dans une longueur de 5 à 6 centimètres au-dessus du point où elle touchait le mercure.

Dans cette expérience l'action du mercure s'est donc étendue bien au delà de la partie qu'il a touchée. On peut dès lors supposer que le mercure a envahi la lame d'aluminium, par un phénomène électro capillaire. L'expérience suivante est à l'abri de cette objection et montre mieux encore la faible quantité de mercure nécessaire pour transformer les propriétés de l'aluminium.

Dans un flacon sec, et très propre, on introduit une petite quantité de mercure distillé pur, on secoue ce flacon pendant une minute et on retire le mercure de façon qu'il n'en reste aucune trace visible sur ses parois qui ont d'ailleurs conservé toute leur netteté, si le métal employé était bien pur. Le flacon a cependant retenu des traces de métal suffisantes pour transformer les propriétés de l'aluminium. Il suffit de le laver avec de l'eau aiguisée de 1/5 d'acide chlorhydrique, d'y mettre une lame d'aluminium, et de secouer le flacon pendant 30 secondes, pour que la lame qu'on en retire jouisse des propriétés d'oxydation signalées, bien qu'il soit impossible de percevoir à sa surface aucune trace d'amalgamation[1].

On peut traduire par des chiffres la dose de mercure nécessssaire pour produire la transformation de l'aluminium. Si, dans un flacon contenant de l'eau acidulé par 1/5 d'acide chlorhydrique, on introduit une trace de bichlorure de mercure assez faible pour que le liquide n'en contienne que 1/12000 de son poids, puis qu'on y mette une lame d'aluminiuinm et qu'on secoue le flacon pendant 2 minutes, l'aluminium a acquis toutes les propriétés que nous avons signalées, bien que, comme dans l'expérience precédente, il ne présente à l'œil aucun trace d'amalgamation.

La force électro-motrice de l'aluminium modifié est plus du double de celle de l'aluminium ordinaire. Avec un couple formé de platine, d'eau pure et d'aluminium ordinaire la force électro-motrice que nous avons trouvée a été de 0ᵛ,75. En remplaçant dans le même couple l'aluminium ordinaire par de l'aluminium modifié, la force électro-motrice s'est élevée à 1v,65.

L'hydrogène qui se dégage pendant la décomposition de l'eau par l'aluminium modifié rend l'air conducteur de l'électricité, comme

---

1. Les conditions dans lesquelles l'aluminium peut se combiner au mercure, sans intervention d'aucun réactif, pouvant se rencontrer dans les laboratoires, j'ai d'abord supposé que quelques-uns des faits que j'avais constatés devaient être connus depuis longtemps. Après avoir inutilement consulté les ouvrages de chimie les plus autorisés sans y trouver autre chose que ce qui concerne l'amalgamation de l'aluminium en présence des bases, je me suis adressé à des chimistes éminents et notamment à M. Ditte, professeur de chimie à la Sorbonne et auteur du travail le plus complet et le plus récent sur les propriétés de l'aluminium. Tous me répondirent qu'aucun des faits que je signalais aussi bien pour l'aluminium que pour le mercure et le magnésium n'avaient été publiés.

on le constate en mettant en relation avec un électroscope une cuve métallique contenant de l'eau et des fragments d'aluminium transformé. La décharge de l'électroscope est à peu près la même, que sa charge soit positive ou négative.

En dehors des propriétés nouvelles de s'oxyder à froid et de décomposer l'eau, que présente l'aluminium, il a encore acquis la propriété d'être attaqué par les acides acétique, sulfurique et nitrique qui sont habituellement sans aucune action sur lui.

Pour observer ces propriétés nouvelles, il faut prendre les précautions suivantes. Pour l'acide acétique, il n'y qu'à employer l'acide acétique pur et cristallisable. Pour l'acide nitrique, il faut plonger le métal retiré du flacon de mercure dans de l'acide nitrique du commerce. Au bout de quelques secondes, le métal est attaqué très violemment avec élévation considérable de température et dégagement d'épaisses vapeurs rutilantes. On rend la réaction moins dangereuse en étendant l'acide nitrique de moitié de son poids d'eau.

Si, au lieu d'acide nitrique du commerce, on employait de l'acide nitrique pur à 40°, l'aluminium ne serait pas attaqué.

La différence d'action entre l'acide nitrique pur et l'acide nitrique impur n'est pas un exemple isolé. On connait depuis longtemps la différence d'action qu'exerce sur le plomb l'eau pure et l'eau ordinaire. L'eau pure l'attaque, alors que l'eau ordinaire ne l'attaque pas. Il suffit de verser de l'eau distillée sur de la limaille de plomb récemment préparée pour que le liquide se trouble en quelques minutes par formation d'oxyde de plomb. Si, au lieu d'eau distillée, on se sert d'eau ordinaire, le liquide reste tout à fait limpide. L'eau ordinaire modifie la surface du métal et y dépose des carbonates et des sulfates insolubles.

L'acide sulfurique n'attaque pas l'aluminium ordinaire, d'après ce qui s'enseigne dans les livres de chimie; mais il attaque énergiquement l'aluminium modifié. L'acide sulfurique pur est à peu près sans action. Il faut se servir d'acide sulfurique étendu de 2 volumes d'eau. Lorsque l'attaque a commencé, on peut ajouter assez d'eau pour que l'acide sulfurique ne soit plus qu'au 1/100. La réaction se continue presque aussi vive. L'acide sulfurique au 1/100, qui a une action presque nulle sur de l'aluminium non attaqué déjà par de l'acide concentré, a donc au contraire une action très grande dès que la réaction est commencée. Il peut par conséquent la continuer, mais non la provoquer.

Le fait que l'acide sulfurique pur ou étendu n'attaque pas l'aluminium ordinaire est enseigné dans les ouvrages de chimie, mais il n'est pas tout à fait exact. L'acide sulfurique pur est en effet sans action, mais étendu de moitié d'eau, il attaque l'aluminium instantanément, quoique moins énergiquement que quand il s'agit d'aluminium modifié. La constatation d'un fait aussi simple ne pouvant prêter à aucune équivoque, il faut bien admettre que la divergence entre ce qui est écrit dans les livres et ce que l'observation permet de constater tient sans doute à ce que les premiers chimistes qui ont étudié l'action de l'acide sulfurique sur l'aluminium ont fait usage d'un métal contenant des corps étrangers, dont la fabrication actuelle a su le débarrasser. Les corps étrangers ajoutés à l'aluminium modifient beaucoup ses propriétés. J'ai trouvé des échantillons d'aluminium impur avec lesquels aucune des expériences précédemment indiquées ne pouvaient réussir.

Dans son remarquable mémoire sur les propriétés de l'aluminium, M. Ditte avait déjà montré que ce métal pouvait être attaqué par les acides, mais seulement en employant divers artifices. Pour que l'acide sulfurique faible agisse, il faut lui ajouter un peu de chlorure de platine : si on emploie l'acide azotique, il faut faire le vide au-dessus du métal plongé dans l'acide. L'attaque est d'ailleurs très lente et nullement violente, comme dans le cas de l'aluminium modifié. M. Ditte a conclu de ses nombreuses expériences que l'aluminium est un métal très facilement attaquable dans une foule de conditions dont plusieurs sont encore indéterminées. Le fait semble indiscutable. On a dû renoncer complètement à l'aluminium dans la Marine et, à moins qu'on ne trouve à l'associer avec un métal qui modifie ses propriétés, on ne saurait songer, comme on l'a proposé, à l'employer pour les constructions métalliques.

CHAPITRE XIII

Expériences sur le passage à travers des obstacles matériels des éléments provenant de la dématérialisation de la matière.

J'ai déjà donné dans le texte de cet ouvrage des photographies qui montrent combien sont variés les équilibres que l'on peut imposer aux particules de matière dissociée en utilisant leurs attractions et répulsions. Il serait inutile d'y revenir maintenant. J'ai également reproduit des photographies montrant qu'en augmentant la vitesse de projection de ces particules, par l'élévation de la tension électrique de l'appareil qui les engendre, on peut les obliger à traverser visiblement des obstacles matériels. L'expérience étant très importante, j'y reviens encore pour bien en indiquer la technique dont je n'ai pas parlé précédemment.

L'appareil employé et représenté fig. 62 est très simple, mais le réglage du grand solénoïde destiné à élever considérablement la tension électrique est assez délicat. Il faut chercher expérimentalement la position à donner à un des fils partant du petit solénoïde pour obtenir le maximum d'effet, c'est-à-dire une longue gerbe d'effluves autour de la boule terminant le solénoïde. La bobine employée doit donner au moins 30 centimètres d'étincelle pour que les effets observés soient très nets. Quand l'appareil est bien réglé on voit sortir de la boule une gerbe d'effluves ayant exactement l'aspect des rayons pointillés reproduits sur le dessin. Ces effluves jouissent de la propriété surprenante de traverser sans être déviés de leur route des lames minces de corps divers : ébonite, verre, etc., interposés sur leur trajet. L'effet ne se produit plus si l'épaisseur de ces lames dépasse 1/2 millimètre.

L'expérience est très frappante. On peut à l'œil nu suivre le trajet de ces rayons, ce qui ne serait pas le cas s'il s'agissait d'une émission secondaire ou d'un phénomène de condensation.

Je ne connais aucune autre expérience où l'on puisse constater le passage visible de particules à travers un obstacle matériel. Je n'ai pas besoin de rappeler que l'étincelle électrique ordinaire peut bien percer un corps solide, ainsi qu'on le constate en plaçant une lame de verre ou de carton entre les deux pôles d'une machine statique ou d'une bobine d'induction. Mais alors le corps est percé, tandis que dans notre expérience les effluves le traversent et ne le.percent pas.

Si on fait passer les effluves obtenus comme il vient d'être indiqué à travers un tube de Crookes sans cathode ni anode métal-

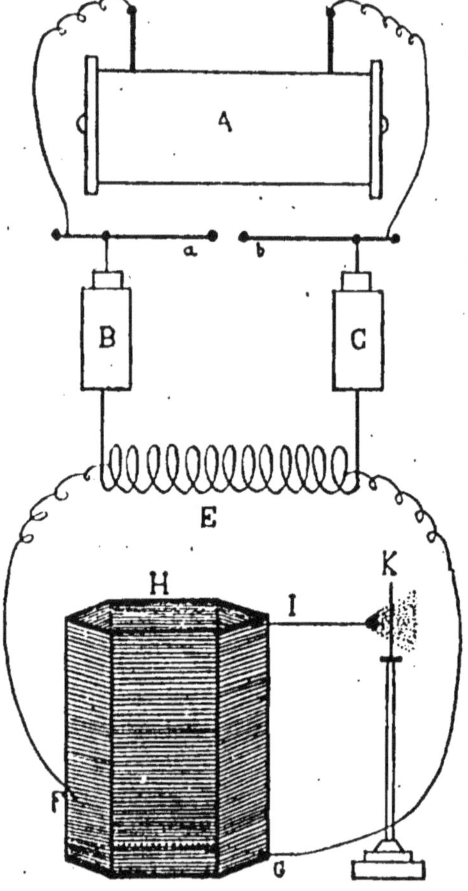

Fic. 62.

Schéma du dispositif permettant de donner aux effluves produites par des particules de matière dissociée une tension suffisante pour traverser des lames minces de corps non conducteurs, tels que le verre et l'ébonite.

A,. bobine d'induction. Elle doit pouvoir donner 30 centimètres d'étincelles au minimum.

BC, bouteilles de Leyde en communication avec les pôles de la bobine. Leurs armatures internes sont en relation avec deux tiges *a*, *b*, terminées par des boules qu'on écarte d'un centimètre environ et entre lesquelles se fait la décharge.

E, petit solénoïde en communication avec les deux armatures externes des bouteilles de Leyde.

H, grand solénoïde formé d'un fil de cuivre enroulé. Il est en relation avec le petit solénoïde E par deux fils GF. La position du fil G est invariable, celle du fil F doit être fixée par tâtonnement jusqu'à ce qu'on obtienne le maximum d'effluves en aigrettes en K.

I, tige métallique fixée à la première spire du solénoïde. C'est à son extrémité que se forment les aigrettes capables de traverser les corps opaques.

K, lame de verre ou d'ébonite traversée par les effluves en aigrettes. Son épaisseur ne doit pas dépasser 1/2 millimètre au maximum.

lique, c'est-à-dire à travers un simple ballon de verre dans lequel on a fait le vide, on obtient une production de rayons X assèz abondante pour montrer nettement le squelette de la main sur un écran de platino-cyanure de baryum. Cette expérience très imprévue a toujours surpris les physiciens auxquels je l'ai montrée.

CHAPITRE XIV

Documents relatifs à l'histoire de la découverte de la dissociation universelle de la matière.

Dans un ouvrage récent, M. Becquerel trace de la découverte de
la radio-activité un historique, dont il a fait reproduire les passages
me concernant dans de petits volumes de vulgarisation. Il y
assure que mes expériences affectent pour la plupart une complication « qui masque la véritable cause des phénomènes observés ».
Il conclut en disant : « Il suffit de lire dans les comptes rendus
les publications de M. Gustave Le Bon pour se convaincre qu'au
moment où il les a faites, l'auteur n'avait aucune idée des phénomènes de radio-activité. »

Évidemment, personne n'ira vérifier dans les comptes rendus de
cette époque (1896 et 1897), les assertions de M. Becquerel, mais,
en supposant qu'on s'y reporte, qu'y verrait-on ?

On y verrait que, pendant trois ans, M. Becquerel s'est donné un
mal énorme, multipliant et variant les expériences, pour prouver
que les radiations émises par l'uranium se polarisent, se réfléchissent et se réfractent, et n'étaient, par conséquent, suivant la
définition de J.-J. Thomson, qu' «une des formes de la lumière »,
opinion que M. Becquerel lui-même a reconnu plus tard être
entièrement erronée.

L'idée que M. Becquerel se faisait alors de la radio-activité était
donc aussi inexacte que possible.

Dans mes publications de la même époque, je soutenais une opinion
exactement opposée à la sienne. Je m'efforçais en effet de prouver
contrairement à ses assertions, que les radiations de l'uranium ne
se réfléchissent pas, ne se réfractent pas et ne se polarisent pas.
Elles n'avaient donc aucune parenté avec la lumière et constituaient
suivant moi une forme d'énergie nouvelle très parente des rayons X.
J'ajoutais que les rayons uraniques étaient identiques aux effluves

émis par tous les corps sous l'influence de la lumière. L'avenir a prouvé l'exactitude de ces diverses assertions que j'étais seul alors à défendre.

L'historique de M. Becquerel constitue donc une inversion tout à fait complète des faits les plus évidents, et, si je voulais me servir des expressions mêmes qu'il emploie à mon égard, à propos des premières expériences sur les phénomènes qualifiés plus tard de « radio-activité », je serais très fondé à dire que c'est lui, qui, à l'époque dont il est question, « n'avait aucune idée des phénomènes de radio-activité. »

Mais puisque les textes des *comptes rendus* de l'Académie des sciences sont invoqués, je vais les rappeler.

Toutes les expériences de M. Becquerel, pour prouver que les rayons émis par l'uranium se réfractent, se réfléchissent et se polarisent, y sont indiquées avec les plus minutieux détails. Il prouvait la réfraction des rayons uraniques par un miroir, leur polarisation par le procédé classique des tourmalines à axes croisés. Ces diverses expériences se contrôlaient l'une par l'autre, et l'auteur est revenu à trois reprises différentes sur ses affirmations, ajoutant chaque fois de nouvelles démonstrations. (*Comptes rendus* 1896, p. 561, 693, 763). Sa dernière expérience de contrôle avait été suivant lui absolument catégorique, et il en tirait la conclusion suivante :

« Cette expérience montre donc à la fois pour les rayons invisibles « émis par les sels d'uranium la double réfraction, la polarisation « des deux rayons, et leur inégale absorption au travers de la « tourmaline. »

On sait — M. Becquerel l'a reconnu plus tard — combien ses expériences étaient inexactes et, par conséquent, à quel point il se faisait une idée fausse de la radio-activité.

« Ce qu'il y a de piquant, écrit M. le professeur de Heen à propos de la polarisation et de la réflexion des rayons uraniques, c'est que M. Becquerel a mis trois ans à se convaincre que le Dr Gustave Le Bon avait raison ; encore est-il qu'un physicien américain a dû venir à la rescousse. »

M. Becquerel s'est d'ailleurs expliqué à ce sujet devant le Congrès de physique de 1900 d'une façon qui laisserait croire que c'est lui qui a découvert spontanément son erreur.

« L'expérience sur la polarisation des rayons uraniques, dit-il, n'a pas donné ultérieurement les mêmes résultats, soit avec les tourmalines soit avec d'autres systèmes. Les mêmes conclusions négatives ont été observées par M. Rutherford et M. Gustave Le Bon[1] ».

Je viens d'indiquer les passages des comptes rendus concernant

---

1. *Congrès de physique*, t. III, p. 34.

les premières expériences de M. Becquerel ; je vais rappeler maintenant ceux qui concernent les miennes. A cette époque (1896 et 1897) je mélangeais encore deux choses très différentes : 1° des radiations infra-rouges qui, contrairement à tout ce que l'on enseignait alors, traversent, ainsi que je l'ai prouvé, la plupart des corps non conducteurs, le bois, la pierre, le papier noir, l'ébonite, etc. ; 2° des radiations émises par les métaux sous l'influence de la lumière et que j'affirmais être identiques aux rayons cathodiques et uraniques, comme cela fut admis ensuite par tous les physiciens.

Voici, d'ailleurs, quelques extraits de mes publications :

« Les radiations obscures engendrées par la lumière à la surface des corps déchargent l'électroscope. Elles traversent les écrans électriques (constitués, comme on le sait, par des lames métalliques). Elles impressionnent les plaques photographiques à travers les corps opaques... *Tous les corps, métaux ou substances organisées, frappés par la lumière donnent naissance à ces radiations.* Elles ne sauraient être confondues avec de l'électricité. Elles se rapprocheraient plutôt par quelques-unes de leurs propriétés, des rayons X. » (*Comptes rendus de l'Académie des sciences*, 5 avril 1897, p. 755.)

Quelques semaines plus tard, je montrais l'analogie de ces radiations émises par les corps sous l'action de la lumière avec les rayons uraniques et concluais ma note en disant: « *Les propriétés de l'uranium ne seraient donc qu'un cas particulier d'une loi très générale* » (*Comptes rendus* 1897, p. 895).

Tout ce qui précède fut développé pendant huit ans dans de nombreux mémoires où je donnais chaque fois des expériences nouvelles. Et mes premières recherches paraissant un peu oubliées par des auteurs qui retrouvaient chaque jour ce que j'avais déjà signalé j'ai rappelé mes publications antérieures dans une note des *Comptes rendus de l'Académie des Sciences* (7 juillet 1902, p. 32) dont voici un extrait :

« *Dès le début de mes recherches sur le mode d'énergie auquel je donnai le nom de lumière noire, j'ai énoncé que les effluves qu'émettent les corps frappés par la lumière sont de même nature que les rayons uraniques, généralement considérés aujourd'hui comme identiques aux rayons cathodiques et constitués par des éléments d'atomes dissociés, porteurs de charges électriques.*

« *Etendant le cercle de ces recherches, j'ai montré plus tard que les mêmes effluves se manifestent dans un grand nombre de réactions chimiques, et j'ai pu conclure que cette production d'effluves sous des influences fort diverses constitue un des phénomènes les plus répandus de la nature.*

« *Depuis cette époque, divers auteurs, Lenard notamment, sont arrivés également à cette conclusion que les métaux frappés par la lumière engendrent des rayons cathodiques déviables par l'aimant.*

« *Tous les effluves se dégageant sous l'action de la lumière
dans les conditions qui viennent d'être exposées présentent les plus
étroites analogies avec les émissions décrites maintenant sous le nom
de radio-activité de la matière. La production de ces dernières
semble donc bien, comme je fus seul à le soutenir pendant longtemps, un cas particulier d'une loi très générale. La loi générale
serait que, sous des influences diverses, les atomes de la matière
peuvent subir une dissociation profonde et donner naissance à des
effluves possédant des propriétés fort différentes de celles des corps
dont ils émanent.* » (Comptes rendus 1902, p. 32).

L'absence de mémoire de quelques physiciens avait déjà frappé
un des plus éminents d'entre eux. M. de Heen, professeur de
physique à l'Université de Liège, quelque peu scandalisé, écrivit
un mémoire : *Quel est l'auteur de la découverte des phénomènes
dits radio-actifs?* (publié par l'Institut de physique de Liège, 1901),
où, s'appuyant uniquement sur des textes, il rétablissait la vérité.
Je n'avais jamais alors vu ce savant professeur et ne connus son
mémoire qu'en le recevant. S'il m'avait consulté avant de le publier, je lui aurais dit que le seul point auquel je tenais était la
démonstration de l'universalité de la radio-activité de la matière,
attendu que le véritable auteur de la découverte de la radio-activité était Niepce de Saint-Victor lequel révéla, il y a cinquante
ans, les propriétés possédées par les sels d'urane d'émettre,
durant plusieurs mois, des radiations dans l'obscurité, ainsi que
je le rappellerai plus loin. Ceux qui ensuite mirent la question
entièrement au point, furent Curie, avec sa belle découverte du
radium, et Rutherford, avec son étude du rayonnement des corps
radio-actifs.

Les livres de vulgarisation dus aux disciples de M. Becquerel,
présentent les faits précédemment rapportés d'une façon tout à
fait différente. Dans l'ouvrage de M. Berget, *Le Radium*, on lit,
page 37 : « alors les travaux de M. Becquerel furent autant de
« conquêtes : il reconnut coup sur coup, en 1896 et 1897, que les
« rayons émis par l'uranium ne subissaient ni la réflexion sur les
« miroirs, ni la réfraction par le prisme »!! C'est exactement le
contraire que M. Becquerel persistait alors à vouloir démontrer. Les
textes donnés plus haut le prouvent clairement.

Il y a plus d'un enseignement philosophique à tirer de ce qui
précède. Je ne parle pas, bien entendu, de la façon d'écrire l'histoire dont je viens de donner un spécimen : on ne l'a jamais
écrite autrement. Je veux parler simplement de l'intensité des
illusions que peuvent créer chez un physicien habile, aidé de nombreux préparateurs, la suggestion produite par des idées pré-
conçues. Si jadis Niepce de Saint-Victor n'avait pas écrit que les
radiations émises dans l'obscurité par les sels d'urane étaient de la

lumière emmagasinée, c'est-à-dire une sorte de phosphorescence, M. Becquerel n'eût assurément jamais songé à les considérer comme devant nécessairement se réfracter, se réfléchir et se polariser. De telles erreurs expliquent facilement quelques-unes des énormités que publièrent sur les rayons N des observateurs de très bonne foi.

Dans le même livre, où je suis si malmené, M. Becquerel s'est enfin décidé, pour la première fois, à mentionner le nom de Niepce de Saint-Victor, dont il s'était borné d'abord à reproduire les expériences sur les sels d'urane, en suivant ce prédécesseur jusque dans ses erreurs, puisqu'il croyait, comme lui, à une sorte de lumière emmagasinée.

Peu équitable pour les vivants, M. Becquerel l'est moins encore à l'égard des morts, et ses exclusivités sont parfois bien inéclairées. Niepce est exécuté en quelques lignes. « Niepce, dit-il, n'a pu observer le rayonnement de l'urane parce que l'auteur employait des plaques trop peu sensibles. »

Il suffit de lire les comptes rendus de l'époque pour voir à quel point cette dernière assertion est peu fondée. Dès 1867, Niepce constatait que les sels d'urane, enfermés dans un étui de fer blanc, impressionnent les plaques dans l'obscurité : « l'on constate, dit-il, *après plusieurs mois* la même activité que le premier jour »[1].

S'il était vrai, — ce qui ne l'est pas du tout, — que Niepce de Saint-Victor, sans faire d'expériences, ait deviné précisément l'existence du seul corps de la nature, possédant les propriétés d'émettre des radiations dans l'obscurité, une divination semblable eût été un peu plus que du génie.

Mais Niepce n'avait pas de telles prétentions. C'était un chercheur consciencieux et patient, dédaigné pendant sa vie, oublié après sa mort. Le fait que deux physiciens seulement aient osé rappeler à M. Becquerel les expériences de Niepce montre de quel faible degré d'indépendance scientifique nous jouissons en France.

On ne peut songer sans amertume aux conséquences de l'opposition que firent à Niepce les savants officiels de son temps. Si, au lieu de s'efforcer de ridiculiser ses mémorables expériences, on eût tenté de les répéter, il se fût rencontré sûrement quelqu'un qui eût songé à déterminer pendant combien de temps se prolongeait dans l'obscurité l'impression des sels d'urane, comme le fit justement M. Becquerel. Et si Niepce eût persisté, comme plus tard M. Becquerel, dans l'erreur de croire à de la lumière emmagasinée, analogue à la phosphorescence, il se fût trouvé encore quelqu'un qui lui eût montré — comme on l'a montré à M. Becquerel — que ces radiations, ne se polarisant pas, ne pouvaient pas

---

1. Cité par M. Guillaume d'après les Comptes rendus de l'Académie des sciences de 1867. les *Radiations nouvelles*. 2ᵉ édition, p. 133.

être de la lumière. Les phénomènes radio-actifs eussent été alors aussi promptement découverts qu'ils le furent lorsque la démonstration de la non-polarisation des rayons uraniques prouva qu'il s'agissait d'une chose entièrement nouvelle. Devant les découvertes issues du simple fait que l'uranium conserve indéfiniment ses propriétés d'impressionner une plaque photographique dans l'obscurité, on peut dire que l'opposition et l'indifférence qui accueillirent les expériences de Niepce de Saint-Victor ont retardé immensément les progrès de la science pendant plus de cinquante ans.

Pour terminer définitivement une polémique qui ne peut être éternelle, je crois n'être pas contredit en déclarant que, pour juger de l'œuvre d'un chercheur, il faut examiner l'état d'une question, avant qu'il l'ait traitée, et ce qu'elle est devenue après ses recherches.

Or, quand j'ai publié en 1897 mes expériences, que croyait-on?

1º On croyait que l'uranium émettait une sorte de lumière invisible. Or, j'ai montré qu'il émettait quelque chose d'entièrement nouveau, analogue aux radiations de la famille des rayons X, et par conséquent sans parenté aucune avec la lumière, ce que l'avenir a pleinement vérifié;

2º On ignorait absolument que les métaux frappés par la lumière peuvent acquérir des propriétés identiques à celles des rayons uraniques et cathodiques. Je l'ai démontré, contrairement à toutes les idées alors admises. Le fait, connu depuis fort longtemps, que certains métaux électrisés perdent leur charge électrique, sous l'influence de la lumière, provenait, suivant Lenard, de ce que, sous cette influence, leur surface se pulvérisait en poussières dont la dissémination dans l'air entraînait les charges électriques des particules électrisées du métal.

Lenard fut d'ailleurs le premier à reconnaître son erreur. Après la publication de mes expériences, il reprit les siennes, et vit que les métaux, sous l'action de la lumière, émettent des rayons cathodiques déviables par l'aimant[1], expériences que confirma depuis J. J. Thomson;

3º A l'époque dont il est question, on croyait avec M. Becquerel que la radio-activité est un phénomène tout à fait exceptionnel, propre à un nombre de corps infiniment restreint. Dans une série de recherches, j'ai montré que c'était un des phénomènes les plus répandus de la nature, se produisant, non seulement sous l'influence de la lumière, mais encore sous celle de la chaleur

---

1. Le mémoire de Lenard, *Erzeugung Kathoden strahlen durch ultra violette Licht* fut présenté à l'Académie des Sciences de Vienne, le 18 octobre 1899. Mes expériences avaient été publiées dans les Comptes rendus de l'Académie des Sciences de Paris, le 5 avril 1897.

et d'un grand nombre de réactions chimiques. Cette opinion s'est répandue progressivement, et est à peu près universellement admise aujourd'hui.

Dans l'énumération qui précède, je ne fais pas valoir la démonstration que tous ces phénomènes sont les manifestations d'une force nouvelle, l'énergie intra-atomique dépassant toutes les autres par sa colossale grandeur. L'existence de cette force est encore un peu discutée et je n'ai voulu rappeler ici que les faits absolument hors de contestation.

LISTE DES MÉMOIRES

publiés dans la Revue Scientifique *pa· l'auteur sur les
questions étudiées dans ce volume*[1]

Premières Notes sur la Lumière noire. — 5 notes de janvier
à mai 1896 (13 pages).

Nature des diverses espèces de radiations produites par les
corps sous l'influence de la lumière. — 20 mars 1897 (5 p.).

Propriétés des radiations émises par les corps sous l'influence
de la lumière. — 1er mai 1897 (5 pages).

La Lumière noire et les propriétés de certaines radiations
du spectre. — 29 mai 1897 (4 pages).

La Luminescence invisible. — 28 janvier 1899 (7 pages).

Transparence des corps opaques pour les radiations lumineuses de grande longueur d'onde. — 11 février 1899 (13 p.).

Le Rayonnement électrique et la transparence des corps pour
les ondes hertziennes. — 29 avril 1899 (27 pages).

La Transparence de la matière et la lumière noire. — 14 avril
1900 (19 pages).

L'uranium, le radium et les émissions métalliques. — 5 mai
1900 (9 pages).

Les Formes diverses de la phosphorescence. — 8 et 15 septembre 1900 (61 pages).

La Variabilité des espèces chimiques. — 22 déc. 1900 (23 p.).

La Dissociation de la matière. — 8, 15 et 22 nov. 1902 (69 p.).

L'Énergie intra-atomique. — 17, 24 et 31 octobre 1903 (66 pages).

La Matérialisation de l'énergie. — 15 octobre 1904 (28 pages).

La Dématérialisation de la matière. — 12 et 19 nov. 1904 (36 p.).

Le Monde intermédiaire entre la matière et l'éther. — 10 et
17 déc. 1904 (22 pages).

---

1. Je ne donne pas ici la liste de mes notes publiées dans les Comptes rendus
de l'Académie des sciences parce qu'elles ont été développées avec plus de détails
dans les mémoires publiés par la *Revue Scientifique.*

TABLE DES FIGURES

TABLE DES MATIÈRES

LIVRE III

LE MONDE DE L'IMPONDÉRABLE

LIVRE IV

LA DÉMATÉRIALISATION DE LA MATIÈRE

LIVRE V

LE MONDE INTERMÉDIAIRE ENTRE LA MATIÈRE ET L'ÉTHER

LIVRE VI

LE MONDE DU PONDÉRABLE — NAISSANCE, ÉVOLUTION ET FIN DE LA MATIÈRE

DEUXIÈME PARTIE

RECHERCHES EXPÉRIMENTALES DE L'AUTEUR

9357. — Imp. Hemmerlé et Cⁱᵉ

BIBLIOTHÈQUE
DE
PHILOSOPHIE SCIENTIFIQUE

Collection in-18 jésus à 3 fr. 50 le volume

Les Influences Ancestrales
par FÉLIX LE DANTEC, *Chargé de Cours à la Sorbonne*

Après avoir, dans une courte introduction, mis en évidence les avantages de la narration historique des faits, l'auteur montre comment, de la seule notion de la continuité des lignées, on conclut sans peine aux principes de Lamarck et Darwin. Le premier livre de l'ouvrage est un véritable résumé de la biologie tout entière ; grâce à l'heureux emploi d'une expression nouvelle et imprévue « la canalisation du hasard », les questions les plus ardues de l'hérédité et de l'origine des espèces sont exposées avec simplicité, sans qu'il soit jamais nécessaire de faire appel à aucune connaissance spéciale ou technique. . 1 vol. in-18

La Science et l'Hypothèse
par H. POINCARÉ, de l'Institut, *Professeur à la Sorbonne*

M. Poincaré a réuni sous ce titre les résultats de ses réflexions sur la logique des sciences mathématiques et physiques. Dans les unes comme dans les autres, l'hypothèse a joué un grand rôle. Quelques personnes en ont voulu conclure que l'édifice scientifique est fragile ; être sceptique de cette façon, c'est encore être superficiel. Douter de tout, ou tout croire, ce sont deux solutions également commodes qui, l'une et l'autre, nous dispensent de réfléchir.

Un peu de réflexion nous montre au contraire que l'emploi de l'hypothèse est nécessaire et peut être légitime ; sans doute il est dangereux, mais ce n'est qu'une raison de plus de reconnaître avec soin les pièges auxquels le savant est exposé.

M. Poincaré a évité soigneusement l'emploi des formules mathématiques. Son livre pourra donc être lu par toutes les personnes cultivées ; il le sera certainement par tous ceux qui s'intéressent à la philosophie des sciences. . . . . 1 vol. in-18.

La Vie et la Mort
par DASTRE, de l'Institut, *Professeur à la Sorbonne*

Ce livre, intéressant entre tous, sera bientôt dans toutes les mains. Ce n'est plus, comme jadis, un poète ou un moraliste qui vient disserter sur la destinée humaine et développer les éternels lieux communs que comporte le sujet. L'auteur de cet ouvrage, M. Dastre, professeur de physiologie à la Sorbonne, est l'un de nos savants les plus originaux et les plus profonds. Son livre traite des questions relatives à la Vie et à la Mort au point de vue de la philosophie et de la science. Il nous révèle qu'il y a des animaux immortels, que la mort n'a pas existé de tout temps, qu'elle est apparue à un moment du cours des

temps géologiques ; que la vieillesse elle-même es. une malad:
pourrait être évitée et que la vie pourrait être plus longue sans «
pagner de décrépitude. . . . . 1 v

Psychologie de l'Éducation, par le Dr GUSTAVE :

Ce livre a été écrit pour tous les membres de l'enseig· ··
moins autant pour les pères de famille, soucieux de l'av·
Le Dr Gustave Le Bon s'est livré à une étude attentive u · volume
Rapport de la Commission d'enquête sur la Réforme de l'enseigne
ment ; il en est sorti persuadé que toute la réforme n'a malheureu
sement tourné qu'autour d'une question de programmes ; et il crain
que les programmes nouveaux n'apportent aucun remède. C'est l'espri
de l'enseignement, la méthode, qui auraient besoin d'être améliorés
« Tous les programmes sont indifférents, mais ce qui peut être b   o·
mauvais, c'est la façon de s'en servir. »
Gustave Le Bon estime que cette vérité élémentaire est totaleme·
méconnue ; son livre qu'éclaire sans cesse une vue, à la fois profond
et subtile des réalités, a pour but de la faire pénétrer dans le public
« Cette réforme de l'opinion est la première qu'on doi· ·   jour
d'hui. ». . . . . ·-18

Nature et Sciences nat
par FRÉDÉRIC HOUSSAY, *Pro*, ··

Le nouveau livre, accessible à tous les esprits cul·   . . ·eileunis
a pour noyau la plus originale tentative pour montrer, dans l'édifica
tion de la science, la continuité de pensée depuis l'antiquité jusqu'
notre époque. Il contient de plus une philosophie opposant la réalit
naturelle aux diverses images scientifiques que l'homme s'en est faite·
images que les progrès techniques modifient beaucoup moins dan·
leurs traits essentiels qu'on ne le croit d'ordinaire. Toutes les théorie·
générales y sont groupées, classées, comparées, et les grandes contro
verses y apparaissent comme des malentendus permanents entre le·
diverses sortes de pensées humaines. L'ouvrage se termine par u
suggestif aperçu sur l'orientation actuelle des sciences natu
relles. . . . . 1 vol. in-18.

Les Frontières de la Maladie, par le Dr J. HÉRICOURT

Les frontières de la maladie, ce sont les maladies de la nutrition qui
commencent, s'installant de façon insidieuse et progressant insensible
ment, jusqu'au moment où elles se démasqueront en troubles grave
et incurables ; ce sont les infections latentes et atténuées qu'on laiss
évoluer librement, et qu'on répand autour de soi, d'abord dans s
famille, et puis au dehors ; ce sont toutes les maladies qui laissent au·
patients les apparences de la santé, et qui, par cela même, sont abar
données à leur libre évolution dans leur phase maniable par l'hygièn
jusqu'à leur transformation en états graves, contre lesquels la thér·
peutique est alors le plus souvent impuissante. . . . . . 1 vol. in-18

6173. — Paris. — Imp. Hemmerlé et Cie. (10-1904)